동지와 입춘의 쟁투

천년 하늘의 비밀:음력

신아 아크로폴리스 총서 • 2

동서양의 달력 下

동지와 입춘의 쟁투

천년 하늘의 비밀 : 음력

김인환 지음

신아출판사

책을 펴내며

달력이라는 바다 속으로 !

　묵은해가 저물고 새해에 들어선 지 어느덧 2월의 마지막 끝자락 어느 날, 추운 날씨를 견디며 앙상해져 있던 겨울나무들 사이로 희미한 봄의 기운이 스며들고 있는 아파트 공터에서, 동네 개구쟁이들이 옹기종기 모여 신학기를 맞이하는 흥분과 기대로 가득찬 채 대화에 열중하고 있었다. 재잘거리며 깔깔거리는 그들의 웃음소리가 아파트를 가득 메우는 가운데, 갑자기 한 아이가 불만 섞인 목소리로 투덜거리며 말하는 소리가 들려온다.
　"쭝순아! 왜 2월은 다른 달들보다 이렇게 짧은 거지?
　누가 2월달만 이렇게 짧게 만들어 놓은거야?
　2월달도 1월달과 똑같이 31일로 만들었으면, 학교에 가기 전에 3일을 더 놀 수 있는데 말이야!
　2월달을 짧게 만든 사람, 참 나쁘다!"
　친구에게 그 이유를 꼭 듣겠다는 생각으로 내뱉은 물음이 아니고, 끝나가는 방학이 아쉬워서 내뱉은 하소연이었지만, 지나는 길에 옆에서 듣던 나 역시 그 답을 알지 못해서 항상 궁금해하고 있었던 차였다. 이 아이의 퉁명스러운 푸념은 메아리가 되어 갑자기 나의 마음속 깊은 곳에 자리잡고 있었던 오래된 그 궁금증을 다시 자극했다. 왜 2월은 다른 달들보다 짧은 걸까?
　그동안에도 어쩌다 생각이 떠오를 때마다 문득 문득 그 이유가 궁금했지만, 항상 호기심은 그때 뿐이었고 그 순간이 지나면 다시 머리 속에서 사라져 버리곤 하였다. 그런데 이번에는 시간이 한참 흘렀는데도 그 생각이 머리 속에서 떠나지 않았다. 그래서 이번 기회에는 그 이유를 확실하게 파악하여 그 궁금증으로 인한 막연한 압박으로부터 벗어나야겠다는 생각을 하게 되었다. 그리고, 가벼운 마음으로 인터넷에 접속하여 그 내용에 대해 검색해 보았는데, 예상과는 달리 명확하고 간단하게 정리된 답을 찾을 수 없었다.

이에 마음을 단단히 먹고, 그 관련된 자료들을 가능한 한 모두 수집하여 확실하게 직접 그 내용을 파악하여 정리해 보기로 작정하였다. 그리고 본격적으로 미지의 세계를 개척해 나가는 탐험가의 정신으로 무장하고 달력의 뿌리에 이르기까지 2월과 연관된 자료들을 샅샅이 탐색하기 위한 여정에 돌입하였다. 인터넷을 비롯하여 접할 수 있는 여러 관련 서적들을 확보해 가면서 적극적으로 그 근원을 찾기 위한 탐색을 시간이 날 때마다 틈틈이 진행하였는데, 달력의 비밀은 예상했던 것보다 훨씬 더 복잡했고, 간단한 답으로 정리될 수 없는 끝없는 미로처럼 보였다.

탐색 과정 중에 예상치 않은 흥미로운 관심사들이 고구마 줄기처럼 계속 이어져 나타났으므로 2월과 관련된 과제만을 해결하고 탐구를 차마 중단할 수 없었다. '왜 1년은 12개월인가', '왜 1주일은 7일인가', '왜 일요일이 한 주의 시작인가' 와 같은 또 다른 궁금증들이 뒤를 이었기 때문이다. 이런 이슈들에 대한 답까지 모두 확인하기 위해서는 계속해서 탐구를 이어갈 수밖에 없었으므로, 자연스레 달력이라는 깊은 바다 속에 한없이 계속 빠져있게 되었다.

그렇게 달력이라는 큰 그림으로 이루어진 퍼즐 판의 퍼즐 조각을 하나씩 맞추어 가는 과정에서, 비어있는 공간이 나타날 때마다 그 공간을 채울 수 있는 퍼즐 조각을 찾을 때까지 오랫동안 탐구 과정이 지연되며 방향을 잃고 방황하기도 하였다. 그런 가운데, 마침내 완벽하게 맞아 떨어지는 퍼즐 조각을 발견하게 될 때면, 그동안 정신적 압박감으로 인해 무겁게 짓눌려 복잡했던 머리는 마치 아침 안개가 사라지듯이 마법처럼 맑아졌고, 답답했던 마음은 희열과 함께 흥분으로 가득 채워졌다. 진정으로 세상 깊숙한 곳에 감춰져 있던 귀한 지식의 보물을 발견한 듯한 기쁨으로 그동안의 모든 노력과 인내를 보상받는 느낌이었다. 이 느낌은 이어지는 나의 탐구 여정에서 또 다른 미지의 세계를 탐험할 수 있는 추진력을 제공해 주었다.

이처럼 끝이 없이 꼬리에 고리를 물고 이어지는 궁금증들을 헤쳐 가는 가운데, 달력 전반에 걸친 변천 과정에 대한 탐구로 이어지게 되었고, 어느새 현재 우리가 사용하는 달력인 그레고리우스력에 대한 탐구에까지 이르게 되었다. 이전까지만 해도 나 역시 율리우스력에서 그레고리우스력으로 개력이 이루어지는 근본에는 부활절이 자리잡고 있었다는 역사적 사실에 대해서 대략적으로 알고 있는 정도였지만, 그 정확한 이유까지는 확실하게 알지 못하고 있었다. 그러므로, 이 기회에 개력의 근본 원인과 개력이 이루어지는 과정에 대해서도 더 정확하게 탐색해 보겠다는 생각을 하게 되었다. 이에 따라 부활절과 그레고리우스력에 관련된 자료들에까지 탐색이 확장 되었으므로, 처음 달력 탐구를 시작했을 때의 의도와는 다르게 수집한 자료들이 어느새 부활절과 관련된 내용으로 가득차게 되었다.

실제로 우리가 사용하고 있는 달력의 역사에서 가장 중요한 부분 두 곳을 지목하자면, 율리우스력의 창안과 그레고리우스력의 개정이라 할 수 있다. 그중에서도 현재 우리가 사용하는 달력이 그레고리우스력이라는 점을 감안한다면, 그레고리우스력은 단순한 역사적 사건이 아니라, 우리 삶의 일부로 여겨질 수 있다. 그리고, 율리우스력에서 그레고리우스력으로 바뀌어가는 과정에서 부활절이 깊이 연관되어 있다는 것을 고려하면, 달력의 전반적인 역사를 정리함에 있어서, 이 책 내용의 많은 부분이 부활절과 그레고리우스력에 대한 내용으로 채워지는 것은 자연스럽다고 할 수 있을 것이다.

그런데, 서기력을 추적하는 과정에서 역사적으로 태음태양력과의 연관성을 무시할 수 없다는 것을 알게 되었으며, 자연스럽게 우리 민족의 전통 달력인 음력 달력에도 자꾸 관심이 쏠렸다. 그중에서 가장 관심이 가는 부분은 윤달과 관련된 내용이었다. '음력 달력에 있는 윤달은 왜 생기는 것일까?', '윤달은 몇 해마다 나타나는가?', '윤달이 항상 똑같은 위치에 나타나지 않고, 윤7월도 있고 윤3월도 있는데 어떤 규칙이 있는 것일까?' 이와 같은 관심을 바탕으로 음력 달력과 관련된 내용들에 대해서도 탐구가 이루어졌고, 어느 정도 정리할 수 있게 되었다.

이처럼 오랜 시간에 걸친 관심의 범위를 넓혀가면서 탐구를 계속한 결과 달력과 관련된 대부분의 궁금증을 나름대로 해소하게 되었는데, 그동안 찾아 놓은 자료들이 상당하였으므로 그 내용 전체를 일단 체계적으로 정리하여 보았다. 정리를 마치고 나니 그 내용들이 나 혼자 알고 묻어 두기에는 너무 아깝다는 생각이 들었으므로, 남들에게 내놓기에는 부족하고 부끄럽다고 생각이 들었음에도 불구하고, 용기를 내어 정리된 내용을 좀 더 가다듬은 후 출판하기로 마음을 정하였다.

처음에는 서양력과 동양력을 하나의 책으로 출판할 계획이었으나, 정리해 놓은 내용이 생각보다 많아 대충 편집한 결과 900페이지 가까이 되었으므로, 출판사의 권유에 따라 서양력과 동양력 부분을 나누어 두 권으로 출간하기로 하였다.

이 책을 통해 달력 속에 담긴 수많은 이야기와 지식들을 많은 사람들과 함께 나누고 싶다. 이 책은 단순한 달력의 역사를 넘어, 시간과 관련된 인류의 문화와 지혜를 탐구하는 여정이 될 것이다. 독자 여러분께도 이 기회를 시간의 흐름을 특별한 틀 속에서 체계화시킨 달력을 새롭게 인식하는 계기로 삼아, 보다 넓은 시야를 바탕으로 과거와 현재, 미래를 관조할 수 있는 통찰력을 얻기를 희망한다.

이 책이 세상의 빛을 보게 된 것은 사소하다고 생각할 수 있는 단순한 호기심으로부터 막연히 시작되었음에도 불구하고, 수 년에 걸친 오랜 시간 동안 관심을 가지고 끊임없는 탐구를 바탕으로 관련 자료들을 꾸준히 확보해 놓았던 집념 덕분이라고 생각한다. 그럼에도 출간의 길은 미지의 세계였고 막연하게 여겨졌지만, 많은 분들의 따뜻한 도움과 지원 덕분에 용기를 낼 수 있었고 비교적 큰 어려움 없이 이루어낼 수 있게 된 것은 크나큰 행운이라 할 수 있을 것이다.

특히, 멀리서도 곁에 계신 것처럼 항상 관심을 쏟으며 살펴 주시는 박형보 회장님의 성원은 이 책의 출간에 결정적인 역할을 했다. 회장님의 진심어린 격려와 실질적인 도움이 없었다면, 이 책은 지금 이 자리에 있지 못했을 것이다. 박 회장님의 소개로 신아출판사와 인연을 맺게 되었고, 서정혼 회장님과 이종호 상무님의 깊은 관심과 배려 덕분에 이 책은 드디어 출간의 꿈을 이룰 수 있게 되었다. 또한, 편집 전 과정에 걸쳐 오랜 시간 동안 헌신해 주신 신용조 씨의 희생 어린 노력이 없었다면 이 책은 현재의 모습을 갖추지 못했을 것이다. 그의 노력은 이 책의 모든 페이지에 하나 하나 섬세하게 녹아들어 있다. 도움을 주신 모든 분들께 고개 숙여 진심으로 감사의 말씀을 드린다.

아울러 이 책을 완성하는 긴 여정 동안 곁을 지켜주며 격려해준 아내와 언제나 나에게 힘이 되어 주며 응원을 아끼지 않은 세 아들에게도 감사하며 사랑하는 마음을 전한다.

차례

책을 펴내며

동양력

01 달력과 천문

달력과 천문	• 19
천문	• 21
하늘에 대한 개념의 변화	• 25
음양오행설(陰陽五行說)	• 26
음양(陰陽)	• 26
오행(五行)	• 27
오행상승설(五行相勝說)	• 29
오행상생설(五行相生說)	• 30
음양오행설(陰陽五行)	• 33
오덕종시설(五德終始說)	• 37
삼황오제 (三皇五帝)	• 39
선양(禪讓)	• 41
시령설(時令說)	• 44
천인감응(天人感應) 사상	• 46
재이설(災異說)	• 48
태극(太極)과 무극(無極)	• 49
하늘의 구획	• 50
천문 관측	• 53
태양과 달	• 54
항성과 별자리	• 56
오행성	• 58
28수	• 60

02 중국 역법 제정의 일반적 원칙

중국 역법 제정의 일반적 원칙 · 62
윤년 관련 원칙 · 63

03 역원과 세수

역법의 제정 · 64
역원(曆元) · 66
세수(歲首) · 68
고흑력 · 70
태초력(太初曆) · 70
태초력의 세수(歲首) 인월(寅月) · 72
태츠원년 갑인년(甲寅年) · 74
병자년(丙子年), 그리고 정축년(丁丑年) · 78
삼통력 · 82
유흠의 삼통 사상 · 83
상원태초 4,617세 · 84
세성 기년법과 태세 기년법 · 90
초진법과 태극상원(太極上元) · 93
세성 기년법과 초진법의 폐기 · 95
사분력 · 95
사분력과 정축년 · 96
닭이 먼저냐 달걀이 먼저냐? · 98
후천 현상과 역원의 수정 · 103

장법(章法 : 장부기원법)	•104
장(章)	•106
부(部)	•108
기(紀)	•108
원(元)	•109
후천 현상의 조정	•110

04 큰 달, 작은 달, 초하루

평삭법	•115
정삭법	•117

05 24절기

24절기	•120
24절기의 의미	•121
24절기의 구분	•124
평기법과 정기법	•134
계절(季節)	•140

06 윤달과 무중치윤법

윤달과 세종치윤법	•143
달의 이름과 윤달의 결정	•144
무중월	•146
무중치윤법	•147
정기법의 문제점	•149
2033년 문제	•151
윤달과 관련된 풍속들	•157
우리나라의 윤년 상황	•158

07 기시법 •161

08 세차와 기년법
  1. 유왕기사 기년법 •164
  2. 즉위기년법 •164
  3. 세성 기년법 •165
  4. 태세 기년법 •166
    고갑자 •168
    12진(辰) •169
    12차(次) •171
  5. 간지 기년법 •173
    간지의 기원 •173
    10간(十干: 天干) •176
    십이지(十二支: 地支) •180
    60갑자(六十甲子)의 생성 •181
    간지 기년법 •181
    세성 초진법(歲星 超辰法) •182
    목성과 토성의 회합과 60간지 •183
    간지 기년법의 격상 •184

09 월건과 북두칠성
  월건(月建)과 기월법 •186
    월건(月建) •186
  북극성과 북두칠성 •189
    북극성 •189
    북극오성 •190
    구진대성 •191
    북두칠성 •192

3원(垣) 28수(宿) · 196
　　　3원(垣) · 196
　　　적도 좌표계와 28수(宿)(= 28사(舍)) · 197
　　　항성월, 27.3일 · 199
　　　삭망월, 29.5일 · 200
　　　28수宿(28 사舍) · 202

10 일진(日辰)과 기일법
　　일진(日辰) · 207
　　기일법 · 208

11 시진과 기시법
　　기시법 : 하루 시간의 구분 · 210
　　백각제(百刻制) · 210
　　10 시진제 · 211
　　12시진제와 간지 기시법 · 212

12 명절과 잡절(기타 절기)
　　1. 설날 · 215
　　2. 추석 · 216
　　3. 단오(端午) · 217
　　4. 한식(寒食) · 218
　　5. 정월 대보름 · 219
　　6. 칠석 · 221
　　7. 삼복(三伏) · 222
　　손 없는 날 · 228
　　사주 팔자 · 229

13 달의 운행
달이 뜨고 지는 방향 · 231
달이 뜨고 지는 시각 · 232
달이 떠있는 시간 · 240
낮에 별과 달이 보이지 않는 이유 · 241

14 달의 위상
월령 · 243
슈러문 · 244

15 일식과 월식
황도와 백도 · 246
일식 · 247
월식 · 249
일식과 월식이 매달 나타나지 않는 이유 · 250

16 조석 현상 · 255

17 중국의 역법 : 천체력
하(夏), 은(殷), 주(周) 시대의 역법 · 263
월령(月令)의 출현 · 263
역법의 진화 · 264
역법의 도참화(圖讖化) · 265
고대로부터 진나라 때까지의 역법 · 268
   1. 고육력 · 268
   2. 전욱력(顓頊曆) · 269
한나라와 위진 남북조 시대의 역법 · 270
   1. 태초력(太初曆) · 270

  2. 삼통력(三統曆) ・273

  3. 사분력(四分曆) ・273

  4. 건상력(乾象曆) ・276

  5. 경초력(景初曆) ・277

  6. 원가력(元嘉曆) ・277

  7. 대명력(大明曆) ・278

수, 당, 양 송의 역법 ・279

 1.개황력(開皇曆), 황극력(皇極曆), 대업력(大業曆) ・279

 2. 무인원력(戊寅元曆) ・280

 3. 인덕력(麟德曆) ・280

 4.대연력(大衍曆), 오기력(五紀曆) ・282

 5.선명력(宣明曆), 숭현력(崇玄曆) ・283

 6.구집력(九執曆) ・283

 7.숭천력(崇天曆), 점천력(占天曆), 기원력(紀元曆), 통원력(統元曆) ・284

 8.통천력(統天曆) ・285

 9.대명력(大明曆), 중수대명력(重修大明曆) ・285

 10.경오원력(庚午元曆) ・286

원(1260~1368), 명(1368~1644)의 역법 ・286

 1.수시력(授時曆) ・286

 2.대통력(大統曆) ・289

 3.회회력(回回曆) ・290

 4.숭정역서(崇禎曆書) ・290

청나라(1616~1912)의 역법 ・291

 1.시헌력(時憲曆) ・291

 2.역상고성(曆象考成) ・292

 3.역상고성후편(曆象考成後) ・292

18 우리나라의 역법

삼국 시대의 역	• 294
통일 신라 시대의 역	• 295
고려의 역	• 296
조선 초의 역 : 칠정산내·외편	• 297
조선의 역: 시헌력의 도입	• 303
조선 말 이후의 역: 태양력의 채택	• 304
우리 민족 역서의 자취	• 305
대통력 시대(1370~1652)	• 306
시헌력 시대(1653~1895)	• 307
명시력 시대(1898~1908)	• 308
역 시대(1895~1910)	• 308
조선민력 시대(1911~1936)	• 309
약력 시대(1937~1945)	• 309
역서 시대(1946년 이후)	• 310
백중력·천세력·만세력	• 310
백중력(百中曆)	• 311
천세력(千歲曆)	• 312
만세력(萬歲曆)	• 312

19 입춘 세수인가 동지 세수인가?

입춘 세수를 주장하는 측의 논리	• 315
동지 세수를 주장하는 측의 논리	• 316
입춘 세수일까? 동지 세수일까? 결론은?	• 326

01
달력과 천문

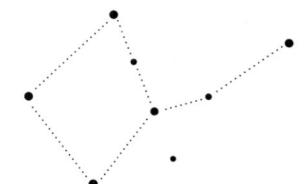

　달력이란 천체의 운행 등을 바탕으로 한 해를 주기적 시기로 구분하는 체계나 방법이라고 정의된다. 이를 좀 더 쉽게 표현하자면 달력이란 1년이라는 기간을 첫날부터 마지막 날짜까지 적고, 달과 요일, 공휴일, 그리고 기념일 등으로 구분한 책자 형태의 문서라고 할 수 있다. 이렇게 구분된 달력은 하루 하루의 날을 기준 단위로 삼아 세월의 흐름을 체계화하여, 사람들이 과거, 현재, 미래를 이해하고 예측하는 필수적인 도구의 역할을 한다. 그러므로 달력은 각 문화권의 고유한 지역적 특성과 민족성을 반영하는 중요한 역사적 거울이라 할 수 있다.

　원래 우리 민족은 태음태양력이라는 달의 주기를 기반으로 한 전통 달력을 사용해 왔다. 이 달력에는 오랜 세월 동안 구축되어 온 우리 문화, 관습, 그리고 수많은 전통이 녹아 있었다. 그런데 현재는 실생활에서 이를 사용하지 않고, 원리와 체계가 전혀 다른 서양의 태양력인 서기력을 채택하여 사용하고 있다. 근세로 접어들며 세계 정세가 급변하는 상황 속에서, 세계 열강의 문물과 기술을 받아들이고 주변 국가들과의 교류를 유지하기 위해 어쩔 수 없이 전통 달력을 대신하여 서기력을 도입할 수밖에 없었기 때문이었다. 또한 당시에 중국과 일본도 이미 음력을 폐지하고 서기력을 채택하여 사용하기 시작하였다는 요인도 크게 작용하였다고 볼 수 있다.

그렇지만, 전격적인 서기력 도입에도 불구하고 우리는 우리 민족의 전통적인 달력 사용을 완전히 포기하지는 않았다. 우리는 서기력에 우리 민족의 음력 달력을 병기하여 두 달력을 슬기롭게 조화시킴으로써, 우리의 문화와 전통을 사멸시키지 않고 계속 보존하면서 여전히 일상에서 소중히 여기고 활용하고 있다.

그런데, 우리의 전통 음력 달력은 우리 민족만의 독창적인 체계가 아니고 중국의 달력 체계에 기반을 두고 있다는 사실에 대해 알고 있을 것이다. 따라서 우리 전통 달력에 담겨 있는 의미들을 제대로 파악하기 위해서는 중국 역법과 관련된 기본적인 지식을 필요로 하게 된다.

중국의 달력 체계는 그들만의 특별한 원칙을 기반으로 독특하면서도 실용적으로 고안되었으며, 시간이 흐르면서 여러 차례 개정과 보완을 거쳐왔다. 이러한 중국 달력의 구성 원칙과 역사적 배경을 확실하게 파악한다면 우리의 전통 달력에 대해서도 보다 명확한 이해를 얻을 수 있을 것이다. 또한 이 과정에서 달력 속에 담겨 있지만 눈여겨보지 못했던 내재된 의미들에 대해서도 새롭게 인식하고 더 깊이 있게 통찰할 수 있는 기회를 가지게 될 것이다.

달력과 천문

모든 문명들에 있어서 가장 소중한 기반 중 하나로 여겨지는 것이 바로 역법이다. 그리고 역법이라는 체계의 근본적인 목적이라면 당연히 모든 백성들에게 계절 변화와 관련된 시간 정보를 제공하는데 있다고 할 것이다. 인류가 원시적인 수렵 환경으로부터 본격적으로 안정된 정착 생활로 자리잡아 가는 가운데 농업 문화가 본격적으로 시작됨에 따라, 계절적 변동성을 정확하게 파악하고 그에 따라 대응해야 하는 중요성이 급격히 부각되었다. 특히 모든 농작물의 생장과 증식은 주기적인 계절의 변화에 따라 결정되기 때문에 정확한 계절 예측이 절대적으로 필요했으며, 따라서 필연적으로 역법이라는 체계가 요구되었다. 이러한 역사적 맥락 속에서 농업 중심의 사회로 시작된 중국 역시 역법은 그들의 생활에서 분리할 수 없는 절대적인 핵심 요소로 인식되었다.

　물론 역법의 중요성은 다른 모든 문명권에서도 공통되게 나타났지만, 다른 지역 공동체와 비교해 볼 때 중국의 역법은 매우 독특한 그들만의 특성을 보여 주고 있었다. 그 바탕에는 하늘에 대한 그들만의 특별하고 고유한 인식이 자리하고 있었다. 고대 중국인들은 전통적으로 하늘을 우러러 숭상하였으며, 태양과 달뿐만 아니라 하늘의 모든 변화되는 현상에 대해 깊은 관심을 보이며 세심하게 지속적으로 관측을 수행하였다. 그리고 이러한 관측 내용들을 '천문'이라는 영역으로 정립하였는데, 그 과정에서 수집한 천문학적 관찰 내용들은 중국 역법 체계를 구축하는데 필수적인 요소로 작용하였다. 따라서 우리가 탐구하려고 하는 중국의 역법 체계의 근본을 살펴보면, 천문과 뗄레야 뗄 수 없는 밀접한 관계를 가지고 있다는 것을 알 수 있다.

　이러한 연유로, 중국의 역법을 확실하게 이해하기 위해서는, 중국인들이 가지고 있는 하늘에 대한 관념, 즉 그들이 '천문'이라고 부르는 분야에 대한 개념부터 먼저 파악해야 할 필요가 있다. 이제 고대 중국인들이 사유했던 하늘과 천문에 대한 그들의 개념을 파악하는 것으로부터 역법 체계에 대한 탐구 여행을 시작하려 한다.

　우리는 역법을 탐구하고 파악해 가는 과정을 통해, 시간의 흐름을 담은 달력과 관련하여 상상을 뛰어넘는 고대인들의 폭 넓고 깊은 세계를 경험할 수 있을 것이다. 뿐만 아니라, 하늘의 현상을 독특하게 해석한 그들 고유의 천문 개념과 더불어, 고대의 철학, 신화, 그리고, 그들의 세계관과 생활 방식까지 모두 아우르는 폭넓은 통찰을 경험할 수 있게 될 것이다.

　그러므로 우리의 역법에 대한 탐구는 일부 국한된 영역에 대한 단편적인 구조 분석이나 역사적 실체에 한정된 제한된 범위의 피상적인 탐색에 그치지 않고, 궁극적으로 그 안에 내재되어 있는 깊고 다양한 철학적 사고와 더불어 그 시대의 세계관까지 폭넓게 통찰하는 매우 소중한 기회가 될 것이다. 이는 그 과정 자체 만으로도 매우 가치 있고 흥미로운 여정이라 할 수 있다.

천문

고대 중국인들은 하늘을 의지와 목적을 가진 신성한 존재로 간주하여, 모든 자연 세계의 변화와 삼라만상의 균형을 주도하는 절대적인 힘으로 여겼다. 그럼에도 불구하고 하늘은 인간 세계와 독립된 별도의 영역으로 존재하는 것이 아니라, 인간 세상과 깊이 연결되어 있다고 생각하였다. 이러한 관념 속에서 하늘이란 인간과 소통이 가능한 신성한 존재라는 천인 사상을 바탕으로 그들은 하늘을 지극히 숭배하였는데, 하늘에 제사를 지내는 제천 의식은 그 방편 중 하나였다.

이 제천 의식은 천명을 받은 군주만이 수행할 수 있는 특별한 행사 중 하나였다. 따라서 제사를 지내기 위해서 군주는 하늘의 현상을 항상 주의 깊게 파악하고 그 뜻을 정확하게 해석하는 것이 무엇보다도 중요하였으므로, 하늘의 다양한 현상 변화들에 대해 매우 세심하고 빈틈없는 관측이 이루어져야 했다. 그리고 이와 같은 관측 내용을 근거로 삼아 '하늘과 인간의 관계'를 통찰하고 해석하였는데, 이를 일컬어 '천문'이라고 하였다. 이처럼 '천문'이라는 표현은 중국인들이 하늘을 관측하는 과정에서 도출된 개념이다.

그렇지만, 처음부터 천문이 '하늘과 인간의 관계'를 근본으로 삼아 형성된 것은 아니었으며, 세월이 흐르면서 그 개념이 조금씩 변화되는 양상을 보이게 된 것이다. 그렇다면, 이 '천문'이라는 표현이 고대 중국인들의 사유 개념 속에서 어떤 의미로 사용되었고 발전되었는지 중국의 고서를 통해 그 관련 내용들에 대해 살펴보기로 하겠다. '천문'이라는 용어가 최초로 언급된 고서로는 『주역』을 들 수 있다. 여기에서는 천문과 관련된 내용을 천상(天象)이라는 단어를 사용하여 표현하였으므로, 그 시절만 하더라도 천문이란 단순히 하늘의 현상을 지칭하는 개념으로 사용하였을 뿐이었다.

그런데, 이후『한서』에서는 "천문이란 28수의 순서를 정하고 오성과 해와 달을 헤아려 길흉화복을 기록함"이라고 정의하였다. 이 시대에 이르러서는 천문이 단순히 천체의 운행 현상만을 의미하는 범위를 뛰어넘어, 인간의 운명과 연결되는 점성술적 영역까지 포괄하는 개념으로까지 확장되었다는 것을 단적으로 보여 주고 있다.

『한서』이전의 고대 문헌에서도 중국인들이 천문 관측 결과를 인간의 길흉과 연관지어 해석한 흔적들이 다소 발견되기도 한다. 중국 선사 시대의 유물 가운데 제사 의식에 사용된 것으로 추정되는 도기들이 발견되었는데, 거기에는 해와 달, 그리고 산의 모양이 함께 그려져 있었다. 이러한 유물들을 통해 유추해 보면 고대인들이 그 시기에 벌써 태양 숭배와 더불어 하늘의 현상들을 제사 의식에까지 연관시켰다는 것을 추측할 수 있다.

또한『태평어람(太平御覽)』의 제 7권에 인용된 '효경구명결(孝經鉤命訣)'의 내용 중에는 하 왕조의 시조인 우왕과 관련하여 다음과 같은 기록이 있다. "우왕의 시대에 다섯 별이 마치 구슬이 엮인 것처럼 옥빛으로 이어져 빛나고 있었다." 이는 수성, 금성, 화성, 목성, 토성을 의미하는 오행성이 하늘에 일직선 상으로 배열되어 있는 현상을 묘사한 것으로, 이러한 현상을 중국인들은 '오성취합(五星聚合)'이라고 하였다. 중국 과학원의 천문학자가 컴퓨터 시뮬레이션을 활용하여 하나라의 설립 시기로 추정되는 기원전 2070년경에 '오성취합' 현상이 실제로 발생했는지를 조사한 결과, 그 현상이 실제 나타났다는 것을 확인하였다고 한다. 그렇지만 그 현상이 나타난 시점은 기원전 1953년 2월 중순 경이라고 하였다.

그 조사 결과는 하나라의 설립 시기인 기원전 2070년과 100년 이상의 차이가 있음을 보여준다. 그럼에도 불구하고, 이러한 현상이 기록을 통해 전해 내려왔다는 사실을 통해 중국에서는 오랜 시기 전부터 천문 관찰이 세밀하게 이루어져 왔다는 것을 알 수 있을 뿐만 아니라, 이와 같은 특별한 천문 현상들을 역사적으로 의미있는 사건들과 직접적으로 연관지으려 하는 경향이 있었다는 사실을 확인할 수 있는 것이다.

하나라에 이어, 상나라가 그 자리를 이어받았다. 상족의 조상인 설은 요순 시대에 백성들을 교육하고, 하 왕조의 우왕을 도와 치수에 크게 공헌하였으므로, 그의 공로를 인정받아, '상' 지역의 지배자로 임명되었다. 그후 설의 자손은 대대로 하나라를 섬겼으며, '설'로부터 '탕'에 이르기까지 14대에 걸쳐 8차례 수도를 옮겼다고 한다. 그런데, 기원전 1600년 즈음하여, 14대 탕 왕이 하나라의 폭압적인 걸 왕을 물리친 후, 상나라를 세우게 되었다. 상나라는 개국 이후 여러 차례 도읍을 변경하였는데, 19대 왕인 반경의 시기에 이르러서는 수도를 은으로 옮겼다. 이를 계기로 상나라는 은나라로도 불리게 되었으며, 은나라는 마지막 왕인 주왕의 시기까지 총 273년 동안 지속되었다.

이와 같은 상나라의 역사적 실체를 입증하는 주요한 증거 중 하나는 '갑골'이다. 상나라 사람들은 세상의 모든 것이 신의 의지에 의해 결정되어 움직인다는 믿음을 가지고 있었다. 이들은 점복을 통해 신의 뜻을 헤아린 후에야 모든 일들을 집행하였다. 따라서 점복은 갑골을 이용하여 일상적으로 이루어졌는데, 천지와 산천에 대한 제사, 조상에 대한 제사 뿐만 아니라, 전쟁, 농사 등의 주요 결정에 앞서 신의 뜻을 파악하려고 하였다.

그런데 상나라 시기의 갑골문을 들여다 보면 많은 별들의 이름과 일식, 월식에 대한 상세한 기록이 포함되어 있다는 것을 알 수 있다. 이는 상나라 사람들이 천문학에 대해 해박한 지식을 가지고 있었다는 것을 입증하는 중요한 증거라 할 수 있다. 이들의 천문학 지식은 단순히 천체의 상황을 정확하게 관측하여 별들의 이름을 알고 구분하는 정도를 넘어섰을 뿐 아니라, 천체의 현상을 어느 정도 예측할 수 있는 수준에까지 도달해 있었다.

당시에 점복을 담당하던 사람들은 특이한 방법을 사용하였다. 그들은 거북의 등 껍질이나 짐승의 뼈에 구멍을 뚫고 이를 불에 구워 균열을 만들었고, 이런 균열을 해석하여 신의 뜻을 헤아렸다고 한다. 갑골문에는 이러한 점복을 진행한 사람들을 '정인'(貞人)이라고 명시적으로 기록하였다. 그리고, 점복의 과정과 결과, 그 이후 일어난 사건들에 관해 문자를 사용하여 기록하였는데, 이런 기록들을 우리는 갑골문이라 부른다. 갑골문에 주로 사용된 재료로는 거토의 등 껍질, 사슴이나 양, 승냥이, 소 등의 견갑골과 드개골이 있었으며, 때로는 녹각도 활용되었다. 이 갑골문은 현대 한자어의 원형에 해당하며, 상나라 역사 연구에 있어서 기초적이고 중요한 자료로 간주된다.

상나라 시대의 갑골문을 통해 당시에 이미 음력과 양력이 합쳐진 형태의 달력이 사용되고 있었다는 사실이 확인되었다. 그 시대에는 한 달을 30일의 날 수로

01 달력과 천문

정한 '큰 달'과 29일로 정한 '작은 달'로 구분하였고, 이를 기반으로 하면 12개월로 구성된 1년의 총 날수는 총 354일이 되었다. 이렇게 만들어진 달력은 실제 태양년의 총 날수와 일치하지 않았기 때문에, 일정 기간마다 '윤달'을 추가하여 1년의 날 수를 조정함으로써 태양력과 주기를 맞추었다. 갑골문에서는 '년'과 '월'은 숫자로, '일'은 간지를 사용하여 표기하였다.

상나라를 멸망시킨 후 그 자리를 이어받은 주나라 사람들은 상나라를 은나라라고 불렀다. '은'이라는 명칭은 상나라의 마지막 수도인 '은'에서 유래된 것이기도 하지만, 상나라를 멸망시킨 주나라가 역성 혁명으로 이룩한 왕조 교체를 정당화하기 위한 명분을 위해 '상'나라 대신 '은'이라는 명칭을 사용하였다고 한다. 구체적으로 설명하자면, 상나라가 하찮은 지방 국가에 불과하였다는 것을 표방할 목적으로 수도 '은허'에 바탕을 둔 '은'이라는 작은 국가라고 깎아 내렸다는 주장이다.

상나라와 주나라(기원전 1046~256) 시대의 것으로 추정되는 갑골문에는, 일식과 월식 등의 천문 현상들을 비롯해 간지까지 기록되어 있었다. 이러한 기록들을 바탕으로 당시 사람들이 천문 현상들을 단순히 관측하는 것에 그치지 않고, 특별히 중요하다고 느끼는 현상에 대해서는 그 내용을 바탕으로 역술에까지 반영하고 있었다는 사실을 짐작할 수 있다.

기원전 5세기 후반 춘추 전국 시기 경의 유물로 추정되는 칠기 상자 뚜껑에는 중앙에 '두(斗)'자가 쓰여져 있고, 그 주변에는 28수의 이름들이 둘러싸여 있다. 또한, 양측에는 청용과 백호로 추정되는 동물들이 그려져 있다. 이것은 점성술과 밀접한 연관이 있는 28수와 4신 체계가 이미 이 시기에 구축되어 있었다는 것을 보여 주고 있는 것이다.

이처럼 수많은 역사적 자료들을 종합하여 중국의 전통적인 고대 천문학적 세계관을 분석해 보면, 하늘을 인간 세상과 분리된 별도의 영역으로 여기지 않았으며, 단순한 관측 대상으로 간주하지 않았다는 것을 알 수 있다. 하늘은 그들에게 있어서 궁극적으로 인간과 상호작용하고 소통이 이루어지는 공간이었다. 그들은 하늘에서 나타나는 복잡하게 얽혀있는 변화를 읽어내어 인간의 삶에 반영시켰다. 따라서 그들의 천문학적 지식이란 하늘의 현상들을 단순히 관찰하는 것에 그치지 않고, 그 관측된 현상들을 더욱 더 세심하게 관측한 후에 다각도로 분석하는 과정을 거쳐, 그 현상들이 그들의 삶에 어떻게 어떤 영향을 미칠 것인지 해석하는 데 초점이 맞추어져 있었다.

결론적으로 고대 중국인들이 사유하고 있는 천문을 짧게 요약하자면, 하늘의 객관적인 현상을 단순하게 탐구하고 분석하는 순수한 천문학적 영역을 뛰어넘어, 수집된 천문학적 내용을 기반으로 하여 인간사에 미치는 영향을 해석하는 점성술의 의미까지 내포하고 있는 보다 더 큰 영역이었다고 할 수 있다.

하늘에 대한 개념의 변화

앞서 살펴본 바와 같이, 중국인들은 하늘이 인간 사회에 중대한 영향을 미칠 수 있다고 믿었으며, 이를 바탕으로 고대 시대로부터 절대적으로 하늘을 숭배하였다. 그런 가운데 다양한 사상이 만개하였던 춘추 전국 시대에 이르러서는 인본주의 사상의 성장과 함께 하늘에 대한 인식이 새롭게 변화하였다. 인본주의 사상을 통해 하늘의 종교적인 의미는 점차 약해지게 되었으며, 하늘과 인간 사이의 관계가 새롭게 재정립된 것이다.

이어지는 한나라 시대에도 춘추 전국 시대의 인본주의 사상을 바탕으로 인간과 하늘의 관계가 음양오행설의 유행과 더불어 천인감응 사상으로 발전하였다. 음양오행설이란 천지와 만물을 아우르는 근본적 원리로서 음양 및 오행(금, 목, 수, 화, 토)에 중점을 둔 철학으로, 만물이 상호 작용하고 변화한다는 세계관을 제시한다. 이와 더불어 천인감응 사상이란 하늘, 인간, 자연 간 상호 영향 및 반응을 강조하며, 인간의 행위가 천지의 변화에 영향을 미친다는 주장이다. 이들 사상들은 점차 정치와 사회 전반에 걸쳐 매우 큰 영향을 미치게 되었다.

이제 음양오행설과 천지감응 사상이란 과연 무엇이며, 음양오행설과 천지감응 사상이 어떻게 출현하였는지 그 과정을 살펴보기로 하겠다.

음양오행설(陰陽五行說)

　음양오행설이라는 용어는 현재의 우리 시대에도 대중적으로 널리 알려져 있으며 많은 사람들의 입에 자주 오르내리고 있기는 하지만, 대부분의 사람들은 이 개념을 정확히 이해하지 못하고 있다. 다만, 우리나라와 중국을 비롯한 동아시아 지역에 기반을 둔 고대 동양 철학의 근원이라는 정도로만 단순히 인식하고 있을 뿐이다. 그런데 우리가 탐구하려는 역법에서 음양오행설이 무엇인지 모르는 상태에서 역법을 설명하는 것은 어려운 일이다. 따라서, 음양오행설이 정확히 어떤 개념이고, 어떤 과정을 통해 출현하였는지, 음양오행설에 대해 간단하게 정리해 보았다.

음양(陰陽)

　음양(陰陽)이라는 개념을 이해하려면 먼저 그 어원부터 파악해야 할 것이다. 어원상으로 음양이라는 한자어를 분석하면, 음(陰)이라는 글자 내에는 언덕(丘)과 구름(雲)이 포함되어 있으며, 양(陽)이라는 글자에는 모든 빛의 원천인 태양(日)이 포함되어 있다. 이 문자를 글자 그 자체로 단순하게 해석해 보면 음과 양이라는 각각의 문자는 산의 그림자(음)와 태양(양)을 의미하는 것이었으므로, 밤과 낮이라는 개념과 마찬가지로 음양이란 그늘과 햇볕이라는 서로 상대적인 의미가 한데 어우러진 현상을 표현한 단순 개념 용어에 불과하였을 뿐이었다.

　그런데 춘추시대(기원전 770~403)에 이르러 음과 양이 풍(風; 바람)·우(雨; 비)·회(晦; 어둠)·명(明; 밝음)과 함께 하늘의 6기(六氣, 여섯 기운) 가운데 하나로 인식되면서, 단순 현상을 의미하는 개념으로부터 실재하는 어떤 대상을 가리키는 명칭으로 발전하였다. 즉, 실체가 없는 현상으로부터 실재하는 개념으로 재정립된 것이다. 그리고 6기에 대한 설명에 따르면, 그늘과 햇볕을 의미하였던 음양은 태양으로 인해 생기는 기(氣)라고 정의되었으며, 바람과 비를 의미하는 풍우, 어둠과 밝음을 의미하는 회명도 모두 음양과 마찬가지로 기의 작용이라고 정의되었다.

　전국 시대(기원전 403~221)에 들어서면서 천지 만물의 성성, 사멸, 변화되는 현상들을 모두 기의 모임과 흩어짐으로 설명하였는데, 이때부터 음양은 성질이 서로 상반되는 두 종류의 기로 확고히 자리잡았고, 음양의 두 기를 바탕으로 천지 자연의 운행을 설명하기 시작하였다. 양의 기운은 밝고, 따듯하고, 발산하고, 위로 오르며, 적극적이고, 남자에 해당한다고 하였고, 이에 반해 음의 기운은 어둡고, 춥고, 수렴하며, 아래로 내려가고, 수동적이며, 여자에 해당한다고 하였다.

　음양이라는 이 두 가지 상반된 기운은 서로 순환하는 성질이 있어서, 음양의 두 기운은 음극즉양생(陰極則陽生)과 양극즉음생(陽極則陰生)의 양상을 보인다고 하였다. 음극즉양생이란 음이 극에 도달하면 양이 시작된다는 것을 말하고, 양극즉음생은 양이 극에 도달하면 음이 시작된다는 것을 말한다.

　음극즉양생에 대한 예를 들자면, 밤의 길이가 가장 긴 동지는 음이 극인 상태이므로 이때부터 양이 시작되어 낮의 길이가 점점 길어지면서 여름으로 향하게 되는 것이며, 하루의 밤이 극에 해당하는 자정에 이르게 되면, 양이 시작되어 이때부터 점차 낮이 시작된다고 하였다. 반대로, 양극즉음생의 예로서 하지를 들 수 있는데, 하지는 낮의 길이가 가장 긴 날로서 양이 극에 도달한 상태이므로 이때부터 음이 시작되어 밤이 점점 길어지기 시작하고, 낮이 짧아지면서 겨울이 오게 된다고 하였다. 하루의 낮이 극에 해당하는 정오의 경우에도 똑같은 논리가 적용되어, 이때부터 음이 시작되어 점차 밤이 시작된다고 하였다.

오행(五行)

　이제 음양에 이어 오행에 대해서도 알아보기로 하겠다. 오랜 옛날부터 나무, 불, 흙, 쇠, 물은 사람들이 살아가는데 꼭 필요한 근본적 물질이라고 생각하였으므로, 이 필수적인 다섯가지 물질을 '생활필수오재'라고 하였다. 그런데 나무가 타면 불꽃이 일고, 불꽃이 사라지면 재가 남아 흙이 되며, 이 흙 속에서 쇠가 나오고, 쇠는 끓으면 물이 되고, 물은 다시 나무를 키우게 된다고 생각하였다. 이렇게 생활필수오재의 물질들이 계속 돌고 도는 순환을 계속한다고 생각하였기 때문에, 생활필수오재인 나무, 불, 흙, 쇠, 물을 의미하는 목, 화, 토, 금, 수(木, 火, 土, 金, 水)를 가리켜 오행(五行)이라고 하였다. 그리고, 세월이 흐르면서 다섯 종류의 기본적 물질을 의미했던 오행은 그 개념이 확장되어 영원히 순환 운동을 하는 다섯 가지의 강력한 힘으로 정리되었다.

오행설에 대해서 설명한 서경의 홍범편에서는 오행을 다음과 같이 기술하였다. "오행에 있어서 그 첫째는 수(水)이고, 둘째는 화(火), 셋째는 목(木), 넷째는 금(金), 다섯째는 토(土)이다. 수의 성질은 물체를 젖게 하고 아래로 스며들며, 화는 위로 타올라 가는 것이며, 목은 휘어지기도 하고 곧게 나가기도 하며, 금은 주형(鑄型)에 따르는 성질이 있고, 토는 씨앗을 뿌려 추수를 할 수 있게 하는 성질이 있다."

이와 같은 오행에 대한 개념은 기원전 4세기 초 전국 시대부터 나타나기 시작하였다. 그런데 생활필수오재에서 나무는 파랑, 불은 빨강, 흙은 노랑, 쇠는 하양, 물은 검정색으로 상징되었기 때문에, 오행에서도 그 색깔을 그대로 물려받아 오행색을 가지게 되었다.

오행설은 시간이 흐르면서 점점 더 복잡하고 섬세한 체계로 발전해 나아갔다. 초기에는 단순히 자연 요소를 다섯 개의 범주로 분류하는데 그쳤지만, 그 범위를 단순하게 한정시키지 않고 점차 이 논리의 영역을 확장하여 거의 모든 삼라만상의 사물들을 다섯 범주로 구분하였다. 더 나아가 이 이론을 사계절, 방위, 신체 기관, 색깔, 냄새, 맛 등 다양한 요소들에까지 확장시켜 적용하였다. 예를 들어, 봄, 여름, 가을, 겨울은 각각 그에 부합하는 속성에 해당한다고 여겨지는 목, 화, 금, 수에 배치되어졌고, 동서남북도 마찬가지로 그 논리에 의해 목, 금, 화, 수에, 중앙은 토에 배정되었다. 그밖에 다섯 범주 중의 하나로 명확히 구분되지 않는 경우에는 자의적인 해석과 판단을 바탕으로 적절하게 오행 중 하나로 분류하였다.

재미있는 사실은 중국 음식 문화에도 오행이 적용되고 있다는 것이다. 중국에서 음식은 다섯 가지 기본 맛(단, 쓴, 신, 매운, 짠 맛)으로 구분되는데, 이들 역시 오행과 연관되어 있다고 하였다. 예를 들어, "목"은 신 맛과 연결되어 있으며, "화"는 매운 맛, "토"는 단 맛, "금"은 쓴 맛, "수"는 짠 맛과 연관되어 있다. 이처럼 다섯 가지 기본 맛이 오행 이론에 따라 각각 오행의 다섯 가지 요소와 관련되어 있으므로, 음식을 조리할 때 이러한 오행의 균형을 맞추려고 노력한다고 한다. 오행의 균형을 맞추는 것은 식재료의 선택으로부터, 조리 방법, 그리고 향신료의 사용에 이르기까지 다양한 방법으로 나타난다. 그뿐 아니라, 전체적인 메뉴 또한 오행의 균형을 고려하여 구성되기도 한다. 예를 들어, 고기 재료(화)와 채소 재료(목), 그리고 해산물(수)을 적절하게 선택하여 다양한 오행 요소를 균형 있게 조합하였다.

그들은 이러한 방법이 음식의 맛 뿐만 아니라 영양의 균형과 신선도, 심지어 소화에 이르기까지 긍정적인 영향을 미친다고 생각하였다. 그러나 이는 그들의 전통적인 관점과 신념에 기반한 것으로, 현대 영양학이나 의학적 내용에 정확하게 부합된다고 단정할 수는 없다.

오행상승설(五行相勝說)

오행의 개념이 체계화되어 발전하는 가운데 그 순서를 정하는 기준으로 두 가지 중요한 접근법이 등장하였다. 첫 번째 방법은 제(齊 : 기원전 403~221)나라에서 활약하였던 추연(鄒衍 기원전 305~기원전 240)이 주창한 방법으로, '오행상승설'(五行相勝說) 또는 '오행상극설'(五行相剋說)이라고 한다. 이 방법은 각 요소의 본질적인 힘이 어떻게 다른 요소에 영향을 미치는지에 초점을 맞추고 있다.

이 이론에 따르면, 각 요소와 물질은 끊임없는 갈등 관계 속에서 선행하던 물질과 단계를 정복하므로써 다음 단계로 진행된다고 해석하고 있다. 목은 금에 정복당하고, 이어서 금은 화에 지게 되며, 화는 다시 수에 지고, 수는 토에 의해 정복되며, 마지막으로 토는 다시 목에 지게 된다. 결과적으로 이렇게 힘에 따른 정복의 결과로 인해 목, 금, 화, 수, 토의 순서로 순환이 이루어지게 된다고 설명하고 있다.

오행상생설(五行相生說)

두 번째 방법은 음양은 주기적으로 사라졌다 다시 성장하는 다섯 단계의 과정으로 반복되는데, 이에 따라 자연계의 변화도 똑같이 다섯 단계로 나타난다고 생각한 것에 근거한 것이다. 따라서 자연의 움직임을 음양의 다섯 단계로 나누었으며, 이를 바탕으로 오행의 순서를 정하였다.

제 1단계에서는 양이 성장하는 초기 단계로 볼 수 있으며, 이때 활력이 가득하다. 이어서 제 2단계에 이르면 양이 성숙하여 그 힘이 최대치로 발휘된다. 그후, 제 3단계에 이르러서는 양의 힘이 소모되기 시작하지만 음이 아직은 움직이지 않아 균형 상태가 이루어진다. 제 4단계로 넘어가면 음이 성장을 시작하며 영향력을 행사하기 시작한다. 마지막으로, 제 5단계에서는 음이 완전히 성숙해져 그 힘을 최대로 발휘하게 된다.

이런 식으로 음양의 균형과 불균형, 성장과 소멸이 순환하는 과정을 통해 오행이 순차적으로 사라졌다 성장하는 과정을 되풀이한다고 생각하였는데, 그 이론을 '오행상생설'(五行相生說)이라고 하였다.

오행상생에 입각한 오덕종시설은 유흠(劉歆, ?~23)의 『세경』에서 구체적으로 나타나게 되지만, 유흠에 앞서 동중서(董仲舒, 기원전 176~104)에 의해서 먼저 제 자리를 잡기 시작하였다.

동중서(董仲舒)는 전한 중기에 활동하였던 대표적인 유학자 중 한 사람으로, 한나라 초기의 사상계 혼란과 유교의 쇠퇴 시기에 나타나, 도가(道家)를 물리치고 유교를 재기시키는 역할을 하였던 중요한 인물로 평가된다. 무제(武帝)를 섬기면서 그의 총애를 받았고, 유교를 권고하며 교육과 행정 분야에 기여하였다. 그의 노력을 바탕으로 한나라(前漢)의 국가 체제에서 유교가 다시 부흥할 수 있게 되었다. 따라서, 동중서는 중국 역사에서 매우 중요한 역할을 한 유학자로 기억되며, 유교의 발전과 유교 독립의 터전을 다지는 데 크게 기여한 인물로 알려져 있다.

이 시대의 사상과 문화를 주도한 동중서의 오행 상생론은 상하 질서 체계를 중시하는 유가적 사유라고 할 수 있다. 전국 시대에는 음양가 추연이 오행 상승론에 근거한 오덕 종시설로 역성 혁명을 옹호하였다면, 진 한 시대의 동중서에 이르러서는 부자 관계로 비유되는 오행 상생론을 기반으로 상하간의 관계를 묘사하면서 유가의 윤리 사상을 제시하고 있다. 부자 관계를 좀 더 확장하게 되면 군신 관계에도 적용이 되는 것이다. 오덕 종시설에 대해서는 다음에 자세히 설명하기로 하겠다.

동중서는 오행을 적용하여 천인 상응의 논리를 전개하였는데, 먼저 인간의 감정인 희노애락을 다음과 같이 사계절의 기와 서로 연결시켰다. 그 내용이 사마천이 저술한 사기의 「천문기」(天文紀) 제 2권에 다음과 같이 실려 있다.

夫春者, 喜氣也, 生也, 夏者, 樂氣也, 養也, 秋者, 怒氣也, 殺也, 冬者, 悲氣也, 藏也。

이 내용을 풀이해 보면, 봄은 기쁜 기(氣)이므로 생(生)하다고 하였는데, "생(生)"은 '생기다, 태어나다'의 의미로, 봄은 모든 것이 새로워지고 생명력이 넘치는 시기이다. 여름은 즐거운 기이므로 양(養)하다고 하였는데, "양(養)"은 '기르다, 키우다'의 의미로, 여름은 생명이 성장하고 번성하는 시기이다. 가을은 노(怒)하는 기이므로 살(殺)하다고 하였는데, "살(殺)"은 '죽이다'의 의미로, 가을은 자연이 점점 쇠퇴하고 준비하는 시기이다. 겨울은 슬픈 기이므로 장(藏)하다고 하였는데, "장(藏)"은 '숨기다, 보관하다'의 의미로, 겨울은 모든 것이 숨어서 휴식을 취하고 에너지를 보존하는 시기이다.

그리고, 다시 사계절의 기를 다음과 같이 목, 화, 토, 금, 수의 순서로 오행과 연결시켰다. "목은 봄으로 생하는 성질을 지니며, 농사의 근본이 된다. 화는 여름으로 성장하는 성질을 지니며 조정의 관직에 해당한다. 토는 하중(夏中)으로 백 가지 종류를 성숙시키며, 군주의 관직이다. 금은 가을로서 살기의 시작이다. 수는 겨울로 지극한 음기를 품고 있다."

이를 좀 더 알기 쉽게 자세히 풀어서 정리하면 다음과 같다.

목(木, 나무)은 봄과 연결되며, "생하는 성질"을 지닌다. 이는 봄이 새로운 생명과 희망, 성장의 시작이라는 의미를 내포하며, 농사의 근본이 되는 것으로, 식물이 자라기 시작하는 시기이다.

화(火, 불)는 여름과 연결되며, "성장하는 성질"을 지닌다. 여름은 열과 활동성이 높아지는 시기로, 여기서 "조정의 관직"은 사회나 조직에서 중심 역할을 한다는 것을 의미한다.

토(土, 흙)는 여름의 중반인 하중(夏中)과 연결되며, 백 가지 종류를 성숙시킨다. 이는 여름이 높은 생산성과 성숙을 가져다주는 시기라는 것을 의미한다. "군주의 관직"은 이 시기가 중요한 결정을 내리고 나아가는 시점이라는 것을 상징한다.

금(金, 금속)은 가을과 연결되며, "살기의 시작"이다. 가을은 수확과 준비, 그리고 일종의 '죽음' 또는 '종결'을 상징하기도 하므로, 이를 '살기'라고 표현하였다.

수(水, 물)는 겨울과 연결되며, "지극한 음기"를 품고 있다. 겨울은 휴식과 회복, 그리고 내면의 성찰을 위한 시기로, 음기의 특성을 강하게 지니고 있다.

이렇게 사람의 감정과 사계절 그리고 오행을 서로 결부시킴으로써, "사람의 생명은 자연의 리듬, 특히 사계절의 변화와 조화를 이루어야 한다"고 하였다. 또한, "사람은 하늘의 부본(副本)"이라고 하면서 "사람의 성정은 하늘에서 비롯된다"고 주장하였다. 여기에서, "성정(性情)"이란 유교와 도교를 비롯한 동양 철학에서 중심적인 역할을 하는 개념으로, 성(性)이란 주로 인간의 본성을 의미한다. 본성은 태어날 때부터 갖고 있는, 변하지 않는 내재된 성질을 가리킨다. 그리고, 정(情)이란 감정, 또는 정서적 반응을 의미하는 것으로, 이는 외부 상황에 대한 인간의 감정적인 반응을 의미하며, 변화 가능하고 상황에 따라 다양하게 나타난다. 따라서, 성정이란 인간의 본질적인 특성과 감정적 반응을 함께 아우르는 포괄적인 의미를 지니고 있다. 다시 말해서 인간의 내면에 깃든 본성(性)과 그 본성이 외부 환경에 반응하여 나타내는 다양한 감정적 반응(情)을 함께 포함하는 개념이다. 이처럼 인간은 우주와의 깊은 연결을 바탕으로 자연, 그리고 우주와 서로 긴밀하게 조화를 이루고 있다고 강조한다.

그러므로 각 계절과 오행의 개념은 자연, 인간, 사회, 정치, 문화까지 아우르는 포괄적인 사상 체계를 형성한다. 이것은 오행이 단순히 자연 현상에 국한되지 않고 인간과 사회, 정치, 문화에까지 광범위한 영향을 미치게 된다는 논리로서, 이와 같은 오행 체계의 확장은 인간의 삶과 우주의 근본적인 원리가 상호 작용한다는 근본적인 철학적 사상 체계를 그 기반으로 두고 있다는 것을 단적으로 보여 주고 있는 것이다.

　이와 같은 논리를 바탕으로 동중서는 궁극적으로 오행상생에 대한 이론은 모든 삼라만상에 적용되는 것이라고 강조하면서, 또 하나의 예로써 오행을 4방위에 적용하면서 그 관계를 다음과 같이 설명하였다. 목(木), 화(火), 토(土), 금(金), 수(水)의 오행은 각각 동쪽, 남쪽, 중앙, 서쪽, 북쪽의 방향과 깊은 연관을 맺고 있다. 동쪽을 상징하는 '목'은 '화'를 생성하는데, 이 '화'는 남쪽의 특성을 지니고 있다. 그 다음 단계에서는 이 '화'가 중앙을 상징하는 '토'를 생성한다. 중앙의 '토'는 서쪽을 상징하는 '금'을 생성하며, 이 '금'은 순환의 과정에서 다음 단계로 북쪽을 상징하는 '수'를 탄생시킨다. 마지막으로, 이 '수'는 다시 첫 번째 요소인 '목'을 생성하여 순환의 고리를 완성하게 된다. 이렇게 다섯 요소는 목, 화, 토, 금, 수의 순서로 상호 작용하며 끊임없는 순환을 이룬다고 동중서는 주장하였다.

음양오행설(陰陽五行)

　음양설과 오행설은 앞에서 설명되었던 것처럼 서로 다른 근원에서 출발한 독립된 개념의 이론이었지만, 전국 시대 말기에 이르러 두 개념이 점차 통합되기 시작하였다. 즉, 목, 금, 화, 수, 토의 오행이 음양설과 결합되어 다섯 종류의 기, 즉 우주에 두루 충만하게 퍼져 있는 다섯 가지의 에너지적 원소로 간주된 것이다. 전국 시대 말기에 활약했던 학자들 중에서, 제(齊 : 기원전 403~221)나라에서 활약하였던 추연(鄒衍 기원전 305~240)은 오행 상극설을 주창하였는데, 오행상극설을 바탕으로 음양과 오행 사상을 하나로 통합시켜 체계적인 음양오행설을 완성하였다.

　음양오행설은 그 자체로서 자연 과학 영역으로 영향력을 확장하는 근거로 작용하였다. 특히 음양오행설은 하늘과 인체의 밀접한 연결을 강조하며, 이를 바탕으로 인체와 자연계가 깊이 연관되어 있다고 하였다. 이 이론에 따르면, 오행의 기운이 서로 통하기 때문에, 사람과 만물은 본질적으로 하나이며 서로 유사한 특성을 공유하고 있다. 이러한 관점에서 인체는 자연계의 축소판, 즉 '소우주'로 간주된다. 이 사상은 특히, 인체 내부 구조와 기능이 자연계의 음양오행의 원리와 밀접하게 연관되어 있다는 논리를 바탕으로 중국 전통 의학 이론에 결정적인 영향을 미치게 되었다.

따라서, 인체의 각 장기와 기능은 음양과 오행의 원리에 따라 설명되고 분석되었다. 이러한 관점은 인체를 이해하고 질병을 치료하는 방법에 중요한 지침을 제공하며, 중국 의술의 기본적인 구조를 형성하는 데 기여하였다. 예를 들자면, 비장(脾臟)은 목, 폐(肺)는 화, 심장(心臟)은 토, 간(肝)은 금, 신장(腎臟)은 수에 배당하여 그 기능과 성질을 설명하는 식이다. 또한 음양오행설에서는 사계절의 변화가 인간의 생리적 변화에 영향을 미친다거나 인체 내부의 5장(五臟)은 상호 영향을 미친다고 하는 이론들을 취했다.

이러한 주장은 도교의 중요한 경전인『주역』에 뿌리를 두고 있다.『주역』은 음양과 팔괘, 육십사괘를 통해 우주의 변화와 법칙을 설명하는 고대의 점술서이자 철학서로서, 음양의 상호 작용으로 인해 만물이 생성되고 변화한다고 설명한다. 이때 음양은 하늘과 땅, 남과 여, 어둠과 밝음 등 모든 대립되는 요소들의 쌍으로 나타난다고 하였다.

이러한『주역』의 사상은 동아시아에서 광범위하게 전파되었으므로, 우리 민족에게도 많은 영향을 미쳤다. 우리나라에서는 고대부터 주역을 점술이나 철학적인 교육에 활용하였으며, 특히 조선 시대에 이르러서는 성리학자들이 주역을 유교의 경전으로 채택하여 깊이 연구하였다. 그런 가운데 이들 성리학자들은 주역의 음양과 팔괘, 육십사괘를 통해 우주와 인간의 관계를 체계적으로 정리하였다.

예를 들어 조선 시대의 성리학자인 이황(李滉)은 주로 유교와 성리학에 대한 연구와 저술로 잘 알려져 있는데, 성리학과 유교 철학뿐만 아니라, 자연 과학과 의학에도 관심을 가지고 있었다. '이황'은『익설』의 제4권「인체의 음양과 팔괘」에서 인간의 몸이 음양과 팔괘의 기운으로 이루어져 있으며, 인간의 건강과 운명이 음양과 팔괘의 기운에 따라 달라진다는 것을 설명하고 있다.

이 책의 일부를 인용하면 다음과 같다.

"음양은 천지간에 있는 기운이다. 음은 어두운 것이고 양은 밝은 것이다. 음은 땅에 속하고 양은 하늘에 속한다. 음은 수수한 것이고 양은 활발한 것이다. 음은 축소하는 것이고 양은 확장하는 것이다. 음양의 기운이 서로 교차하여 만물을 이루고, 인간의 몸도 이 음양의 기운으로 이루어져 있다.

陰陽者, 天地之氣也. 陰者, 暗也. 陽者, 明也. 陰者, 地也. 陽者, 天也. 陰者, 寂也. 陽者, 動也. 陰者, 縮也. 陽者, 張也. 陰陽之氣, 交錯而萬物成, 人身亦陰陽之氣也.

인간의 몸은 하늘과 땅, 남과 여, 어둠과 밝음 등 모든 음양의 쌍을 포함하고 있다. 인간의 몸은 음양의 기운에 따라 건강하거나 병들고, 성공하거나 실패하고, 수명이 길어지거나 짧아진다. 인간은 음양의 기운을 조절하고 조화시켜야 하며, 음양의 기운을 과하게 하거나 부족하게 하면 안 된다.

人身, 含天地, 男女, 暗明之雙, 人身, 隨陰陽之氣, 健或病, 成或敗, 長或短. 人, 當調陰陽之氣, 和之, 勿使陰陽之氣, 多或少也.

음양의 기운을 조절하고 조화시키는 것이 인간의 건강이고, 음양의 기운을 과하게 하거나 부족하게 하는 것이 인간의 병이다. 음양의 기운을 조절하고 조화시키는 인간은 행운이 따르고, 음양의 기운을 과하게 하거나 부족하게 하는 인간은 불운이 따른다. 음양의 기운을 조절하고 조화시키는 인간은 수명이 길고, 음양의 기운을 과하게 하거나 부족하게 하는 인간은 수명이 짧다.

인간의 머리는 둥글고 발은 평편하다.
이것은 하늘은 둥글고 땅은 평편한 것과 같다.
인간에게는 두 눈이 있다.
이것은 하늘에 해와 달이 있는 것과 같다.
인간에게는 28개의 척추가 있다.
이것은 하늘에 28수가 있는 것과 같다.
인간에게는 24개의 갈비뼈가 있다.
이것은 하늘에 24절기가 있는 것과 같다.
인간에게는 365혈이 있다.
이것은 하늘에 365일이 있는 것과 같다.

인간에게는 7개의 구멍이 있다.
이것은 하늘에 북두칠성이 있는 것과 같다.
인간의 몸은 팔괘의 기운으로 이루어져 있다.

이렇게 보면 인간의 몸은 소우주라고 할 수 있으며, 하늘과 땅, 남과 여, 어둠과 밝음 등 모든 음양의 쌍을 포함하고 있다.

인간의 몸은 팔괘의 기운으로 이루어져 있다. 팔괘는 천지간에 있는 여덟 가지의 기운이다. 팔괘는 거문고(戈文古), 고사(古士), 고인(古人), 고미(古美), 고유(古有), 고신(古神), 고진(古辰), 고묘(古苗)로 나뉜다. 팔괘의 기운은 인간의 몸의 여덟 가지 부위에 각각 해당한다.

거문고는 머리와 관련되고,
고사는 얼굴과 관련된다.
고인은 목과 관련되고,
고미는 가슴과 관련된다.
고유는 배와 관련되고,
고신은 허리와 관련된다.
고진은 다리와 관련되고,
고묘는 발과 관련된다.

팔괘의 기운은 인간의 몸의 건강과 운명에 영향을 미친다. 팔괘의 기운이 조화롭고 균형이 있으면 인간은 건강하고 행복하고, 팔괘의 기운이 불협화음이고 불균형하면 인간은 병들고 불행하다."

오덕종시설(五德終始說)

앞서 추연(鄒衍: 기원전 305~240년)이라는 학자가 두 가지 주요 개념인 음양과 오행을 통합하여 체계적인 음양오행설을 완성시켰다고 하였다. 이러한 음양오행설 사상을 대표하는 학설이 바로 그가 주창한 오덕종시설(五德終始說)이다.

그는 천지가 아직 생겨 나기 이전에는 만물의 근원이 되는 에너지에 해당하는 '혼돈(混沌)의 기(氣)'만이 존재한다고 하였다. 이 혼돈의 에너지가 분화되면서 천지가 생성되었는데, 이렇게 생성된 천지는 토(土), 목(木), 금(金), 화(火), 수(水)라는 다섯 가지 기본 원소인 오행(五行)으로 이루어져 있다고 하였다. 그리고, 오덕이란 오행—토, 목, 금, 화, 수—에서 파생되는 다섯 가지 독특한 작용이나 특성을 의미하는 것으로, 이 다섯 가지 작용은 음양의 기와 상호작용을 통하여 만물의 생성과 소멸, 변화와 안정을 주도하므로, 만물은 오덕에 의해 지배된다고 하였다.

추연은 이러한 '오덕'이라는 개념을 중심으로 오덕종시설을 설명하였다. 오덕종시설에서 덕이 옮겨가는 것 또한 오행 상승의 순서를 따르는데, 토덕으로부터 시작하여, 목, 금, 화, 수의 4덕을 거쳐 다시 토덕으로 돌아간다고 하였다. 그는 이런 오덕(五德)이 전이(轉移)됨으로 인해 역사가 변화하는 것이라고 하면서, 이와 더불어, 복잡한 자연 현상과 인간의 신체, 심지어는 정치와 사회 구조까지도 오덕을 바탕으로 설명할 수 있다는 주장을 펼쳤다.

그리고, 왕조마다 그 왕조를 지배하는 덕이 있으며, 그 덕은 성할 때와 쇠할 때가 있다고 하였다. 왕조의 덕이 성할 때에는 그 왕조도 따라서 흥하게 되고, 그 덕이 쇠하게 되면 그 왕조도 무너지게 된다는 것이다. 이처럼 오덕종시설이란 왕조에 부여된 오행의 덕에 따른 운행 논리를 기반으로 하여, 왕조의 흥망성쇠가 필연적으로 이루어진다고 주장하는 일종의 신비적 역사 철학이다.

추연의 이러한 논리가 여씨춘추(呂氏春秋)에 자세히 소개되는데, 새로운 왕조가 등장하게 될 무렵에는 하늘은 반드시 백성들에게 왕조가 바뀔 징조를 예고하였다고 한다.

황제(皇帝)의 시대에는 하늘이 큰 지렁이와 큰 땅강아지가 먼저 나타나게 하였는데, 그것들은 흙 속에 사는 것이므로, 황제는 이 조짐을 보고 "토기(土氣)가 우세한 것"이라고 여기며 노란 색을 숭상하였고, 토(土)와 관련된 일에 중점을 두었다.

황제의 시대 다음으로 들어선 하나라 우왕 시대에는, 하늘은 가을과 겨울에도 초목이 시들지 않는 것을 먼저 보여 주었다. 우왕이 말하기를 "이것은 목기가 우세하다는 것을 보여준다."고 하였고, 목기가 우세하므로 그 빛깔로 푸른색을 숭상하고, 나무에 관련된 일에 중점을 두었다.

상(은)나라 탕왕 때에는 하늘이 먼저 물속에서 칼날이 나오는 것을 보여 주었다. 탕왕이 말하기를 "이것은 금기가 우세하다는 것을 보여준다."고 하였고, 금기가 우세하므로 그 빛깔로 흰색을 숭상하고, 금속과 관련된 일에 중점을 두었다.

주나라 문왕 때에 이르러서는 하늘이 불을 나타내었고, 붉은 새가 붉은 책을 입에 물고 주나라 사직단에 모여드는 것을 먼저 보여 주었다. 문왕이 말하기를 "이것은 화기가 우세하다는 것"이라고 하였다. 화기가 우세하므로 그 빛깔로 붉은 색을 숭상하고, 불과 관련된 일에 중점을 두었다.

이처럼, 새로운 왕조가 들어설 때마다 각기 여러 다른 조짐들을 통해 오덕(五德)이 전이되고 있음을 보여 주었다고 하였다. 그렇다면 불을 대체하는 것은 반드시 물일 것이다. 하늘은 장차 수기가 우세하리라는 것을 먼저 보여줄 것이며, 그 시대는 흑색을 숭상하고, 물과 관련된 일에 중점을 둘 것이다.

이에 따라 추연은 진나라를 수덕의 왕조로 보고, 그 이전의 4왕조 중 황제의 왕조를 토덕에, 하나라를 목덕에, 은나라를 금덕에, 주나라를 화덕에 배치하였고, 오행 상극의 논리에 따라 각 왕조가 다음 왕조에 의해 멸망되는 것이 필연적이라고 주장하였다. 그러면서 물(水)은 오행상극 중 최후의 것으로서, 왕조 순환은 수덕을 갖춘 진나라에서 그친다고 하며, 진나라 왕조의 정통성과 절대성을 주장하였다. 이에 따라 진시황은 물의 상징인 흑색을 숭상하였으며, 황하의 이름도 흑수(黑水)라고 바꾸었다고 한다.

따라서 모든 왕조의 황제는 오덕 중 하나를 갖추어 왕이 되었고, 왕조들은 오덕의 순서에 따라 번영하거나 쇠퇴한다고 주장하였다. 이처럼 오덕종시설에서는 토, 목, 금, 화, 수의 덕 순서로 각 왕조가 이전 왕조를 이기며 나타난다는 상극설에 의한 순환의 법칙을 강조하였다. 음양오행설에 근거한 이 이론은 역사 해석 방법에 새로운 방향을 제시하였고, 역대 왕조들에 적용됨으로써 왕조 교체 필연성의 근거로서 활용되었다. 이를 바탕으로 사기에서는 한 나라가 화덕에 해당하며 천통을 이어받았다고 주장하며, 한 왕조의 정통성을 뒷받침하는 근거로 삼았다.

그러나 추연의 이론은 진나라가 망하고 한나라가 출현하게 됨으로써, 실제 상황과 맞지 않게 되었다. 그럼에도 불구하고 진, 한의 교체기를 거치며 전한(前漢)의 시대에 이르러 정치적 안정기에 접어들게 되자, 당시 한나라 시대의 새로운 왕조론에서도 여전히 추연이 주장한 오덕종시설을 근거 삼아 권력의 교체를 설명하였고 역사의 예언에 변함없이 활용하였다.

그렇지만, 그 과정에서 오덕종시설의 기반 논리였던 오행상승설은 유흠에 의해 오행상생설(相生說)로 교체되었다. 새롭게 정립된 오행 상생설에서 유흠은 덕의 전이는 목 – 화 – 토 – 금 – 수의 순서로 진행되며, 왕조의 교체는 정복의 논리가 아니고 정권 선양(禪讓)의 형태를 취하게 된다고 하였다. 이렇게 변화된 음양과 오행의 논리 또한 단순히 왕조론에만 국한되어 나타나는 현상으로 국한시키지 않았다. 이러한 음양과 오행의 논리는 한나라 시대에 이르러 더욱 복잡하고 세밀해지면서, 정치 영역을 넘어서서 자연 현상뿐만 아니라 인간 사회의 모든 현상, 심지어 율령의 방식에까지 광범위하게 그 논리가 적용되었다.

삼황오제 (三皇五帝)

중국의 역사적 계통에 대한 출발은 신화와 전설에 등장하는 중요한 인물 중 하나인 전설적인 시조, 복희(伏羲)로부터 비롯된다. 태호 복희는 하늘을 이어서 왕이 되었으니 모든 왕의 으뜸이 되었다. 그의 덕은 목에서 시작된다. 이어서 공공(共工)이 그 다음에 등장하였는데, 수덕을 가지고 있었음에도 불구하고 목덕 다음의 덕이 수덕이 아니었으므로 그의 순서가 아니었다. 공공 다음의 염제(炎帝)는 화덕이었으므로 목덕을 이었으며, 다음의 황제(黃帝)는 토덕으로 화를 이었다고 하였다. 이처럼 삼황(三皇)은 각각 목, 화, 토의 덕에 맞게 인류에게 사냥, 농사, 인간

창조 등의 문명을 가르쳤다고 한다.

이들 태호 복희(太昊 伏羲), 염제 신농(炎帝 神農), 황제 헌원(黃帝 軒轅)을 삼황(三皇)이라고 부르는데, 이처럼 위의 내용을 살펴보면 삼황이란 연속적인 맨 처음의 세 명의 왕이 아니라는 것을 알 수 있다. 삼황이라는 명칭은 천황, 지황, 인황으로 상징되는데, 그들이 삼황으로 불리게 된 이유로는 여러 가지 설이 있다. 그중 하나의 설에 따르면, 자연과 인간 사이의 밀접한 관계를 바탕으로 인체를 자연계의 축소판으로 간주하였던 음양오행설의 영향으로 인해, 천황, 지황, 인황의 삼황이라는 명칭이 유래되었는데, 이 명칭이 이 왕들에게 적용된 것이라고 하였다.

또 하나의 설로서, 이들 삼황은 중국 고대 문명의 기원과 밀접하게 연관된 전설적 인물들로서, 고대 중국 문명의 획기적인 발전과 더불어, 문화적, 도덕적 영역에서 큰 기여를 이루어 후세에 큰 모범이 되었으므로, 이 명칭이 부여되었다고 전해진다. 복희는 음양의 조화와 관련된 이론과 팔괘의 창시자로, 이는 후에 주역의 기초가 되었으며, 신농은 농업과 약초의 신으로서, 농사와 전통 의학의 지식을 인류에게 전해주었다. 황제는 중국 문명의 상징적 조상으로서, 많은 기술적 발전과 제도적 혁신을 이루었으며, 통일된 국가 개념을 처음으로 제시했다고 여겨진다.

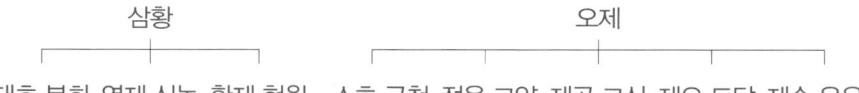

태호 복희 염제 신농 황제 헌원 소호 금천 전욱 고양 제곡 고신 제요 도당 제순 유우

삼황 이후 오제가 이어지는데, 오제 중 소호(小昊)는 금덕이고, 전욱은 수덕, 제곡은 목덕, 제요는 화덕, 그리고 제순은 토덕이다. 여기에서 제요 도당은 요 임금, 제순 유우는 순 임금을 말하며, 제요 도당과 제순 유우의 시대를 합하여 당우 시대, 또는 요순 시대라고 한다.

이처럼 삼황오제(三皇五帝)란 중국 신화에 등장하는 제왕들로 세 명의 황(皇)과 다섯 명의 제(帝)를 말하는데, 이들 여덟 명의 제왕은 중국 문명의 시조로 추앙되며 근대 이전에는 신화가 아닌 역사적 실존 인물로서 추앙되었다. 현대의 역사학계에서는 삼황오제 신화가 후대에 창조되고 부풀려진 신화이며, 역사적 사실이 아니라 판단하고 있다. 삼황오제 신화의 기본 틀이 되는 상고 시대의 시조 설화의 원형은 상나라 무렵부터 이어져 내려왔다고 한다. 그리고 춘추 전국 시대에 제자백가가 각종 사상을 주창하면서 삼황오제 신화가 점점 더 틀을 갖추어 나갔다. 특히 오제 신화의 경우 음양오행설이 유행한 이후에 5명의 제왕에 대한 신화가 정립된 것으로 여겨지고 있다. 춘추 전국 시대에서 위진 남북조 시대에 이르는 기간 동안 삼황오제 신화는 계속해서 재창조 되었다.

그러나 청나라 말기 학계의 연구를 통해 삼황오제 기록의 역사성이 부정되고 종교적 영향으로 꾸며진 신화임이 판명되었다. 그럼에도 불구하고 1990년대 이후 중국의 민족주의와 국가주의가 강화되면서 중국 정부 차원에서 중국 역사의 기원을 상향 조정하고 신화 속 제왕들의 연대를 명확하게 설정하는 등 삼황오제를 비롯한 신화 속의 인물들을 실재했던 인물이라고 주장하는 각종 공정이 진행되고 있는 상황에 있다.

객관적 눈높이에서 여러 역사적 문헌 등을 바탕으로 검토해 보았을 때, 이들의 존재와 업적은 신화와 전설에 더 가깝다고 할 수 있으므로, 역사적 사실과는 구분되어야 할 필요가 있을 것이다. 따라서 이러한 전설적 인물들의 실제 역사적 존재 여부에 대해서는 심도 깊은 연구와 고증에 따른 매우 신중한 접근이 필요하다.

선양(禪讓)

오제(五帝)에 포함되는 소호(小昊), 전욱(顓頊), 제곡(帝嚳), 제요(帝堯), 제순(帝舜)은 각각 금, 수, 목, 화, 토의 덕에 맞게 정치, 법률, 음악, 도덕, 통치 등의 사회 제도를 세웠다고 한다. 오제 중의 첫 번째인 소호 금천(少昊 金天)은 황제의 아들로서, 황제가 승천한 후 왕위에 올랐다. 소호의 뒤를 이은 것은 소호의 형의 아들인 전욱 고양(顓頊 高陽)이었고, 전욱의 뒤를 이은 것은 소호의 아들인 제곡 고신(帝嚳 高辛)이었다. 이어서 즉위에 오른 제요는 제곡 고신의 아들로, 당요(唐堯) 또는 제요 도당(帝堯 陶唐)이라고도 부른다. 제요(요)를 도당(陶唐)이라고도 부르는 것은, 제요가 처음에 도(陶)라는 지역에 살다가 당(唐)이라는 지역으로 옮겨 살았기 때문이라고 한다.

요가 왕위에 오른 지 70년 가까이 지났으므로, 신하들의 추천을 받아 전욱 고양의 후손이자 효성이 지극한 제순을 등용하여 천하의 일을 맡겼다고 전해진다. 제순(순)은 전욱 고양의 후손으로 중국의 삼황오제 신화 가운데 오제의 마지막 군주로서, 선대의 요 임금과 함께 이른바 '요순(堯舜) 시대'라고 하여 성군(聖君) 정치의 대명사로 일컬어진다.

이를 근거로 하여 선양과 관련된 신화가 탄생하게 되는데, 선양(禪讓)이란 국왕이나 지도자가 자발적으로 권력이나 지위를 혈연 관계가 아닌 어떤 다른 사람에게 양도하거나 인계하는 것을 말한다. 선양(禪讓)과 관련된 전설은 위의 내용처럼 중국의 삼황오제 신화에서 처음으로 나타났으며, 요·순의 두 제왕이 아들을 제쳐두고 혈통이 다른 사람에게 왕위를 물려주었다는 전설을 바탕으로 하고 있다. 요는 아들 단주(丹朱)가 덕이 부족하였기 때문에 단주를 후계자로 삼지 않고 효성과 덕성, 재능을 갖춘 인재인 순을 후계자로 삼았으며, 순 역시 아들 상균(商均)이 왕위에 적합한 성품이 아니라고 여기고 우를 후계자로 삼고 왕위를 물려주었다고 한다.

그렇지만, 이와 같은 선양의 전설에 대한 진위 여부는 아직도 논란 중에 있다. 선양과 관련된 내용은 서경에서 최초로 등장하며, 전국 시대 맹자의 저서에서도 다루어졌다. 그런데, 선양 전설은 전국 시대 초기 묵자가 자신의 주장을 뒷받침하기 위해 만들어낸 것이라는 학자들의 연구가 존재하고 있다. 또한 한비자나 죽서기년과 같은 고전에서는 이미 선양이 허구이며, 순과 우가 각각 요, 순을 폐위, 감금시키고 제위에 올랐다고 주장하고 있다. 그러나 이와 같은 역사적 실체나 진실 여부와는 관계없이 선양 전설은 유학이 중국의 중심 사상으로 자리잡으면서 크게 부각되었으며, 중국 역사 전반에 걸쳐서 실재하였던 역사적 사실로 받아들여졌을 뿐만 아니라 이상적인 왕조 교체의 전형으로 칭송되었다.

유교적 이상 정치의 하나로 칭송받았던 선양에 의한 정권 교체는 전한(前漢)의 외척이었던 왕망(王莽)이 신(新)나라를 건국하면서 신화 상의 선양이 아닌, 역사상 최초의 선양이 등장하게 된다. 왕망은 전한 말기에 외척으로서 권력을 전횡하면서 황제를 마음대로 교체하다가 마지막으로 어린아이를 황제로 세운 뒤에 황위를 물려받아 신나라를 건국한 인물이다. 왕망은 스스로 황위에 오른 뒤 유흠을 국사로 임명하였다.

당시 유흠(劉歆)*은 아버지 유향과 함께 궁정의 장서를 정리하고 한서 예문지를 엮고, 칠략을 분류하였던 유명한 학자였다. 그렇게 권위있는 학자였지만, 왕망의 어용 문인이 되어버린 유흠은 이전의 오행상극에 의한 오덕 종시설로는 왕망의 개국을 도저히 설명할 수 없게 되자 오행상생을 바탕으로 한 오덕종시설을 주창하게 된다. 이 논리를 바탕으로 왕망은 고조의 영혼에게 선양을 받았다고 주장하면서 '신' 왕조의 건국 논리를 정당화하였다. 이후, 후한(後漢)에 의해 왕망의 신 나라가 멸망하면서 왕망의 선양은 사실상 찬탈과 다름이 없었으므로 왕망은 찬탈자로 간주되었다.

오행상생에 입각한 유흠의 오덕종시설은 그 시대와 후대에 막대한 영향을 미쳤다. 왕망이 선례를 보인 이후 중국 역대 왕조들은 선양을 왕조 교체의 대의명분 중 하나로 악용하였다. 왕망의 신나라를 무너뜨리고 후한을 세운 광무제 유수(劉秀) 역시 한나라가 화덕이라는 설을 이용하여 적복부(赤伏符)를 천명의 부응이라고 선전하면서 선양을 받아 천자가 되었음을 공표하였다. 적복부란 붉은색 부절*(符節)을 말하는 것인데 광무제가 즉위할 때에 하늘에서 내려왔다고 주장하면서, 적복부는 화덕의 상징인 불꽃을 나타내므로 하늘이 자신을 후한의 화덕왕으로 세

---

*유흠(劉歆)은 고문 경학의 창시자로 음양오행설을 통해 각종 재이(災異)를 체계로 정리하였던 경학가였는데, 그의 가장 큰 업적이라면 추연이 주창한 오행상승설 대신 오행상생을 기반으로 한 오덕종시설을 재구성한 것이라 할 수 있다. 오행상생에 입각한 유흠의 오덕종시설은 『세경』에서 가장 먼저 나타나는데, 그 내용이 그의 주요한 저작 중의 하나인 『삼통력』이라는 역법에 인용되어 나타난다.

*부절 (符節)이란 주로 중국 역사와 문화에서 중요한 역할을 하는 인증 수단이나 권위의 상징이다. '부(符)'는 일종의 부적이나 인증서를, '절(節)'은 일종의 목재나 금속 등으로 만든 지팡이나 봉을 의미한다. 이 두 가지는 본래는 서로 다른 목적과 기능을 가지고 있지만, 때로는 같이 사용되어 하나의 물건이나 기호로써 복합적인 의미를 가진다. 돌이나 대나무, 옥 따위로 만든 물건에 글자를 새겨 둘로 나누어 다른 사람과 하나씩 가지고 있다가 나중에 다시 맞추어 증거로 삼는 물건이었다. 특히 고대 중국에서 중앙 정권이 관원에게 어떠한 권한을 수여할 때, 그 관원에게 군주의 군정(軍政) 직권을 대행하거나 군주를 대신해 지방을 순찰하는 것을 허락한다는 의미가 담긴 상징물을 뜻하는 것이었다.

운 것이라는 논리를 펼쳤다.

이후 중국에서 민족 간의 왕조 교체가 일어날 때마다, 이러한 명분을 전면에 내세웠다. 구체적으로 오행상생과 오덕종시설의 논리를 내세워, 한 왕조가 다른 왕조에게 왕위를 자발적으로 선양하였다는 형식을 취하게 된 것이다. 중국 삼국 시대에도 역시 조비(曹丕)가 한 헌제 유협으로부터 선양받기도 했다. 이러한 선양에 의한 왕조 교체가 가장 성행하였던 때는 위진 남북조 시대였다. 특히 송의 유유가 선양받은 후 전 왕조 종친을 몰살한 이후 선양과 함께 앞선 왕조 종친을 살해하는 관습이 정착되었으므로, 선양은 사실상 찬탈을 미화하는 대의명분으로 사용되었다는 것을 알 수 있다.

이후 오랜 세월이 흐른 후 1279년에 이르러 원나라를 세운 몽고족이 중국을 정복하게 되었는데, 오덕설에 관심을 두지 않았으므로 선양이라는 명분을 내세우지조차 하지 않았으므로, 오행상생설 역시 한족 국가의 멸망과 더불어 단절되고 말았다.

시령설(時令說)

오덕종시설은 전한 시대에 이르러 정치적으로 안정기에 접어들면서 상생설(相生說)을 거쳐 시령설(時令說)로 발전하였다. 시령설에서는 오행의 원리와 음양의 균형을 바탕으로 사계절의 변화와 같은 자연 현상과 인간사를 해석하였다.

시령설에서는 1월부터 12월까지의 인간의 일상을 오행상생의 순환 원리에 근거하여 설명하고 있다. 1월은 겨울에 속하며, 겨울은 물(水)의 계절로 간주된다. 물은 수덕(水德)을 갖춘 진나라(秦)와 관련이 있다. 2월도 마찬가지로 겨울에 속하며, 물(水)의 계절로 간주된다. 3월은 봄의 시작으로, 봄은 나무(木)의 계절로 간주된다. 나무는 목덕(木德)을 갖춘 하나라(夏)와 관련이 있다. 4월과 5월도 봄에 속하며, 나무(木)의 계절로 간주된다. 6월은 여름의 시작으로, 여름은 불(火)의 계절로 간주된다. 불은 화덕(火德)을 갖춘 주나라(周)와 관련이 있다. 7월과 8월도 여름에 속하며, 불(火)의 계절로 간주된다. 9월은 가을의 시작으로, 가을은 금(金)의 계절로 간주된다. 금은 금덕(金德)을 갖춘 은나라(殷)와 관련이 있다. 10월과 11월도 가을에 속하며, 금(金)의 계절로 간주된다. 12월은 1, 2월과 마찬가지로 겨울에 속하며, 물(水)의 계절로 간주된다.

이를 간단히 정리하면, 봄은 나무(木)의 계절로 간주되며, 나무는 목덕(木德)을 갖춘 하나라(夏)와 관련이 있다. 여름은 불(火)의 계절로 간주되며, 불은 화덕(火德)을 갖춘 주나라(周)와 관련이 있다. 가을은 금(金)의 계절로 간주되며, 금은 금덕(金德)을 갖춘 은나라(殷)와 관련이 있다. 겨울은 물(水)의 계절로 간주되며, 물은 수덕(水德)을 갖춘 진나라(秦)와 관련이 있다. 이러한 방식으로 사계절의 변화와 인간의 정사를 오행상생의 순환 원리에 의해 설명하였다.

이러한 음양오행의 원리와 그에 따른 사회와 자연의 균형에 관한 개념은 고대 중국의 다양한 분야에 깊숙이 영향을 미쳤다. 예를 들어, 의학, 철학, 예술, 심지어 농업과 건축에 이르기까지 이 원리가 적용되었다. 이러한 종합적인 접근법은 단순히 학문적인 이론으로서의 의미를 넘어서, 사람들의 일상생활과 문화 뿐만 아니라 사고 영역에 이르기까지 광범위하게 영향을 끼치게 되었다. 이로 인해 음양오행설은 단순히 사상이나 철학으로 머무르지 않고, 실용적인 지침이나 원칙으로도 활용되었다.

그 주된 내용은 자연과 인간의 활동은 음양오행의 순환 원리에 따라 균형이 이루어지게 된다는 것이다. 즉 이 균형이 유지될 때에만 자연과 인간 사이의 화평 상태가 유지되고, 만약 이 균형이 무너지게 되면, 자연과 사회의 조화가 깨지게 된다고 하였다. 특히 그중에서도 군주의 통치가 음양오행의 흐름에 따라 자연스럽게 유지될 때, 안정되고 태평스러운 국가를 이룰 수 있다고 하였다. 한나라 시대에는 이러한 음양오행설이 유가와 도가를 포함한 모든 사상에 공통적인 세계관으로 받아들여지게 됨으로써 하나의 보편적인 사상으로 자리잡았다. 오행상생에 입각한 오덕종시설은 한나라 시대 뿐만 아니라 후대에도 막대한 영향을 미쳤다.

천인감응(天人感應) 사상

한나라 시대에 이르러 유가와 도가를 비롯한 주요 사상 체계는 영향력이 크게 확대되었는데, 음양오행설은 이들 사상 체계 내에서도 중추적인 사상으로 인식되었으므로, 음양오행설은 이 시대에 있어서 하나의 보편적 사상으로 자리잡았다. 특히 동중서(董仲舒)는 음양론을 유가 사상과 결합시켜 통일 제국으로서의 한나라의 이념적 기반을 제공하였다. 또한 음양오행설을 유교 정치 사상에 적용시켜 천인감응(天人感應) 사상을 창안하였는데, 이 사상은 이후에 계속해서 번성하였던 유교 사상에 커다란 영향을 끼쳤다.

천인감응 사상이란 하늘과 인간이 음양을 통해 서로 영향을 주고받는다는 사상을 말한다. 동중서는 동류상응 원리를 적용하여 천인 감응 사상에 대해 설명하였다. 동류상응의 원리란 같은 유형의 모든 사물들은 서로 영향을 주고받는다는 것을 말한다.

동중서는 하늘에 음양이 존재하는 것처럼 인간의 신체 구조 내부에도 자연과 마찬가지로 내부에 음양의 기가 존재한다고 하면서, 이렇게 하늘과 인간에 내재된 음양의 기는 서로에게 영향을 주고받는다고 주장하였다. 따라서, 하늘의 음기가 활동할 때에는 인간의 음기도 함께 반응하며, 마찬가지로 사람의 음기가 발동하게 되면 하늘의 음기도 이에 맞춰 발동한다고 하였다. 이와 같이 상응 원리에 따른 천인 감응사상에 따르면, 인간이 오류를 범하게 되면 하늘에서는 불길한 징조가 나타나지만, 평화로운 세상이 이어질 때에는 하늘에서 상서로운 징후가 나타난다고 하였다.

동중서는 음양오행설에 의해 자연 현상과 군주의 통치 행위가 밀접한 관계에 있음을 강조하면서, 군주의 통치는 하늘의 뜻에 순종하는 것이어야 하고, 군주는 하늘로부터 주어진 통치권을 부여받은 자로서 하늘의 뜻을 헤아리고 올바른 정치를 베풀어야 한다고 하였다. 특히 군주는 백성을 위해 존재해야 하므로, 도덕적인 정치와 모범적인 행동을 통해 이를 실천해야 한다고 하였다.

만약 군주의 통치가 민생을 해치게 되는 경우에는 음양오행의 부조화를 초래하게 되어 하늘은 일식이나, 월식, 가뭄과 장마, 기근과 같은 자연 재해를 통해 견책을 내리거나, 혜성이나 지진의 발생 등과 같은 이변을 통한 경고를 내리게 된다고 하였다.

그럼에도 불구하고 군주가 이를 지혜롭게 처리하지 못하고 과오를 고치지 않을 경우에는 천명을 바꾸어 덕이 있는 자에게 정권을 이양한다고 하였다. 그렇지만 군주의 통치가 민생을 보호할 때에는 보랏빛 구름이나 진기한 짐승이 출현하는 등의 상서(祥瑞)로운 징후가 나타난다고 했다.

그는 또 음양오행설(陰陽五行說)에 따른 그의 대표적 저서인 "춘추번로(春秋繁露)*"에서 "오덕론(五德論)"을 통해 군주에게 '5사'(五事)에 근신할 것을 당부하였다. 그는 오행설(五行說)을 군주의 통치 원리로 적용하여, 군주는 자신의 외모, 언어, 보는 것, 듣는 것, 생각하는 것의 '5사'(五事)를 각각 목, 화, 토, 금, 수에 맞게 조절하고 균형을 유지해야 한다고 하면서 다음과 같이 기술하였다.

"군주의 외모는 목덕에 맞게 고상하고 단정해야 하며,

언어는 화덕에 맞게 정중하고 친절해야 한다.

눈은 토덕에 맞게 평온하고 깊어야 하며,

귀는 금덕에 맞게 분별력 있고 성실해야 한다.

마음은 수덕에 맞게 유연하고 변화에 따라야 한다."

이것이 군주의 도덕적 수양과 정치적 지혜를 향상시키는 방법이라고 하였다. 이렇게 '5사'를 잘 지키는 군주는 천명을 받아 정통한 왕조를 이어가게 되고, 그렇지 않은 군주는 천벌을 받아 멸망하게 된다고 하였다.

이처럼 천인감응 사상이란 군주의 정치적 행위에 대해 하늘이 자연 현상을 통해 반응하는 것을 의미한다. 이 사상은 하늘의 의지가 음양의 원리를 통해 다양한 자연 현상의 형태로 인간 세상에 발현된다는 점을 부각시키는 가운데에서도, 군

---

*《춘추번로》는 전한 중기의 유학자 동중서가 무제(武帝)에게 제출한 정치 철학서로, 오행설(五行說)과 재이설(災異說)을 바탕으로 유교의 원리를 적용하여 천명(天命)과 인의(仁義)를 강조하고, 군주의 통치 원리와 정책을 제시하였다. 이 책은 전한(前漢)의 국정을 크게 개혁한 '황금의 장법(黃金之章法)'의 근거가 되었으며, 후대의 유학자들에게도 큰 영향을 미쳤다. 이 책은 17권으로 구성되어 있으며, 14권에 '5사'(五事)에 대한 내용이 나온다.

주를 하늘과 소통하는 특별한 지위에 있는 유일한 존재라는 관점을 강조함으로써 궁극적으로 황제 중심의 지배 체제를 강화하려는 의도를 내포하고 있으며, 더불어 절대 군주의 올바른 통치를 촉구하는 정치적 신념을 반영하고 있다. 이와 같은 내용들을 모두 종합해 판단해 보면, 이 사상이 단순히 천문학적 혹은 철학적 영역에 머물지 않고, 정치적으로 권력과 통치의 정당성을 부여하는 수단으로 작용되었다는 점을 이해할 수 있다.

재이설(災異說)

동중서의 재이설은 천인감응사상을 바탕으로 하여, 하늘과 인간의 관계를 역사적인 사건들을 통해 해석하려는 사상이라고 할 수 있다. 그는 하늘과 인간이 서로 영향을 주고받는 관계이므로 별개의 존재가 아니라 하나의 체계라 할 수 있으며, 그 체계는 음양과 오행의 원리에 따라 변화하고 발전하는 것이라고 생각하였다. 따라서 그는 하늘과 인간의 모든 현상을 설명할 수 있는 원리가 바로 음양과 오행이라고 주장하면서, 이를 바탕으로 한 하늘과 인간의 조화와 발전을 강조하였다. 그렇지만 하늘과 인간의 관계가 항상 조화롭고 긍정적인 것만은 아니며, 하늘과 인간의 관계에는 변화와 고난이 발생할 수도 있다고 하였다.

따라서 인간 사회가 순리대로 잘 흘러갈 때에는 하늘에서 상서로운 징후가 나타나지만, 인간이 잘못을 저지를 때에는 하늘에서 좋지 않은 징조가 일어난다고 하였다. 이처럼 인간이 잘못을 저질렀을 경우에 하늘은 반드시 인간 사회의 실정을 비판하여 재이(災異)로서 경고하게 되는데, 견책을 받고도 그것을 개선하지 않으면 더 큰 위협을 가한다는 것이 재이설이다. 동중서는 천지의 사물에 변고가 발생하면 그것을 이(異)라 하였고, 그 정도가 작으면 재(災)라고 하였는데, "재는 하늘의 견책이고, 이는 하늘의 위협이라고 하였다. 재이설이란 역사적인 사건들을 이처럼 재이로써 해석하려는 사상이었으며, 이 재이설의 토대가 되는 세계관이 위에서 언급한 천인감응 사상이었다.

동중서는 이 같은 논리에 입각하여 『춘추』의 역사적 사건들을 재이의 관점에서 해석하였다. 이후 한서의 오행지에서도 동중서의 재이설에 영향을 받아, 한나라 시대에는 역사적 사건에 대해 재이를 바탕으로 해석하는 경우들이 대부분을 차지하였다.

그러나 그후 유교가 국교화 되어가면서 재이설은 점차 신비스러운 참위설(讖緯說)로 바뀌어갔다. 과거 군주의 실정에 대한 견책으로 설명되던 동중서의 재이가 참위설에서는 장래 발생할 사태의 예언, 특히 역성혁명에 의한 정권 교체의 예언으로 바뀌었다. 그 결과 참위설은 기존 왕조의 권위를 위협하면서 새로운 왕조의 정당성을 설명하는 기능을 갖게 되었다.

태극(太極)과 무극(無極)

오랜 세월이 흐른 뒤, 송나라 시대의 유학자 주돈이(周敦頤, 1017~1073)는 '태극도설'을 통해서 태극의 개념을 음양오행론에 추가하여 유학에 형이상학적인 사유를 접목함으로써, 장차 성리학의 기초를 세우는 새로운 유교 이론을 창시하였다.

그는 '무극으로부터 태극이 된다'고 함으로서 무(無)로부터 유(有)가 생겨난다는 도가적 우주생성론의 흐름을 수용하였다. 무극이란 '끝이 없음' 혹은 '끝에 이르지 않음'을 의미하므로 자연의 근원적 상태나 우주의 초월적 상태로서, 무한한 가능성을 내포한 존재를 일컫는다.

이처럼 무극이란 아무것도 없는 상태, 무한한 가능성을 가진 원천을 의미하는 것이며, 태극이란 우주 만물의 근원인 음양이 완전히 결합된 상태를 의미한다. 이러한 논리를 바탕으로 무극으로부터 탄생한 태극이 음양을 낳고, 음양에서 오행이 생기고, 오행으로부터 만물이 생겨났다는 이론을 확립하였다. 이러한 과정을 숫자로서 간명하게 표현하자면, 무극(0)에서 시작하여 태극(1)이 발생하고, 태극에서 음양(2)이 분리되어, 마침내 오행(5)을 생성한다는 것이 된다.

주돈이는 무극, 태극, 음양, 그리고 오행을 통해 복잡한 우주의 원리를 단순화시키고, 이를 바탕으로 우주 생성의 원리와 인간의 도덕적 원리는 근본적으로 연결되어 있으므로 본래 하나라는 이론을 제시하였다. 그의 철학은 성리학의 발전에 중요한 기초를 제공하며, 유교와 도교, 그리고 중국 전통 의학 등 다양한 분야에서 매우 큰 영향을 끼쳤다.

하늘의 구획

고대 중국인들은 하늘의 세계를 지상의 세계와 연관시켰기 때문에, 지상의 영토를 구획하듯이 하늘도 몇 개의 영역으로 나누었다. 다음은 이문규 교수의 '고대 동양의 천문 사상'에 있는 글을 주로 참조하고 인용하여 작성한 내용이다.

『주역』은 변화의 원리와 우주의 질서를 설명하는 고대 문헌으로, 주역에서는 우주, 즉 하늘을 여덟 방향을 나타내는 기호인 팔괘(八卦)로 구분하여 음양의 변화를 표현하였다. 여기서 팔괘란 주역의 주요 구성 요소로서, 서로 다른 음양의 조합으로 이루어진 기호들을 의미하며, 각기 다른 자연 현상이나 특성을 나타낸다. 예를 들자면, '건(乾)'은 하늘을, '곤(坤)'은 땅을 상징한다. 또한 주역 외에도 시경에서는 하늘을 사시(四時)로 구분하였다.

그렇지만, 구체적으로 하늘을 구획하는 방법으로 가장 먼저 등장한 것은 소위 '구야설(九野說)'이라 할 수 있다. 이 구야설은 진나라 시대에 쓰여진 여씨춘추에 언급되어 있는 내용이다. 그 내용에 따르면, '하늘에 구야(九野)가 있고 땅에는 구주(九州)가 있다'고 하였는데, 하늘의 구야를 땅의 구주에 대응시키고 그 중앙을 균천(鈞天)이라고 하였다. 그리고 28수를 하늘의 9개 영역인 동, 서, 남, 북과 동북, 서북, 서남, 동남의 여덟 방향과 중앙의 균천(鈞天)에 배당하였는데, 그 과정에서 28수에 대한 완전한 명칭이 처음으로 소개되었다. 28수는 원래 하늘의 적도 혹은 황도를 따라 분포되어 있는 주요 별자리를 지칭하였으므로, 하늘의 중심부가 아닌 주변부에 위치하는 별자리들에 해당한다. 그런데 여씨춘추의 구야설에서는 28수의 일부를 하늘의 중앙에 배당하고 있다는 것을 알 수 있다. 이를 보면 이 시기는 아직 하늘을 구획하는 방법과 28수를 적절하게 배치하는 방법이 제대로 확립되지 않은 단계에 있었다고 여겨진다.

구야설 이후에 이르러서는 하늘과 지상을 각각 13개의 영역으로 나누고 서로 대응시켰다. 이는 하늘 전체를 분할하는 대신 단지 28수만을 대상으로 삼아 13개 부분으로 분할한 것이었으므로 구야설을 사실상 폐기한 것이라고 여겨지기도 하지만, 하늘과 땅을 연결지으려 했던 구야의 개념은 그대로 유지되었다고 할 수 있다. 그렇지만 하늘과 땅을 각각 13개의 영역으로 구분하고 28수를 13개 부분으로 나누어 배당하였으므로, 구야설에서 중앙에 28수의 일부를 배치하였던 잘못은 수정되었다.

사마천(司馬遷, 기원전 145년경~86년경)은 『사기』를 편찬하였는데, 사기의 천관서에서 하늘을 중앙과 동서남북의 5개 영역으로 구분지어 설명하였다. 여기에서는 28수만을 대상으로 하지 않고 하늘에 있는 전체 별들을 대상으로 삼아 하늘을 구획하였다. 이와 같은 분류 방식은 예전처럼 하늘과 지상 세계의 연결을 전혀 고려하지 않고, 오로지 하늘의 세계들을 대상으로 삼아 구분한 결과에 따른 것이었다.

이와 같이 하늘을 5개의 영역으로 나누는 방법은 기본적으로 당시 유행하던 오행 사상의 영향으로 볼 수 있다. 특히 중앙을 강조한 점은 황제 중심의 중앙 지배 체제에서 통치 지역을 경사(京師)와 사방으로 구분하였던 전통이 반영된 결과라고도 할 수 있다. 또한 중앙과 사방으로 구분된 것은 하늘을 중앙과 팔방으로 구획했던 예전 구야설의 개념이 반영된 것으로도 볼 수 있다. 이는 당시 중국인들의 사유 체계 속에 뿌리 깊게 자리잡고 있었던 중국과 사방의 이민족을 구분하였던 중화사상(中華思想), 특히 화이사상(華夷思想)의 영향으로 여겨진다.

그런 점에서 보았을 때, 사기 천관서에 나타나는 하늘을 구분한 방식을 평가한다면 외형상에 있어서는 지상 세계에 얽매이지 않고 하늘의 세계만을 대상으로 삼은 결과라고 해석할 수 있다. 비로소 중국의 별자리 체계가 『사기』의 〈천관서〉에 이르러 체계적으로 잘 정리된 것으로 평가되고 있다.

그런데 사기 이후의 천문과 관련한 대부분의 책자의 명칭을 천문지(天文志)라고 하였는데, 사기에서만 특별히 천관서(天官書)라는 명칭을 사용하였다. 어떤 의미가 있는 것일까? 이에 대해 당나라의 사마정(司馬貞)은 『삭은(索隱)』이라는 저서에서 '천관서(天官書)'의 천관(天官), 즉 성관(星官)이란 말 그대로 관(官)을 의미하며, 인간 세상의 관료 조직처럼 별자리에도 높고 낮음의 등급이 있으므로 천관(天官)

이라는 명칭을 사용하였다고 하면서, 천관도 5관(五官)으로 구성되어 있다고 하였다. 이처럼 별자리와 관련된 문헌에 천관서(天官書)라는 명칭을 사용한 것만을 보더라도, 사마천이 하늘과 지상의 세계를 대응 관계로 인식하였던 전통적인 인식을 그대로 이어받았다는 것을 알 수 있다.

다음으로 등장한 것은 12차(次)를 이용한 분야설(分野說)이었다. 분야설은 진서* (晉書; 648)의 천문지에서 처음 소개되었는데, 하늘을 12개의 분야로 나누고 지상도 12개의 주로 나누어 하늘의 28수와 인간 세상의 땅을 연결지었다. 이 12 분야의 구분은 12차를 기반으로 이루어졌는데, 12차란 고대 중국인들에게는 농사와 깊은 연관이 있다고 여겨졌던 세성(歲星)의 위치에 따라 붙여진 명칭이었다.

세성은 약 12년을 주기로 일정 궤도를 반복해서 돌기 때문에 매해마다 그 위치가 달라지며, 12년이 지나면 다시 원래의 자리로 돌아오게 된다고 생각하였다. 따라서 12년을 주기로 하여 매해 달라지는 세성의 위치를 12차라고 한 것이다. 이처럼 중국인들은 세성의 주기에 따른 12차를 적용한 분야설을 확실하게 정립하여 하늘을 분할하는 과정에도 적용함으로써 하늘과 지상의 세계를 연관지었던 전통적 관념을 계승하였다. 세성과 12차에 대해서는 뒤에서 자세히 설명하기로 할 것이다.

위의 내용들을 통해 고대 중국인들이 가지고 있던 하늘에 대한 개념은 그들만의 독특함을 보이고 있다는 것을 알 수 있으며, 하늘을 조화롭고 완벽하게 창조된 신의 공간으로 여기며 하늘 그 자체를 신성한 영역으로 숭상하였던 고대 서양 문화와는 확연히 다른 모습을 보여 주는 것이다.

이와 같이 고대 중국인들은 천문 현상이 인간 세계에 영향을 미친다고 믿었기 때문에, 천문 현상의 변화를 매우 철저하고 세밀하게 기록하였다. 또한 중국 문화에서는 모든 세계, 즉 우주가 하나의 통일된 질서를 가지고 있다고 생각했기 때문에 하늘의 세계는 지상의 세계와 분리된 신만의 세계가 아니라, 인간들이 살아가

---

*진서(晉書)는 중국 진나라(晉)의 기록을 담은 역사서이다. 이십사사 중의 하나이다. 648년 당나라 태종 때에 방현령(房玄齡)·이연수(李延壽) 등 20여 명의 학자가 편찬한 책으로, 서진(265~316)과 동진(317~418)의 역사가 수록되어 있다. 이 진서 발행 이후 사서(史書) 편찬이 국가 사업으로 행해지고 새 왕조에서 전 왕조(前王朝)의 역사를 쓰는 것이 나라의 임무가 되었다.

는 지상의 세계와 직접적으로 연관된 공간으로 간주하였다는 것을 알 수 있다. 이러한 관점에서 지상의 세계를 지리적으로 나눈 것처럼, 하늘의 세계도 지상의 세계와 연관시켜 여러 영역으로 분할하였던 것이다.

천문 관측

천인감응에 따른 재기설의 영향으로 인해 중국인들의 천문 관측은 매우 세밀하게 수행되었다. 『한서』「예문지」에는 '천문이란 28수의 순서를 정하고, 5성과 태양, 달의 운행을 헤아려 길흉의 현상을 기록함으로써, 성왕(聖王; 어진 왕)이 정치에 참여하게 되는 까닭이다.'라고 기록되어 있다. 이 내용을 좀 더 풀어서 쉽게 옮기자면, 왕이 자신의 정치적 행위에 대한 정당성을 인정받기 위해서는 천문학적 관측을 필수적으로 수행해야 한다는 중요한 요지를 담고 있다. 특히, 28수와 태양, 달, 그리고 다섯 행성의 운행을 관찰하는 것은 천문 관측의 기본으로, 인간 세상의 길흉화복을 예측하는 데에 있어 필수적인 첫걸음으로 강조되고 있다. 따라서, 인간 세상의 운명을 예측하고 관리하기 위해서는 먼저 천문학적 관찰에 대한 깊은 이해와 더불어 세심한 관찰과 해석이 요구된다는 깊은 의미를 내포하고 있음을 시사하는 것이다. 이러한 관점은 정치적 행위와 국가 운영의 근거가 천문학적 관측을 기반으로 결정되어야 한다는 독특하고 차별화된 세계관을 보여 주는 것이다.

그러므로 고대 중국인들에게 천문이란 하늘의 현상들을 관찰하여 그들 나름대로의 방식으로 해석하고, 그 내용들을 자신들의 삶에 연계시켜 해석하는 방법 자체를 의미하는 것이라고 이해할 수 있다. 따라서 그들은 해, 달, 다섯 행성, 항성, 혜성을 포함한 하늘의 현상을 다양한 관점에서 면밀히 관찰하고, 그 변화 상태를 자세히 파악하고 비교 분석함으로써 하늘의 의미를 다양한 관점에서 해석하였다. 이로 인해 천체의 변화는 인간 세계와 운명에 미치는 영향을 해석하는 점성술과 밀접하게 연결되어 있었다. 또한 이러한 점성술은 제왕이나 군주들의 통치를 정당화하거나 비판하는 데에도 사용되었다.

태양과 달

전국 시대 무렵에는 태양과 달을 각각 '태양의 정(精)'과 '태음의 정'이라고 하여 음양 개념으로 표현하였다. 전한(前漢) 시대 유안이 편찬한 일종의 백과사전인 회남자(淮南子)에서는 우주의 발생 과정을 다루면서 이 내용을 다음과 같이 구체적으로 다루었다. "양(陽)의 열기(熱氣)가 쌓여 화(火)를 낳으며, 화기(火氣)의 정(精)이 태양이 되고, 음(陰)의 한기(寒氣)가 쌓여 수(水)가 되며 수기(水氣)의 정(精)이 달이 된다."

또한 태양을 군주로, 달을 왕비 혹은 제후와 대신의 무리로 비유하는 것 역시 음양 사상을 반영한 결과였다. 그 결과 태양과 달은 점성술에서 가장 핵심적인 대상으로 여겨졌고, 그중에서도 특히 일식과 월식은 고대 중국인들에게 하늘의 변화 중에서도 매우 중대한 현상 중 하나로 간주되었다. 사기 이전의 문헌들을 살펴보면 고대 중국인들은 태양과 달의 정상적인 운행을 천하의 화평 상태로, 일식은 매우 불길한 현상으로 받아들였기 때문에, 일식이 발생하면 북을 치고 제물을 바치는 등의 의식을 거행했다고 한다.

사기의 천관서에는 해 무리와 일식에 관한 내용이 나오는데, 해무리가 형성되는 과정이나 모양에 따라 주로 군대나 전쟁과 관련지어 해석하였다. 일식의 경우, 해가 가려지는 부분과 일식이 일어날 때 해가 머무는 위치, 그리고 일식이 일어나는 날짜와 시간 등을 주요 변수로 삼아 해석하였다. 일식과 해 무리 외에도 해의 색깔 변화, 해가 낮에 어두워지는 현상, 해의 흑점 등에 대해서도 해석하였는데, 그 내용은 군주의 안위, 전쟁, 재해 등 주로 정치적인 사건과 관련된 것이었다.

진서의 천문지에서도 태양과 달에 관한 설명에서 해와 달의 정상적인 운행은 곧 군주를 중심으로 하는 정치 전반이 올바르게 행해지고 있다는 것을 반영하지만, 정치에 문제가 있으면 해와 달이 정상 상태를 벗어나게 된다고 하였다. 한서 오행지의 일식 사례 중에는 일식 자체의 기록과 더불어 부가적인 설명이 추가된 경우도 있는데, 그중 일부를 발췌해 보면 다음과 같다.

고제(高帝) 3년 11월에 일식이 있었다. 2년 후 제나라 한신을 이동시켜 초나라 왕으로 삼았고, 그 다음 해 왕을 폐하고 열후(列侯)에 봉하였다. 결국 후에 한신이 반란을 일으켰으나, 끝내 주살되었다.

혜제(惠帝) 7년 5월에 일식이 있었다. 8월에 혜제가 죽었다.

무제(武帝) 건원 2년 2월에 일식이 있었다. 위 황후가 자살하였다.

무제(武帝) 원광 원년 7월에 일식이 있었다. 진 황후가 폐하여졌다. 강도, 회남, 형산왕이 모반하였으나 주살되었다.

『한서』「오행지」 전반을 살펴보면 일식이 50번이 넘게 기록되어 있지만, 그중에서도 상세한 설명이 첨부된 것은 앞서 언급한 사례를 포함해 15건에 불과하였고 대다수의 기록은 일식 현상 자체만을 간략히 다루었다. 이를 통해 이 시기에 이르러 모든 일식에 있어서 항상 군주와 관련된 심각한 정치적 재앙과 결부시키지 않았다는 점을 알 수 있다. 그럼에도 불구하고 일식은 여전히 모든 천문 변화 중에서 가장 중요한 정치적 의미가 부여되는 현상이었다.

전한의 문제 2년 11월 일식에 대한 조서의 내용을 살펴보자. "짐이 듣기로 하늘이 사람들을 낳고 군주를 두어 그들을 다스리고 양육하게 하였다. 군주가 덕이 부족하여 정치를 잘 수행하지 못하면, 하늘이 재앙을 내려 잘 다스리지 못함을 경고한다. 이제 11월 그믐날 일식이 있었으니 이는 바로 하늘의 견책이다. 재앙 중에서 일식보다 큰 것이 어디 있겠는가!"라고 하였다.

이어서 조서에는, "천하의 혼란을 다스릴 사람은 오직 나 한 사람이며, 신하들은 나의 팔다리와 같다."라고 강조하며, "신하들은 짐의 과실 및 미처 미치지 못했던 지혜를 깊이 헤아려 짐을 깨우쳐 줘야 할 것이다. 이를 계기로 각자 맡은 바 임무를 다할 것이며, 백성들을 편하게 하는 일에 힘써야 할 것이다."라고 하였다.

이 내용을 보면 일식은 가장 큰 재앙이며, 군주 자신의 부덕으로 정치를 잘 베풀지 못하였기 때문에 하늘의 견책으로 일식이 나타났다고 자책하고 있다. 그러는 가운데 그 혼란을 다스릴 사람은 오직 자신 군주뿐이며 신하들은 맡은 바 임무를 충실히 다하여 군주를 보필해야 한다고 독려하고 있다. 이처럼 일식과 같은 천재지변을 황제의 부덕의 소치라고 자인하면서도, 한편으로는 모든 관료들을 보다 효과적으로 통제하고 관리하기 위한 방편으로도 활용하였다는 것을 알 수 있다.

태양과 더불어 달의 운행 궤도와 월식과 같은 현상도 점성술적으로 중요한 현상으로 여겨졌다. 달과 관련된 현상은 크게 두 가지로 구분하였다. 첫 번째는 달이 오행성이나 항성 등 천체를 가리는 경우이고, 둘째는 달 자신이 보이지 않게 되는 월식의 경우이다.

천관서에서는 달이 다른 천체를 가리는 현상에 따른 결과를 구체적으로 설명한다. 예를 들어, 달이 세성(목성)을 가리면 그 지역에 기근이 발생하고, 형혹(화성)을 가리면 난이 일어나고, 전성(토성)을 가리면 아래 사람이 윗사람을 범하게 되며, 태백(금성)을 가리면 강국이 전쟁에서 패하고, 진성(수성)을 가리면 여난(女亂)이 있다고 하였다. 그리고 달이 28수 중의 하나인 심숙(心宿)을 가리면 안에 있는 적이 난을 일으킨다고 하였다.

그러나 달 자신이 가리워져서 보이지 않는 월식의 경우에 대해서는 장군이나 재상이 그 영향을 받는다고 설명하였을 뿐이고, 그 외에 또 다른 구체적이고 특별한 언급이 없다. 이것은 일식이 발생할 경우에는 좋지 않은 현상이 생길 수 있다고 생각하였던 반면, 월식은 주기적으로 자주 발생하였기 때문에, 일식처럼 심각한 부정적인 현상으로 여기지 않고 대체로 평범하고 무난한 현상이라고 인식하였다는 것을 알 수 있다.

항성과 별자리

별자리란 하늘에 있는 붙박이별, 즉 항성들의 무리에 붙여준 이름이다. 이 별자리는 문화마다 구성과 이름이 다르며, 동양의 별자리는 서양의 별자리와 연관성이 전혀 없다. 중요한 것은 그 이름들을 어떻게 붙였는가 하는 점이다. 하늘에 떠있는 별들은 서로를 연결시키는 선들이 존재하지 않는다. 그렇지만 사람들은 자신들의 생각에 따라 여러 별들을 임의로 묶어 하나의 무리별로 생각하고, 이러한 별들 사이에 가상의 선을 상상하여 별자리를 만든 것이다. 따라서 별자리 이름은 문화나 민족에 따른 그들의 전통과 관념들이 반영된 결과라 할 수 있다.

중국에서는 사기의 천관서에 이르러 비로소 체계적으로 정리된 별자리가 나타난다. 천관서에는 약 90여 개의 별자리에 총 500여 개의 별을 중궁, 동궁, 남궁, 서궁, 북궁으로 나누어 기록하고 있다. 각각의 별자리에 대해서 이름과 위치, 그리고 몇 개의 별로 이루어져 있는지 설명하고 있으며, 점성술에 관한 내용도 기술되어 있다. 점성술에서 별자리 이름은 매우 중요하였으며, 별 무리를 묶어서 그 별자리에 이름을 붙이는 것으로부터 점성술이 시작되었다고 할 수 있다. 중요한 점은 천관서에서 이와 같은 점성술적인 체계를 처음으로 시도하였다는 점이다.

천관서에서 사마천은 하늘의 중궁을 마치 지상의 궁중과 같은 모습으로 묘사하였다. 중궁에서도 특히 중앙 부분을 자궁(紫宮)이라고 하였는데, 그 곳에는 천제(天帝; 하늘을 다스리는 신)와 그의 측근들, 그리고 그들을 지키는 신하들이 있다. 그리고 그 주위에는 통치 구조에 걸맞게 각각의 신하들의 별자리가 자리를 잡고 있으며, 천창과 같은 무기 창고 별자리도 있고, 감옥에 해당하는 별자리도 마련되어 있다.

후에 명나라 시대에 이르러 '자금성(紫禁城)'이 건축되었는데, '천자(황제)의 궁전은 천제가 사는 자궁과 같은 금지 구역이다'라는 의미로 '자금성'이라고 이름이 붙여졌다고 한다. 그리고 하늘의 천제가 거주하는 자미단(紫微壇)의 규모가 만 칸이라고 생각하였으므로, 중국 황제가 거처하는 자금성은 그보다 작은 9,999칸(실제로는 8,886칸)으로 건축하였다고 한다.

별자리들에 대해서도 구성되어 있는 별들의 현상 변화를 바탕으로 점성술적인 해석이 이루어졌다. 예를 들어 삼능(三能)이라는 별자리는 3쌍의 별이 모여 총 6개의 별로 이루어진 별자리인데, 두 개의 별이 같은 색을 띠고 밝기도 같으면 군신 관계가 원만함을 뜻하고, 그렇지 않으면 군신 관계에 불화가 생긴다고 하였다. 보성(輔星)은 글자 그대로 군주를 보필하는 신하에 해당하는 별자리인데 보성이 밝게 빛나고 군주에 가까이 있으면 군주의 친위 세력이 강해지고, 그렇지 않으면 그 세력이 약해진다고 하였다. 또한 무기 창고에 해당하는 별들이 흔들리고 뾰족하게 빛나면 그 병기들이 크게 사용된다는 것을 뜻하므로 병란이 발생한다고 해석하였다.

사기 천관서에는 하늘의 세계와 그곳에 있는 별들에 대한 설명이 체계적으로 명확하게 정리되어 있었으며, 이것은 후대 중국인들의 하늘에 대한 기본적인 이해의 틀로 작용하였다. 이후 별자리는 점차 추가되어 한서 천문지에서는 총 118개의 별자리와 783개의 별이 기록되었다. 서진 시대의 무제(265~290)때, 진탁은 283개의 별자리와 1,464개의 별을 정리했다. 이는 천관서에 기록된 것과 비교하면 약 3배 가량 늘어난 수치였다.

오행성

행성은 붙박이별인 항성들과 달리 일정한 궤도를 따라 주기적으로 운행하는 별을 말한다. 하, 은, 주 삼대에 이미 금, 목, 수, 화, 토의 5행성을 기본으로 한 천상의 운행 체제를 완성하였다. 이를 흔히 5위(緯)라고 부르고, 여기에 태양과 달을 추가하여 7정(政)이라고 하였는데, 7정을 7요(曜)라고도 하였다. 태양과 달 뿐만 아니라 이 5개의 행성은 지구에 근접해 있기 때문에 다른 별들에 비해 상대적으로 밝고 관찰이 용이하였다. 따라서 일찍부터 이들 5별들에 대해 주목하였고, 많은 관련 기록들을 남겼다. 예를 들어, 금성의 경우에는 명성, 태백, 계명, 장경이라고도 불렀는데, 동일한 행성에 대하여 명칭이 다양하였다는 사실에서 그들이 얼마나 오랫동안 주의 깊고 정밀하게 천체를 관찰하였는지를 알 수 있다. 오행성 중에서도 가장 중요시 하였던 행성은 목성이었다. 사기 천관서에서는 다섯 행성인 진성(辰星), 태백(太白), 형혹(熒惑), 세성(歲星), 전성(塡星)의 운행 주기와 속도, 순행과 역행을 보이는 운행 과정, 입출입 시각과 방위 등을 자세히 묘사하고 있다. 진성, 태백, 형혹, 세성, 전성은 각각 지금의 수성, 금성, 화성, 목성, 토성에 해당한다.

행성도 해와 달과 마찬가지로 점성술적인 대상으로 삼았는데, 행성들과 관련된 여러 특성들이 고려되었다. 먼저 행성의 운행 방향이나 속도와 같은 행성의 운행 상태에 관한 것으로, 예를 들자면 세성의 운행이 정해진 위치보다 앞서게 되면 국가가 병란에 휩싸여 회복하지 못하게 되며, 정해진 위치에 미치지 못하면 국가에 우환이 발생하여 장군이 죽고 국운이 기울어 패망하게 된다고 하였다. 다음으로 색깔이나 밝기의 변화 등 행성 자체의 외형과 관련된 내용이다. 오행성이 검은색이면 많은 사람들이 질병으로 죽게 되지만, 노란색이면 좋은 징조라고 하였다. 그리고, 행성이 출몰하는 창위나 또는 그것이 머무는 위치도 점성술적 해석의 고려 대상으로 삼았다.

세성의 경우 그 운행 주기가 대략 12년이라는 사실이 일찍부터 알려져 있었다. 이를 근거로 세성이 머무는 천처상의 특정한 위치를 기준으로 하여 해(年)를 표기하는 소위 '세성기년법(歲星紀年法)'과 '태세기년법(太歲紀年法)'이 만들어졌다. 이 기년법들은 간지기년법으로 대체되기 전까지 오랫동안 통용되었다. 세성의 위치는 해마다 달라지는데, 달라지는 세성의 위치로 인해 가뭄이나 수해가 발상한다는 내용도 기록되어 있었다. 세성과 관련된 점성술의 내용에는 군사와 관련된 것도 있지만, 세성의 운행이 농사와 직접적으로 관련되어 있다고 생각했기 때문에 주로 수확이나 자연 재해에 관한 것이 많았다.

마지막으로, 이들 행성들이 서로 근접하였을 때에는 특별한 문제들이 발생한다고 예상하였다. 두 행성이 서로 한 곳에 모이는 경우들 중 몇 예를 들어보면 다음과 같다.

목성과 토성: 내란이 있고, 기근이 들며, 군주는 전쟁을 삼가야 하며 싸우면 패한다.
목성과 금성: 상을 당하고, 수해가 발생한다. 금성이 남쪽에 있으면 그 해의 곡식이 잘 익으며, 북쪽에 있으면 수확이 적어진다.
화성과 수성, 화성과 금성: 상을 당하며, 병사를 쓰면 크게 패한다.
화성과 토성: 근심이 생기고, 아첨하는 신하가 있다. 대기근이 들고 전쟁에 패하며, 군대는 도망가고 곤경에 처한다. 일을 도모하면 크게 망한다.

또한, 세 행성이 만나게 되면 나라 안팎으로 병란이 발생하고 상을 당하게 되며 군주가 바뀐다고 하였으며, 네 행성이 만나게 되면 병란과 상을 함께 당한다고 하였다. 그리고 다섯 행성이 모두 만나게 되면 덕이 있는 자는 복을 받아서 군주를 바꾸고 자손이 번창하지만, 덕이 없는 자는 재앙을 당하여 그 나라가 망한다고 하였다.

28수

중국 별자리 체계에서는 북극성과 28수라고 불리는 28개의 성수(별들의 집합)가 핵심이라 할 수 있다. 고대 중국인들은 달이 지구를 한 바퀴 공전하는 과정에서 달의 배경이 되는 하늘의 별자리가 매일 달라지며, 28일이 지나면 달이 28일 전의 원래 별자리로 다시 돌아온다는 것을 알고 있었다. 이와 같이 달의 공전 궤도 상에서 28일 주기로 매일 달의 배경을 이루는 특정한 별자리들을 28수라고 하였다.

28수는 동서남북의 사방에 각기 7수씩 배치되어, 각각 창룡과 백호, 주작, 현무라는 '4상'으로 불리웠는데, 상상 속의 동물을 형상화한 것이다. 대략 기원전 5세기 후반의 춘추 전국 시기의 유물에서 28수의 이름들이 나타나는 것으로 보아, 이 시기에 이미 점성술과 밀접한 연관을 맺고 있는 28수 체계가 성립되어 있었다는 것을 알 수 있다.

28수 중 각수(角宿)는 동방 청룡의 첫 번째 별자리에 해당한다. 각수는 교(蛟)라고 하는 용의 신수(神獸)를 상징하는데, 신수(神獸)란 영적인 존재, 또는 초자연적인 존재를 의미하는 신령(神靈) 혹은 전설이나 신화 속에 나오는 상상 속의 동물을 말한다. 교는 물속에서 살면서 물을 다스린다고 전해지는데, 각수가 움직이면 물이 변하고, 물이 변하면 홍수나 가뭄이 일어난다. 장리우(張令休)라는 고대 중국의 유명한 점쟁이가 한번은 각수가 떨어지는 것을 보고 홍수가 올 것이라고 예언하고 자신의 집을 높은 곳으로 옮겼지만, 사람들은 그의 말을 믿지 않았다. 그런데 그의 말대로 곧 큰 홍수가 일어나면서 많은 사람들이 죽고 말았다. 장리우는 이후에도 여러 번 각수의 움직임을 통해 홍수를 예언했으며, 그의 예언은 모두 맞았다고 한다.

　28수는 세시(歲時 : 사해의 첫날)와 4계(四季)를 측정하는 기준으로도 활용되었다. 초혼(初昏; 해가 지고 땅거미가 어슴푸레하게 깔리기 시작할 무렵) 때, 서방 백호의 삼수(三宿)가 정남방에 있으면 곧 봄이 시작되고, 동방 창룡의 심수(心宿)가 정남방에 있으면 그 달은 5월에 해당한다는 것을 알았다. 여기에서 백호의 삼수(三宿)란 백호 내에 있는 세 개의 주요 별자리인 관(觀), 측(足), 참(翼)을 말하는데, 이들 별자리 또한 여러 개의 별로 구성되어 있다. 창룡의 심수(心宿)는 창룡 내에 있는 가장 중요한 별자리로, "심"은 중심을 의미하므로, 심수는 용의 심장 부분에 해당하는 별자리를 뜻한다. 28수에 대한 좀 더 자세한 내용에 대해서는 이후 관련된 장에서 구체적으로 설명하기로 하겠다.

02
중국 역법 제정의 일반적 원칙

중국 역법 제정의 일반적 원칙

중국에서 새로운 달력 체계, 즉 역법을 만드는 과정에는 수많은 원칙과 조건들이 포함되어야 했는데, 그 원칙들은 역법에서의 중요성에 따라 순서대로 적용되었다. 그 원칙들과 순서는 다음과 같다.

1. 역원을 정한다.
2. 세수를 정한다.
3. 초하루를 정하고, 큰 달과 작은 달을 정한다.
4. 24절기를 배치한다.
5. 달의 이름을 정한다.
6. 세차, 월건, 일진, 명절, 잡절 등을 정한다.

윤년 관련 원칙

그리고, 윤년과 관련해서는 다음과 같은 원칙이 적용되었다.

1. 어떤 태음년의 달 수가 13달이며, 그중에 중기가 없는 달이 있으면 윤년으로 정한다.
2. 윤년에 중기가 없는 달이 2개 이상인 경우, 앞에 있는 달을 윤달로 삼는다.
3. 어떤 태음년의 달 수가 12달이면, 그중에 중기가 없는 달이 있더라도 윤년이 되지 않는다.

03
역원과 세수

역법의 제정

태초력은 한나라에서 제정된 역법으로, 역법의 구조와 내용을 구체적이고 분명하게 확인할 수 있는 중국 최초의 달력이라 할 수 있다. 이 달력 내용을 분석해 보면 고대로부터 전해지던 전통적인 역법 체계를 대부분 계승하면서도 혁신적인 규칙들을 새롭게 도입하였다는 것을 알 수 있다. 그 결과, 태초력은 기존에 사용되어 오던 역법들에 비해 더 합리적이고 체계적인 구조를 가지게 되었으며, 이를 바탕으로 역법으로서의 필수적인 중요한 조건들을 완벽하게 갖추게 되었다. 이렇게 완성된 태초력의 역법 체계는 이후 이어져 내려오는 중국 역법 체계들에서도 대체로 그 뼈대가 그대로 유지되면서 추가적인 수정 보완이 계속해서 이루어졌으므로, 중국 역법 체계의 핵심 기반으로 자리잡을 수 있게 되었다. 따라서 우리는 태초력의 기본 구조와 원리를 분석 파악하는 과정을 통해 중국 역법 전반에 걸친 대략적인 이해를 얻을 수 있을 것이다.

역법을 제정함에 있어서 가장 중요하고 가장 먼저 해야 될 작업은 어느 시점을 그 역법의 시작 시점으로 삼을 것인지 결정하는 과정이며, 이렇게 정해진 역법이 적용되는 최초의 시점을 역원이라고 하였다. 역원이 결정된 다음에는 어느 달을 한 해의 시작 달로 할 것인지 결정하게 되는데, 이때 결정된 한 해의 첫 달을 세수라고 하며, 그 달의 이름을 특별히 정월(正月)이라고 명명하였다. 이와 같이 역원이라는 기준점의 정립으로부터 시작하여 그 다음 단계로 세수를 선택한 후에 나머지 부차적인 역법 제정 과정들이 순차적으로 진행될 수 있었기 때문에 역원과 세수의 설정은 역법에서 가장 핵심적인 단계라고 할 수 있다.

이처럼 역법에서 '역원'이란 해당 역법이 시작되는 최초의 시작 시점을 의미하므로, 그 역법에서 한 해의 시작점에 해당하는 '세수' 역시 마땅히 역법 최초의 시점인 역원으로부터 시작되어야 할 것이다. 그럼에도 불구하고 태초력에서는 세수를 역원이 아닌 다른 시점으로 설정함으로써, 세수의 시점이 역법의 시작점인 역원과 같지 않았으므로, 제정 초기부터 수많은 논쟁과 혼란스러운 상황을 초래하게 되었다.

그뿐만이 아니라, 태초력에서는 전통적으로 전해 내려오던 보편적 원칙을 적용하지 않고 태초 원년의 세명을 갑인력이라고 정하였으므로, 이 또한 당시 천문 현상과 부합하지 않아 또 다른 논쟁거리까지 유발하였다. 그렇지만 이러한 문제점들은 이후 삼통력 개정과, 이어지는 사분력의 보완을 통해서 확실하게 해소될 수 있었으므로, 태초력의 역법 체계는 사분력에 이르러 마침내 안정된 형태로 자리잡을 수 있게 되었다.

이제부터 우리는 태초력이 제정된 이후 삼통력, 후한 사분력으로 개정되어 가는 과정 속에서 논란의 한가운데 있는 역원과 세수에 관련된 내용을 자세하게 탐구함으로써 역원과 세수의 개념과 의미를 보다 쉽게 파악할 수 있게 될 것이다. 특히 태초력으로부터 시작하여 삼통력을 거치고, 마침내 완성되는 사분력은 현재 우리가 사용하고 있는 음력 달력의 원형이라 할 수 있기 때문에, 태초력 제정부터 사분력 개력까지 역법이 변화되는 과정을 살펴보는 것은 역원 뿐만 아니라 달력의 전반적인 구조를 파악하는 데에도 큰 도움이 될 것으로 기대한다.

이제 본격적으로 태초력이 처음 제정되었을 당시의 상황으로부터 시작하여 삼통력을 거쳐 사분력으로 역법이 개정 보완되어 가는 과정을 자세히 들여다 보려

한다. 특히 역원과 세수가 같지 않게 설정된 배경과, 그로 인해서 어떤 문제들이 발생하였는지에 대해서 중점적으로 살펴 볼 것이다. 또한 세명과 관련되어 발생했던 혼란을 해소하는 과정에 대해서도 특히 상세하게 들여다 볼 것이다.

역원(曆元)

역원(曆元)이란 말 그대로 역법에서 그 역법이 시작되는 최초의 시점을 지칭하며, 역법 제정의 첫 번째 단계에 해당한다. 중국에서는 고대로부터 "왕조가 바뀌면 제도를 바꾼다."는 뜻을 지닌 '수명개제(受命改制)'라는 전통이 전해져 내려왔다. 따라서 새로운 왕조가 들어설 때마다 정삭(正朔)에 관한 논의가 이루어졌다. 여기에서 정삭(正朔)의 정(正)은 '올바른', '정확한'의 뜻을 가지고 있지만, '첫 번째'라는 뜻도 가지고 있으며, '삭(朔)'이란 달의 '초일'(달이 시작되는 날)을 의미한다. 따라서 "정삭"을 글자 그대로 풀이하면 '첫 번째 달의 시작일', 즉, '새해 첫날'로 해석되므로, '정삭'이란 새로운 왕조가 자신들만의 '새해 첫날'을 정하여 독자적인 공식 달력을 제정한다는 것을 의미하는 것이다.

중국 역사에서 달력은 단순히 날짜를 기록하는 수단을 넘어, 천명(天命, 하늘의 명령)을 받아 통치하는 황제의 권위와 합법성을 상징하는 중요한 도구로 인식하였으므로, 새로운 왕조가 들어서게 되면 자신들의 정통성을 확립하고 하늘의 선택을 받았음을 나타내기 위해 새로운 달력 제정을 시도하였다. 이처럼 정삭, 즉 새로운 달력을 제정하는 것은 그 자체로 새 왕조의 시작을 상징하고, 새로운 통치체제의 시작을 공표하는 중요한 의식이었다. 특히 달력은 농업 사회였던 중국에서 계절과 농사 일정을 결정하는 데 중요한 역할을 하였으므로, 황제는 새로운 달력의 제정을 통해 자연의 질서에 순응하여 백성들을 잘 다스린다는 것을 보여 주고자 하였다. 이처럼, 정삭에 관한 논의는 새 왕조의 시작과 함께 중요한 정치적, 문화적 질서의 재정립과 변화를 암시하는 것이었으며, 새로운 왕조의 정통성과 권위를 강화하는 수단이었다.

따라서 왕조가 바뀔 때마다 새로운 역법 제정에 대한 주장들이 제기되었는데,

역법이 새롭게 제정될 때마다 당연히 가장 먼저 고려되는 부분은 역원이었다. 역원의 설정은 역법 전체를 이끄는 기준 시점을 정하는 과정이었으므로 매우 핵심적인 중요한 작업으로 간주되었다. 그러므로, 역원의 시점을 정하기 위해서는 그 시점이 논리적으로 합당한 시점인지 신뢰할 수 있는 확실한 원칙이 정해져 있어야 했다.

고대 중국인들은 복잡한 우주의 원리를 단순화시키고, 이를 바탕으로 우주의 원리는 근본적으로 연결되어 있으므로 본래 하나라는 개념을 가지고 있었다. 이와 같은 개념을 바탕으로 하늘의 세계를 지상의 세계와 연관시켜 하늘을 지상의 영토처럼 구획하였으며, 인간의 신체를 소우주로 일컬으면서 하늘의 현상과 동일시하였다. 뿐만 아니라, 인간이 생활하는 자연계의 변화 역시 하늘과의 동기화를 바탕으로 하늘의 현상과 일치시켜 해석하였다.

그런데 역법이란 조화로운 천체의 운행을 바탕으로 이루어지는 자연의 규칙적 흐름인 한 해를 주기적 시간 단위로 구분하는 방법이라 할 수 있다. 그러므로, 역법의 시점을 정하는데 있어서 천문 현상과의 연관성은 절대적인 조건일 수밖에 없다. 따라서 역원을 설정하는 과정에서 근본으로 삼은 대원칙은 천문학적인 근거를 기반으로 그 시점을 결정한다는 것이었다.

이에 따라 하루의 시작은 밤이 가장 깊은 자정의 시점으로 지정되었고, 한 달의 시작인 초하루는 달이 보이지 않는 삭의 시점으로 지정되었으며, 한 해의 시작은 해가 가장 짧은 동지의 시점으로 지정되었다. 더 구체적으로 정리하자면, 하루의 시점은 밤이 가장 긴 상태에서 낮의 길이가 점차 길어지기 시작하는 변곡점에 해당하는 자정의 시점이었고, 한 달의 시작은 달이 보이지 않는 위상으로부터 점차 모습을 나타내기 시작하는 변곡점에 해당하는 삭의 시점이었으며, 한 해의 시작은 밤의 길이가 가장 긴 상태에서 낮의 길이가 점차 길어지기 시작하는 변곡점에 해당하는 동지의 시점이었다.

이를 근거로 역원으로 선정되기 위한 조건으로 천문학적으로 동지(동짓날), 삭단(달의 초하룻날), 그리고 야반(자정)이라는 세 가지 요소가 반드시 충족되어야 했다. 즉, 낮이 가장 짧은 동짓날이고, 삭망월의 초하룻날에 해당하고, 자정(0시)인 시점이 역원의 조건에 해당하였다. 이 중에서도 역법에서 가장 핵심적인 기준점으로 삼는 가장 중요한 시점은 동짓날로서, 일 년 중에서 낮이 가장 짧은 날이므로 이때부터 낮이 길어지기 시작하는 변곡점에 해당하는 날이다. 특히 그날의 일진이 갑자일까지 겹쳐지는 '갑자일 야반 삭단 동지'인 날, 즉 11월 동짓날에 해당하면서, 달의 초하룻날이고, 그 날의 일진이 갑자일이고 자정인 시점은 더욱더 이상적인 역원에 해당하였다. 여기서 언급되는 일진이라는 용어에 대해서는 다음에 설명하기로 하겠다. 이러한 조건에 부합하며 갑자일 조건까지 충족시키는 중국의 역법으로는 전한의 태초력(기원전 104), 후한의 사분력(85) 당나라의 선명력(822) 등을 들 수 있다.

세수(歲首)

세수(歲首)란 한 해가 시작되는 달을 말하며, 세수에 해당하는 달을 정월(正月)이라고 부른다. 고대 중국에서는 왕조가 바뀔 때마다 역법을 새로 만들었다고 하였으므로, 그 때마다 세수를 새롭게 정하였기 때문에 세수가 계속 바뀌었다. 기원전 2070년의 하나라에서는 봄에 해당하는 맹춘(孟春), 즉 동짓달인 자월이 지난 후 2번째 달에 해당하는 인월(寅月)의 시점을 새해가 시작되는 첫 달로 삼았다고 전해진다. 이렇게 결정된 배경을 살펴보면 고대 중국의 농경 중심의 생활 방식이 크게 작용했던 것으로 여겨진다. 봄의 시작 절기인 입춘(立春)은 한 해의 농경을 시작하는 중요한 시점이었으며, 더불어, 이 시기에는 풍요로운 농작물의 수확을 기원하는 춘제(春祭)라는 중요한 제사도 전통적으로 거행되었기 때문에, 인월을 새해의 시작으로 정하는 것이 그 시대의 사람들에게는 자연스러운 선택이었을 것이다.

다음 왕조인 기원전 1600년의 상(商 또는 殷)나라에 들어서서는 건축월(建丑月), 즉 동짓달 다음 달을 세수로 정하였다. 뒤를 이은 주나라에서는 12지 기월법을 적용하면서 동지가 들어있는 달을 중시하여 동지를 12지지 상에서 첫 번째인 자월(子月)로 정하였을 뿐만 아니라, 동짓달을 세수로 정하여 정월로 삼았다. 동지란 밤이 가장 길고 낮이 가장 짧은 날로서, 이때부터 점점 낮의 길이가 점점 길어지는 기점이며 천문적 현상의 중요한 전환을 보이는 의미있는 날이었으므로, 한 해의 시작점으로 최적의 시점이라고 여겼기 때문이다.

서주 시대에 이르기까지 세수를 정리해 보면, 하력에서는 새해가 입춘의 인월로부터, 은력에서는 소한의 축월로부터, 주력에서는 동지의 자월로부터 시작되었다.

하나라 ; 인월(1월)
상(은)나라 ; 축월(12월)
주나라 ; 자월(11월)

따라서, 하나라, 상나라, 주나라는 각각 세수가 들어 있는 달이 서로 달랐으므로, 이를 삼정(三正) 또는 삼통(三統)이라고 불렀다. 정(正)이란 정월(正月)이라는 말로, 한 해의 첫째 달인 세수를 말한다. 따라서 삼통(三統)이란 하나라의 정월은 인월(寅月)이며 인통(人統)이 되고, 상(은)나라의 정월은 축월(丑月)이며 지통(地統)이 되고, 주나라의 정월은 자월(子月)이며 천통(天統)이 됨을 이르는 말이다. 여기에서 언급한 '정월(正月)'이라는 명칭에 대해 다시 한번 더 보충 설명하자면 음력 달력에서 첫 번째 달을 가리키는 용어로서, 사전적 정의를 보면 '정(正)'은 '바르다'의 뜻과 함께 '첫'이라는 뜻도 가지고 있다. 그러므로, 정월이란 '새로운 한 해의 시작'이라는 또 다른 중요한 의미를 갖고 있다.

주나라 이후 춘추 전국 시대에 이르러 각 나라들은 나라마다 독자적으로 하·상·주, 세 나라의 삼정 중 하나의 역법을 선택하여 사용하였으므로, 전체적으로 역법이 통일되지 않았다. 기원전 246년 중국을 통일한 진시황은 전욱력(顓頊曆)을 제정하고 특별히 건해월(建亥月:현재 달력의 10월), 즉 동짓달 바로 전 달을 정월로 삼았지만, 세수로 정한 건해월을 다른 왕조처럼 정월이라고 부르지 않고 단월(端月)이라고 불렀다. 왜냐하면 진시황의 이름이 정(政)이었기 때문이다.

고육력

한서의 예문지에 따르면, 고대 한나라 이전의 중국 역법에는 고육력이라고 하여 황제력(皇帝曆), 전욱력(顓頊曆), 하력(夏曆), 은력(殷曆), 주력(周曆), 노력(魯曆)이라는 여섯 가지의 역법이 존재하였다고 하였다. 이들 역법들은 각자 고유한 역원을 가지고 있었으며, 서진시대 사마표의 속한서 율력지 하(律曆志 下)를 보면 '황제가 역법을 만들 때 역원은 신묘에서 시작되었고, 전욱은 을묘, 하는 병인, 은은 갑인, 주는 정사, 노는 경자에서 시작되었다'라고 설명하고 있다.

그러나, 고육력 역법들은 역법의 이름처럼 역법이 제정되었던 기원이 고대 시대까지 거슬러 올라가는 것은 아니다. 주나라와 진나라 시대의 각 국가들이 자국의 역법에 대한 역사적 근거와 더불어 오랜 전통을 강조하기 위해 고대의 전설적 제왕인 황제와 전욱, 그리고 삼대 왕조의 이름을 내세우며 해당 이름들을 차용한 것일 뿐이라는 것이 학계의 일반적인 견해이다. 결과적으로, 전국 시대의 여러 국가들은 이들 고육력 중의 하나를 독자적으로 사용하였으므로, 이러한 시대적 상황으로 인해 진(秦)에 의한 중국 통일이 이루어지기 전까지 모든 국가들 간에 역법이 서로 통일되지 않은 상태였다는 것을 알 수 있다.

그런데, 고육력에 속하는 각 역법들의 역원이 되는 해를 위에서 언급한 것처럼 신묘, 을묘 등과 같이 간지로 표기하고 있는데, 전국 시대에는 아직 간지기년법 체계가 도입되지 않은 시기였으므로 간지로 표기된 이 역원들은 후대의 한나라 사람들이 간지 기년 형식을 차용하여 고육력의 역원들에 적용시켜 부여한 기년 체계였다는 것을 알 수 있을 것이다.

태초력(太初曆)

한나라 이전 진(秦)나라 시대에는 전욱력(顓頊曆)이라는 역법을 만들어 사용하였다. 이 전욱력도 한나라 이전에 사용되었던 역법이었으므로 고육력 중 하나로 분류되는데, 한나라 초기에 이르기까지 계속 사용되었다. 전욱력에서는 동지를

11월로 고정시켰으며, 중기가 없는 달을 윤달로 삼는 규칙을 적용하지 않고 한 해의 끝에 윤달을 두는 세종치윤법(歲終置閏法)을 사용하였기 때문에 태양과 달의 운행이 절기와 삭과 정혹히 일치하지 않았다. 세종치윤법은 연종치윤법(年終置閏法)이라고도 한다. 따라서, 세월이 흘러갈수록 전욱력이 실제 천문 현상과의 차이가 점차 커지게 되었으므로, 역법 개정에 대한 필요성이 대두되었다. 기원전 104년 5월에 한무제는 역법 제정에 관한 조서를 내렸으며, 태사령 사마천의 주관 하에 등평, 낙하굉 등의 인물들이 역법 제정에 착수하였다.

한서 율력지상(漢書 律曆志上)에는 태초력의 제정과 관련하여 다음과 같은 구체적인 내용이 나온다.

"한무제가 원봉 7년 5월에 조서를 내려 역법을 개정하라고 하였다. 태사령 사마천이 주관하여 등평, 낙하굉 등의 인물들이 새로운 역법을 만들기 시작하였다."

武帝元封七年五月, 詔書改曆, 天史令司馬遷主之, 與鄧平,落下閎等作太初曆

그 결과 새롭게 제정된 역법은 같은 해인 기원전 104년 원봉 7년 11월 동지부터 적용되었으며, 이를 태초력이라고 하였다. 태초(太初)란 한무제가 사용한 11개의 연호 중 여섯 번째 연호인 원봉(元封) 다음에 오는 일곱 번째 연호로서, 원봉 7년은 기원전 104년으로 태초 원년에 해당한다. 새롭게 제정된 태초력에서 이전의 전욱력에 비해서 가장 크게 달라진 점 중 하나는 한 해의 시작점에 해당하는 세수와 계절의 순서에 대한 부분이다.

이전 진 나라 시대의 전욱력에서는 한 해의 시작을 겨울로 삼았는데, 이것은 당시 유행한 오행 사상에서 만물의 기운이 잠들어 머금어 있는 수(水)를 오행 중 으뜸으로 인식한 데 따른 것이다. 이처럼 진 나라에서는 수의 계절인 겨울을 한 해의 첫 계절로 삼았으므로 한 해는 동춘하추 순서로 구성되었다. 그리고, 겨울의 시작 달이 10월이었으므로 전욱력에서는 한 해의 세수를 10월에 두었다.

이에 반해 태초력에서는 한 해 계절의 순서를 만물이 생동하는 봄으로 삼았으며, 봄철의 시작이 인월(寅月)인 까닭에 인월을 한 해의 세수로 개력하면서 정월(正月), 즉 1월로 삼았다. 그 결과 계절의 순서는 지금과 같은 춘하추동 순으로 변경되었다. 태초력을 보완하여 삼통력(三統曆)을 제정한 유흠(劉歆)에 따르면, 인월을 세수로 삼은 것은 '천·지·인' 중에 인통(人統)을 적용한 결과이며, 하·은·주 삼대 왕조 중에서 하나라의 정삭(正朔)인 하정(夏正)을 기반으로 한 것이라고 하였다.

그 결과 태초력에서 역원의 시점과 태초 원년의 시점은 원봉 7년, 동지(冬至)가 들어 있는 달의 초하루 자시(子時)로 정해졌지만, 세수는 매년 맹춘*(孟春) 인월로 정해져 한 해의 시작 달이 되었다. 이처럼 인월이 한 해의 시작 달이 되었으므로 입춘은 새해의 첫 절기에 해당하였고, 계동*(季冬) 축월은 한 해의 끝 달인 12월이 되었다.

이와 같은 역법 개정을 통해 태초력에서는 고대의 전통에 따라 동지에 처음으로 새 달이 뜨는 날을 역법의 시작 시점인 역원으로 삼긴 하였지만 그 달을 11월로 고정시키고, 동지와 춘분의 정확한 중간 지점에 해당하는 입춘(立春) 절기가 들어 있는 맹춘을 한 해가 시작되는 정월로 삼은 것이다. 이로 인해서 태초력에서는 역법의 시작점인 역원과 한 해가 시작되는 세수가 같지 않게 되었다.

태초력의 세수(歲首) 인월(寅月)

이처럼 한무제 원봉 7년(기원전 104)에 태초력(太初曆)으로 개력이 이루어지는 과정에서, 입춘(立春)으로 시작되는 달을 하력에서와 마찬가지로 한 해의 시작점인 세수로 삼아 정월로 정하였다. 인월(寅月)을 세수로 정한 것은 목(木)에서 시작하는 오행상생설이 가장 큰 영향을 주었다고 할 수 있다.

그런데 이처럼 인월을 세수로 삼는 것에 대해 반대 의견들이 터져 나왔다. 명리학자들은 천개어자 (天開於子)의 이치에 따라 천도(天道)의 운행은 자(子)로부터 시작되는 것이라는 논리를 반대의 근거로 내세웠다. 이 논리를 적용하게 되면 한

---

*맹춘(孟春), 계동(季冬) : 춘, 하, 추, 동을 다시 맹, 중, 계로 나누었으므로, 춘은 맹춘(1월), 중춘(2월), 계춘(3월)으로, 하는 맹하(4월), 중하(5월), 계하(6월)로, 추는 맹추(7월), 중추(8월), 계추(9월)로, 동은 맹동(10월), 중동(11월), 계동(12월)으로 구분하였다.

해의 시작 역시 마땅히 자월로부터 시작되어야 하므로 인월을 세수로 삼는 것은 하늘의 뜻에 어긋나는 역법의 제정이라고 반발한 것이다. "천개어자(天開於子)"란 "하늘은 '자'에서 시작된다"라는 말이고, 동지가 12지지 상에서 첫 번째인 자월(子月)에 해당하기 때문이다.

이에 대해 인월 세수 옹호론자들은 건인 세수는 태초력 역법의 제정 과정에서 갑자기 출현한 것이 결코 아닐 뿐만 아니라, 단순히 하정을 수용한 것도 아니라고 반박하였다. 그리고, 인월을 세수로 정한 배경으로 오래 전부터 확고하게 자리잡고 있었던 오행상생론(五行相生論)을 내세웠다.

오행설이 처음 등장한 이후, 전국 시대의 관자(管子)에서는 그 개념이 더욱 체계화되고 확장되면서 사시(四時)와 오방(五方)까지 포괄하는 형태로 정립되었다. 이에 따라 오행이 천시(天時)의 발현인 계절의 순서와 각 계절의 특성을 주관한다고 인식되고 있었으며, 그 결과 관자에서는 이미 상생 관계를 기반으로 한 오행의 순서인 '목(봄) → 화(여름) → 토 → 금(가을) → 수(겨울)'의 계절 순서가 확립되어 있었다. 이렇게 관자에서 정립된 사시와 오행 이론이 후대의 여씨춘추, 황제내경, 춘추번로 등을 통해 계속 발전해 내려왔던 것이다.

그러므로, 생장화수장(生長化收藏)의 원칙에 따라 봄을 천시(天時)가 가장 명확하게 드러나는 계절로 삼아 계절의 맨 앞에 배치하였고, 그중 입춘이 속해있는 인월(寅月)을 한 해의 시작점, 즉 세수로 정하게 되었다는 것이다. 그렇기 때문에 건인 세수가 천도와 자연의 운행에 어긋난다고 볼 수는 없으며, 오히려 천시의 현상에 더 적절하게 부합한다고 주장하였다.

오행	목	화	토	금	수
방위	동방	남방	중앙	서방	북방
계절	봄	여름	환절기	가을	겨울
색상	청색	적색	황색	백색	흑색

오행배치도

"생장화수장(生長化收藏)"이란 오행(五行) 사상에서 주로 볼 수 있는 개념으로, 각

오행(목, 화, 토, 금, 수)이 자연과 사회, 인간의 생활 등에 미치는 영향과 작용을 설명한다. 생(生, 생장)이란 목(木)의 역할이나 특성을 의미하며, 무언가가 생겨나고 자라는 과정을 상징한다. 예를 들자면 봄이 오면 모든 것이 생명을 얻고 성장한다는 것이다. 장(長, 화)은 성장과 발전, 확장을 상징한다. 여름에 대응되며, 생명력이나 에너지가 풍성해지는 시기를 말한다. 화(化, 토)는 변화와 성숙을 의미한다. 무언가가 완전한 형태나 상태로 변화하는 것을 상징한다. 수(收, 금)는 수확과 수집, 정리를 상징한다. 가을에 대응되며, 성장과 발전이 끝난 후 그 결과를 수집하는 단계를 말한다. 장(藏, 수)은 보존과 축적을 의미한다. 겨울에 대응되며, 모든 것이 내면으로 향해 에너지를 보존하는 시기를 말한다. 이렇게 각 오행이 자연의 주기와 인간의 생활에 어떻게 적용되는지를 설명하는 것이 "생장화수장"의 기본 이치이다. 이는 농업을 비롯하여, 의학, 철학, 심리학 등 다양한 분야에서 적용되었다.

이처럼 결정된 하정(夏正) 인월 세수는 태초력 이후, 왕망(王莽, 재위 8~23)과 위(魏) 명제(明帝, 재위 226~238) 때 은정(殷正)으로 잠시 동안 바뀌었고, 당 무후(武后, 재위 683~704)와 숙종(肅宗, 재위 756~761) 때 주정(周正)으로 또 한번 잠시 바뀐 것을 제외하고는 지금까지 계속 유지되어 내려오고 있다.

태초원년 갑인년(甲寅年)

우리는 연도를 표기할 때, 2024, 2025, 2026년도처럼 숫자를 사용한다. 그런데 중국 역법에서는 이처럼 햇수를 표기할 때 해마다 숫자가 아닌 이름을 사용하여 표기하였다. 이렇게 햇수를 표기하는 규칙을 기년법이라고 하고, 해마다 붙여진 이름들을 세명이라고 하였다.

중국의 역법 체계에서 시간과 관련된 단위의 정의는 모두 천문학적인 근거를 바탕으로 규정되었다. 예를 들어 하루는 태양이 뜨고 지는 규칙적인 주기를 근거로 정의되었고, 삭망월 한 달은 달이 차고 저무는 현상을 근거로 정의되었으며, 한 해는 태양의 고도가 똑같은 높이에 다시 오는 시간으로 정의되었다. 그리고 이렇게 계속해서 이어지는 한 해 한 해 역시 다른 시간 단위들과 마찬가지로 여러 해를 하나의 반복되는 주기 단위 체계로 묶어 구분하였는데, 그 구분의 근거 역시 천문 현상을 바탕으로 한 것이었으며, 그렇게 고안된 주기가 바로 세성의 주기를 근거로 하여 만들어진 세성기년법이었다.

자세한 세성기년법에 대해서는 다음에 세성기년법 편에서 설명하겠지만, 여기에서는 다음 설명을 이어 나가기 위해 간단한 설명을 추가하도록 하겠다. 태양은 1년 동안 천구 적도 상의 28수 별자리를 따라 시계 반대 방향으로 연주 운동을 하는데, 그 궤도를 균등하게 12개의 구역으로 나누고 '12차(次)'라고 하였으며, 각각의 차에 고유 이름을 부여하였다. 그런데, 목성은 황도 상의 12차를 반시계 방향으로 운행하면서, 해마다 1차만큼 이동하게 된다. 따라서, 각각의 차(次)는 1년에 해당하였으므로 목성이 머무는 성차의 이름에 따라 그 해의 이름을 정하게 되었다. 이렇게 세성이 머무는 12차의 위치에 따르는 기년법이 탄생하였는데, 이를 세성 기년법이라고 한다. 그러므로, 햇수에 붙여지는 12차의 세명 역시 천문학적인 연관성을 근거로 삼은 명칭이었다. 그리고 이 세성기년법으로부터 응용될 형태의 태세 기년법이 고안되어 대표적인 기년법으로 활용되었다.

이와 같은 배경 하에서 태초력이 제정될 당시에는 태세 기년법이 보편적으로 사용되고 있었으며, 해를 나타내는 명칭으로는 고갑자가 활용되고 있었다. 이후 삼통력을 거쳐 사분력에 이르러서는 태세 기년법이 퇴출되었으므로 간지 기년법만이 유일하게 사용되었으며, 이때부터 간지 기년법이 기본적인 기년법으로 확고히 정착되어 '갑인년', '병자년', '정축년' 등과 같이 간지를 사용한 세명만을 사용하게 되었다.

"이에 이전 역의 상원태초 4,317세에서 원봉 7년에 이르기까지 '알봉 섭제격'의 세를 다시 얻었다."

"乃以前曆上元泰初 四千六百一十七歲 至於元封七年 復得閼逢攝提格之歲"

한서의 율력지에 나오는 위의 문장을 보면 태초력에서 기원전 104년에 해당하는 원봉 7년 태초원년의 세명을 알봉 섭제격이라고 하였다는 것을 알 수 있다. 알봉 섭제격이란 햇수를 표현하는 고갑자로서, 고갑자에서 알봉은 천간의 갑에 해당되고 섭제격은 지지의 인에 해당되므로 알봉 섭제격은 간지 형식으로 변환시키면 갑인년에 해당한다. 따라서 이 문장을 다시 쉽게 풀이하면, "4,617년 전인 상원태초와 원봉 7년은 모두 갑인년이다"라는 뜻으로, 역원의 세명(歲名)에 대해 언급하고 있는 내용이다.

태초력에서 이처럼 역원의 세명을 갑인으로 삼은 것은 고육력 중 은력에서 갑인년을 역원으로 삼은 것을 반영한 것으로 보인다. 태초력이 만들어지기 전에 살았던 유안이 쓴 회남자의 천문훈에서도 "태음의 역원은 갑인에서 시작된다(太陰元始建於甲寅)"라고 하며 갑인년을 역원으로 삼는다는 내용이 나온 바 있으므로, 사마천도 이를 이어받은 것으로 보인다. 장배유 등이 저술한 중국고대역법에서는 태초력으로 개력할 당시에 총 7차에 걸친 조서가 있었는데, 그중에 처음 내린 조서 내용을 보면 기존의 은력에서 사용하던 갑인년을 기원전 104년인 태초원년의 간지로 삼았다고 하였다.

이와 같은 정황들을 고려해 볼 때, 갑과 인으로 이루어진 갑인년을 태초력에서 태초원년의 간지로 정하여 삼은 근저에는 시초(始初)라는 크나큰 상징적인 의미가 내포되어 있다는 것을 알 수 있다. 나무, 불, 흙, 쇠, 물을 의미하는 목, 화, 토, 금, 수(木, 火, 土, 金, 水)로 이루어지는 오행(五行)의 개념이 처음 형성될 때 '목'은 그 출발점에 자리잡고 있으며, 오행상극설에서도 목으로부터, 금, 화, 수, 토의

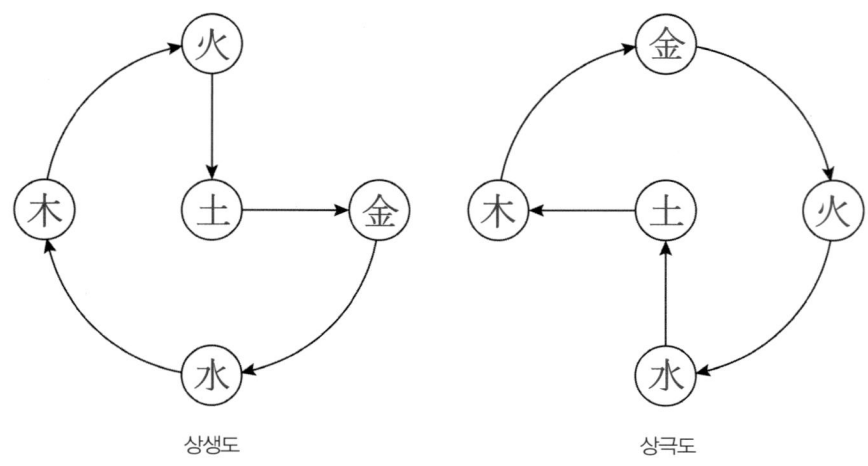

상생도 상극도

순으로 이어지고, 오행상생설에서도 목을 시작으로, 화, 토, 금, 수의 순으로 순환하기 때문에, 목은 오행의 시초라는 매우 큰 상징성을 가지고 있다고 할 수 있다.

천간 음양오행표

천간	갑(甲)	을(乙)	병(丙)	정(丁)	무(戊)	기(己)	경(庚)	신(申)	임(壬)	계(癸)
음양	+	−	+	−	+	−	+	−	+	−
오행	목(木)		화(火)		토(土)		금(金)		수(水)	

지지 음양오행표

지지	자	축	인	묘	진	사	오	미	신	유	술	해
음양	+	−	+	−	+	−	+	−	+	−	+	−
오행	수(水)	토(土)	목(木)	목(木)	토(土)	화(火)	화(火)	토(土)	금(金)	금(金)	토(土)	수(水)

따라서 오행의 속성 중 목에 해당하는 갑(甲)과 인(寅)으로 이루어진 갑인년을 태초원년의 간지로 삼는 것은 천문 현상과의 연관성 여부를 따지거나 점성술 상에서의 의미를 검토하기 이전에, 역(易)을 중시한 역법인들 입장에서 보았을 때 '갑인'이라는 간지 그 자체만으로도 충분히 매혹적인 선택이라고 여겨질 수 있었을 것이다.

사기 역서에서도 "11월 초하루 갑자일 삭단에 동지가 드니 마땅히 원봉 7년을 태초 원년으로 고친다. 연명은 언봉섭제격이고, 월명은 필취이고, 일은 갑자가 되고, 야반삭단 동지이다(十一月甲子朔旦冬至已詹, 其更以七年爲太初元年. 年名焉逢攝提格, 月名畢聚, 日得甲子, 夜半朔旦冬至)"라고 적고 있다.

여기에서 언봉섭제격은 갑인년에 해당하고, 월명 필취는 11번째 달을 일컫는 월명이므로, 이 문장을 풀어서 쉽게 표현하면 "11월 초하루(삭단)가 갑자일이며, 동지이므로, 원봉 7년의 연호를 태초 원년으로 고친다. 그리고, 이때 연명은 갑인년에 해당하고, 월은 11월이고, 일은 갑자일이며, 야반, 삭단, 동지에 해당한다"라는 말이 된다.

이로 인해서, 태초원년의 간지가 갑인년이라는 주장은 태초원년이 세성의 위치를 기반으로 하여 세명을 정하는 태세 기년법상에서 갑인년에 해당하는 세성의 위치에 해당하지 않았으므로, 실제 천문 현상과 역법의 일치를 추구하는 학자들에 의해 받아들여지지 않았으며, 계속해서 논란의 주요 대상이 되었다.

병자년(丙子年), 그리고 정축년(丁丑年)

한서 율력지상(漢書 律曆志上)에는 태초력의 제정 이후 개정에 관한 사항들을 중심으로 구체적인 내용들이 나오는데, 그 내용을 인용해 보도록 하겠다.

"등평이 태초력을 만들 때, 처음에는 은력처럼 갑인년을 역법의 시작으로 삼았지만, 나중에는 정축년으로 변경하여 이를 태초 원년이라 하였다. 그렇게 되면 태초 원년은 그해 11월 삭단 동짓날이 된다. 그런데 태초력은 정월을 세수로 하고, 입춘을 세수의 절기로 삼았기 때문에, 정축년의 11월 삭단 동지는 바로 다음 해의 정월 삭단에 해당하는 것이 된다. 그런 이유로 태초력에서는 정축년의 11월 삭단 동지를 병자년의 정월 삭단 동지로 변경하였다.

(鄧平作太初曆, 初以殷曆甲寅年為元, 後改為丁丑年, 是為太初元年。其年十一月朔旦冬至。而太初曆以正月為歲首, 立春為歲首節氣, 故丁丑年十一月朔旦冬至者, 即次年正月朔也。於是太初曆以丁丑年十一月朔旦冬至改為丙子年正月朔旦冬至)"

이 내용은 등평이 태초력을 제정했던 당시에는 역원의 세명을 은력에서와 똑같이 갑인년으로 삼았지만, 많은 반대 의견으로 인해 나중에 삼통력으로 보완이 이루어지는 과정에 대해 설명한 것이다. 이 내용을 통해서 태초력을 제정하고 시행하는 초기 과정에서 역법의 주요 원칙들이 서로 충돌하면서 많은 혼란이 발생하였다는 사실을 읽을 수 있을 것이다. 어떤 복잡한 상황들이 발생하였는지 위 내용을 좀 더 자세하게 풀어 정리해 보면 그 요지는 다음과 같다.

"등평이 태초력을 만들었는데, 처음에는 은력처럼 갑인년을 역법의 시작으로 삼았지만, 나중에는 정축년으로 변경하여 이를 태초 원년이라 하였다."

위 내용 상에서 볼 때 원봉 7년이자 태초원년이 시작되는 동지 삭단은 삼통력 개정시 분명히 갑인년에서 정축년으로 일단 수정이 고려된 것으로 보여진다. 그

것은 천문학적 근거에 따른 태서 기년법에 의하면, 원봉 7년, 즉 태초원년의 시작이 되는 동지 삭단이 정축년에 속한다는 것이 명확하였기 때문일 것이다. 그렇게 되면 정축년은 원봉 7년이자 태초원년의 11월 삭단 동짓날로부터 시작된다는 것을 의미하고, 정축년의 11월 삭단 동지는 정축년 정월의 삭, 즉 초하루가 되어야 한다. 그래서, 문장 중에서 "이렇게 되면 태초 원년은 그해 11월 삭단 동짓날이 된다"라고 한 것이다.

그런데 태초력에서는 인월 정월을 세수로 하고, 입춘을 일 년의 절기 시작의 기점으로 삼았다고 규정하였으므로, 만약 위의 내용처럼 역원인 11월 삭단 동지를 정축년 정월의 초하루로 삼게 될 경우에는, 정축년의 인월을 세수로 한다는 태초력의 규정과 충돌할 수밖에 없는 상황이 발생하게 될 것이다. 다시 말해서, 새로운 해는 반드시 세수인 인월로부터 시작되어야 하고, 인월이 정월인 1월이 되어야 한다는 태초력 세수의 규정이 위배되는 문제가 발생하게 되는 것이다.

결국 삼통력에서는 태초력을 개정하는 과정에서 인월을 세수로 한다는 규정을 손상시키지 않기 위해서 인월의 시점을 정축년의 세수로 그대로 유지하기로 결정하였고, 태초력 역원의 시점인 11월 삭단 동지를 정축년으로부터 분리하여 그 전해인 병자년에 속하는 것으로 확정하면서 병자년 정월의 삭단이라고 하였다는 내용이다.

위의 한서 율력지상에서는 이 개정에 대해 태초력 시행 과정에서 이루어진 것처럼 기술하고 있다. 그런데 이 개정 과정은 이후 유흠에 의해 태초력이 삼통력으로 일부 수정되는 과정에서 이루어진 것으로, 한서 율력지에 나오는 위의 내용들은 개정된 삼통력을 새로운 역법이라고 인식하지 않고 단순히 태초력을 수정 보완한 역법이라고 생각하고 삼통력에서 이루어진 개정을 태초력에서 발생한 것처럼 기술하고 있다.

이처럼 태초력 제정시에 갑인년으로 정한 태초 원년의 시점인 11월 동지를 삼통력 개정시에 정축년으로 바로잡으려 하였지만, 최종적으로는 병자년으로 물러나고 만 것이다. 그렇다면, 태초 원년을 정축년이나 병자년으로 수정하려 하였던 구체적인 근거는 무엇이었을까? 앞에서 언급하였지만, 각각의 해에 대한 세명은 천문 현상을 바탕으로 한 태세 기년법에 의해서 결정되는 것으로, 세성, 즉 목성이 머무는 성차에 의해서 세명이 부여된다고 한 바 있는데, 태초 원년 당시 세성의 위치가 그러한 위치에 해당하였던 것이다.

그 근거가 되는 내용을 이중호의 〈간지의 의미〉에서 언급한 관련 자료를 통해 좀 더 자세히 살펴보도록 하겠다. 고대 중국인들은 매일 하늘에서 보는 달의 위치를 기준삼아 하늘의 별자리를 28개의 구역으로 구분하였으며, 이를 28수(宿)라 하여 각 수(宿)마다 고유의 이름을 부여하였다. 그리고 이 28수 별자리를 동서남북(東西南北)의 4방위로 다시 구분하였으므로, 각각의 방위에는 7개의 별자리들이 포함되었다.

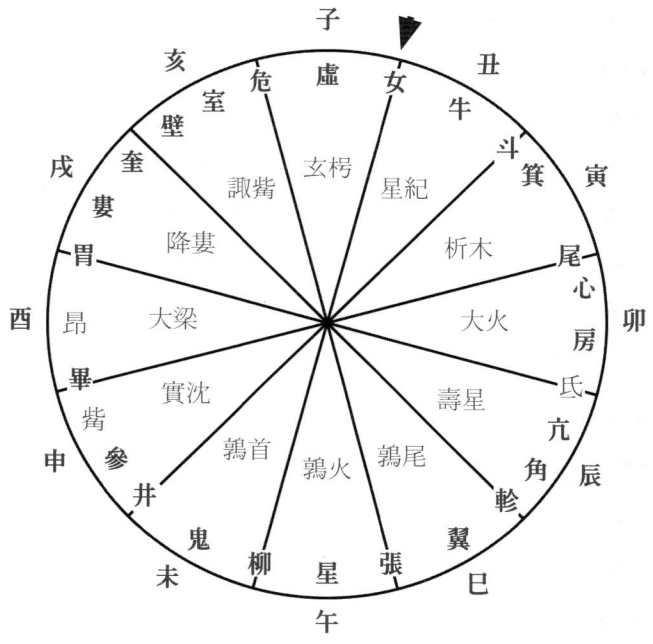

〈그림〉 이중호의 〈간지의 의미〉에서 발췌

『한서』 「율력지 하」에는 다음과 같은 내용이 실려 있다. "태초원년에 세가 성기 무녀 6도에 있었다. 그러므로, 한지(漢志)에서 세명을 곤돈이라고 하였다(歲在星紀 婺女六度, 故漢志曰歲名困敦)"

무녀는 28수(宿) 중 하나인 여수(女宿)의 대표 별자리이며, 여수는 그림에서 화살표로 가리키는 부분으로, 지지상에서 자와 축 사이에 위치하고 있다. 그리고 곤돈이란 고갑자로서, 12지의 자에 해당한다. 그러므로, 태초원년에 '세가 성기 무녀 6도에 있었다'고 하면서 세명을 곤돈, 즉 '자'라고 언급한 『한지(漢志)』의 내용을 『한서』「율력지하」에서 인용하고 있는 것이다.

그런데, 28수 중의 하나인 무녀라는 별자리 중 대부분은 12진의 자에 속하지만, 실제 무녀 별자리는 7도까지는 축에 해당하는 성기에 속하고, 8도부터 자에 해당하는 현효에 속한다. 그러므로, 세가 무녀 6도에 있던 시점은 '자'가 아니고 '축'이라고 할 수 있으며, 그런 근거를 따르게 되면 태초 원년의 세명은 정축년에 해당한다고 할 수 있다.

그럼에도 불구하고 세명을 바로잡으려는 삼통력 개정 보완 과정에서 태초 원년을 자로 삼아 세명을 병자년으로 결정한 이유 중 하나는 '자'가 십이지의 첫 번째 자리라는 상징성을 내세우기 위한 것이었다고 여겨진다. 또한, 무녀라는 별자리가 자와 축에 걸쳐 있으며 세가 무녀 6도에 있던 시점이라는 사실과 태초력의 세수가 인월이라는 상황을 고려한다면, 삼통력 개정시에 태초 원년의 11월 삭단 동지가 든 시점에서 약 두 달을 병자로 하고 그후 2달 후인 인월로부터 12개월을 정축으로 삼았던 결정은 나름대로 고심 끝에 내린 타협의 결과라고 볼 수 있을 것이다.

그렇지만, 마침내 서기 85년 사분력으로 또다시 개력이 이루어지는 과정에서 최종적으로 태초 원년의 세명은 정축년으로 확정되었는데, 태초 원년은 11월 동지삭단의 시점으로부터 시작되며, 그 해는 다음 해 12월까지 14개월로 이루어지는 예외적인 해로 간주되었다. 이로 인해 태초 원년은 시작 달이 동지이며, 동지가 두 번 나타나는 특이한 해가 되었지만, 다음 해부터는 인월을 정월로 하는 체계가 안정적으로 자리잡게 되었다.

이처럼 태초력 제정 당시에 세명과 관련하여 나타났던 논쟁 원인 중 하나는 갑인년이라는 태초원년의 세명이 천문 현상에 기반을 둔 태세 기년법에 의한 세명이 아니었기 때문에 발생했던 문제였지만, 이후에 삼통력의 개정 과정에서 나타났던 태초력의 역원을 정축년으로 할 것인지 병자년으로 할 것인지에 대한 혼란 상태는 역원과 세수가 같지 않았기 때문에 나타났던 문제였다는 것을 알 수 있다.

삼통력

전욱력을 대체하여, 81분력으로도 불리는 새로운 역법인 태초력이 반포되었지만, 세명과 관련된 반대 의견들과 더불어 수많은 불만 의견들이 계속 제기되었기 때문에 유흠이 서기 5년에 삼통력이라는 역법을 통해 태초력을 보완 수정하게 되었다고 하였다. 그런데, 삼통력은 태초력의 기본 상수를 그대로 유지하면서 일부 보강만 했기 때문에, 태초력의 개정판이라 할 수 있는 역법이었다. 따라서 태초력의 원래 모습은 전해지지 않고 있지만, 후에 한서의 율력지에 나오는 삼통력에 관한 내용을 통해 태초력의 골격을 대부분 확인할 수 있다. 태초력과 삼통력이 많이 다르다는 일부 주장도 있기는 하지만, 여기에서는 삼통력이 태초력을 보완한 역법이라는 주장을 기반으로 설명을 이어 나갈 것이다.

삼통력에서는 기본적으로 태초력의 상수들을 그대로 채용하였고, 중기(中氣) 없는 달을 윤달로 하는 무중치윤법을 태초력과 똑같이 적용하였으며, 태양년의 날 수도 태초력과 똑같이 365일과 385/1,539일(365.25016일)로, 태음월의 날 수도 29일과 43/81일 (29.53086일)로 정하였다.

그럼에도 불구하고 삼통력의 내용은 기존의 태초력에 비해 주목할만한 차이를 보였는데, 해와 달의 운행을 바탕으로 고안한 기존 역법의 범위를 넘어서서 일월식(日月食)과 오행성의 운행과 위치를 계산하는 방법까지도 추가적으로 자세하게 기술하였다. 그리고, 일식이 135개월 주기로 반복된다고 함으로써 일식을 예측할 수 있는 교식추산법도 선보였다.

이처럼 삼통력에서는 오행성의 운행까지 역법에 포함시킴으로써 천체력(ephemeris)으로서 갖추어야 할 기본적인 내용을 모두 포함하는 중국 최초의 역법이 되었으며, 단순히 해와 달의 운행에 국한하여 만들어진 태초력과 그 이전의 역법들과는 확실하게 구분되었다.

유흠의 삼통 사상

유흠이 태초력을 보강하여 만든 삼통력에서 가장 중요한 근본 원리로 삼은 것은 삼통이라는 개념이었다. 따라서 삼통력에 대한 탐구를 계속 진행하기에 앞서 삼통과 관련된 내용에 대해서 먼저 알아보기로 하겠다. 삼통 사상은 유흠보다 약 100여 년 앞서 활동했던 전한 초의 동중서까지 거슬러 올라간다. 동중서에 따르면 왕조의 교체는 오덕의 운행에 따른 것이 아니고, 삼통의 결과로 인한 것이라고 하였다. 동중서는 통치에 문제가 없는 아무리 훌륭한 왕조라 할지라도 왕조의 통치 기간은 한정되어 있으므로 피할 수 없다고 하였는데, 그 논리가 바로 삼통 교체설이다.

그는 삼통이란 흑통, 백통, 적통으로서 각자 고유한 통치 체계를 가지고 있으며, 모든 왕조는 삼통 중의 하나를 대표하며 흑통, 백통, 적통 순으로 왕조의 교체가 진행된다고 하였다. 이것이 역사 순환의 한 주기라고 하면서, 하나라는 흑통을, 상나라는 백통을, 주나라는 적통을 대표한다고 하였다.

하나라는 인월을 세수로 삼았으므로 하나라의 정월인 하정(夏正)은 인월에 해당하였고, 상(은)나라는 축월을 세수로 삼았으므로 상(은)나라의 정월인 은정(殷正)은 축월에 해당하였다. 또한, 주나라는 자월을 세수로 삼았으므로 주나라의 정월인 주정(周正)은 자월에 해당하였다.

이를 근거로 하여, 하, 상(은), 주나라의 정월인 하정, 은정, 주정을 합하여 삼정(三正)이라고 하였고, 하정(夏正), 은정(殷正), 주정(周正)의 삼정(三正)에 바탕을 둔 체계를 삼통이라고 하였다. 뿐만 아니라 삼통은 원래 천(天), 지(地), 인(人)을 지칭하기도 하였기 때문에, 하나라는 인통(人統), 상나라는 지통(地統), 주나라는 천통(天統)에 해당하였다. 따라서 삼통론에 따르면, 하나라는 흑통이며 인통으로서 인월이 세수인 하정(夏正)이며, 은나라는 백통이며 지통으로서 축월이 세수인 은정(殷正)이며, 주나라는 적통이며 천통으로서 자월이 세수인 주정(周正)에 해당하였다.

전통적으로 중국 역법에서는 야반, 삭단, 동지가 갑자(甲子)일로부터 동시에 시작되는 시점을 역원으로 삼았다. 여기에서 야반이란 하루를 낮과 밤으로 나누는 기준점으로, 하루의 시작점인 자정(0시)을 의미한다. 그리고 삭단은 삭망월 한 달의 시작인 초하루를 말하며, 동지란 밤이 가장 긴 날로 한 해의 시작 달을 말한다. 그러므로 해(年)와, 달(月)과, 날(日)과, 시(時)의 모든 시작점이 동시에 나타나게 되는 시점이 갑자일에 올 때 '갑자야반삭단동지'라고 하였는데, 이렇게 시초라고 하는 매우 특별하고 상징성이 매우 큰 갑자야반삭단동지의 시점을 역원의 기준점으로 삼은 것이다.

　동중서의 삼통론에 영향을 받은 유흠은 삼통설에 형이상학적 의미를 부여하면서, 오행설을 바탕으로 여러 현상들을 해석하고 그 결과를 역법에 도입하였다. 이를 근거 삼아 그는 삼통력에서 삼통이란 천문학적 시간 체계를 구성하는 세 가지 중요한 기준점을 의미하며, 각각 야반(夜半), 삭단(朔旦), 그리고 동지(冬至)를 지칭한다고 하였다.

상원태초 4,617세

　이제부터 본격적으로 태초력에서 역원이 설정되는 과정과, 그에 관련된 배경과 내용들에 대해 집중적으로 검토해 보기로 하겠다. 다시 한번 더 한서의 율력지에 나오는 다음 내용을 인용하기로 하겠다.

　"이에 이전 역(曆)의 상원태초(上元泰初) 4,617세(歲)에서 원봉(元封) 7년에 이르기까지 '알봉 섭제격(閼逢 攝提格)'의 세(歲)를 다시 얻었다."(乃以前曆上元泰初四千六百一十七歲 至於元封七年 復得閼逢攝提格之歲)

　앞에서 언급했듯이 위 문장에서 알봉 섭제격이란 고갑자로 표현된 세명(歲名)에 해당한다. 고갑자(古甲子)란 세명, 즉 햇수를 표현하는 기년법에 국한하여 쓰였던 방법으로, 간지 기년법이 햇수를 표현하는 기년법으로 사용되기 이전에 유일하게 사용되었던 방법이다.

　고갑자에 대해서는 다음에 자세히 설명하기로 하겠지만 '고갑자'라고 하였으므로 고갑자 체계가 간지 체계보다 더 오래된 것이라고 생각할 수도 있지만, 실제로는 간지 체계가 상나라의 갑골 복사에서도 발견될 정도로 고갑자보다 더 오랜 역사를 가지고 있다. 그럼에도 불구하고, 원래 간지는 날(日)을 표시하는 기일법에만 한정적으로 사용되었으며, 해를 표시하는 기년(紀年)법에서는 오래전부터 고갑자만이 유일하게 사용되고 있었다.

고갑자에서 알봉은 천간(天干)의 갑(甲)에 해당하고, 섭제격은 지지(地支)의 인(寅)에 해당하므로 알봉 섭제격이란 간지로 바꾸면 갑인(甲寅)과 같은 말이 된다. 그러므로 위 내용은 '태초력에서 상원태초 4617년과 마찬가지로 원봉 7년(기원전 104)이 갑인년(甲寅年)'이라는 뜻이 된다. 원봉 7년은 태초 원년에 해당한다.

여기에서 상원태초(上元泰初)란 태초력에서 역원으로 삼은 시점을 말하는데, 상원태초는 태초원년으로부터 4,617년 전에 해당한다. 이제 한서의 율력지에 기술되어 있는 삼통력에 대한 유흠의 설명을 토대로 삼아 태초력에서 상원태초 4,617세(歲)란 무엇이고, 그 햇수가 어떻게 결정이 되고, 어떤 의미가 포함되어 있는지 살펴보기로 하겠다.

상원태초에 들어가기에 앞서 삼통과 관련하여 당시 역법상에서 적용되고 있는 시간 단위들의 값과 그 값이 산출되는 과정, 그리고 그 근거들에 대해 먼저 이해가 필요하므로, 그 내용에 대해 먼저 살펴보기로 하겠다. 내용 중에는 현 시대의 우리의 논리와 상식으로 이해하고 받아들이기 쉽지 않은 부분들도 포함되어 있으므로, 그런 부분들은 깊게 생각하려 하지 말고 가볍게 읽고 넘어가 주기 바란다.

태초력과 삼통력은 하루를 81등분으로 구분하였으므로 팔십일분율력(八十一分律曆)이라고 불리기도 한다. 81이란 수는 9×9로부터 나온 숫자로서, 한서의 율력지에서는 이 81이란 수를 '일법(日法)'이라고 부른다. 중국 문화에서 홀수는 양을, 짝수는 음을 상징한다. 그중 한 자리 숫자의 홀수 중에서 가장 큰 9는 가장 강한 양의 숫자에 해당하여 '최고'의 의미를 가지고 있으며, 신성한 숫자로 여겨졌다. 그래서 구천(九天)이란 가장 높은 하늘을 의미하며, 황제는 1년에 9번 제사를 지냈고, 황제의 궁인 자금성은 9개의 문과 9,999개의 방으로 지어졌다고 한다. 이러한 신성한 숫자 9로부터 9×9에 해당하는 81이라는 숫자가 비롯된 것으로 보인다.

이 뿐만 아니라 태초력과 삼통력에서 적용된 상수들을 보면 천문 현상의 실측에 의한 수치들도 포함되어 있었지만, 그러한 실측된 수치들조차도 역(易)과 관련된 수치들로 대체되어 설명되는 경우들이 적지 않았다. 모두 역법(曆法)의 술수(術數)적인 측면을 보여 주는 한 단면이라 할 수 있다. 술수란 길흉을 점치는 방법이나 기술을 뜻하는 전문 용어에 해당한다. 따라서 여기에서 언급하는 '역(易)'은 역법(曆法)에서 사용되는 '역(曆)'과는 다른 의미를 가지고 있다. 고대 중국에서는 하늘이 인간의 길흉화복을 주재한다고 믿었으므로 이러한 신념 하에 하늘의 뜻을 묻는 다양한 방법이나 기술이 나타났는데, 이러한 방법이나 기술을 '역(易)'이라 하였다. 이는 점술의 범주에 포함되며 중대한 사안을 결정 할 때 주로 사용되었다.

삭망월 1달의 날 수는 29와 43/81일로 규정하였는데, 날 수를 도출하는 과정 역시 술수적 논리에 바탕을 두고 다음과 같이 매우 복잡하게 설명하고 있다. 먼저 한나라 이후 주역에서 말하는 대연지수(大衍之數) 50에서 도(道)에 해당하는 1을 뺀 49를 바탕으로 춘추(春秋)에 해당하는 수인 2, 삼통에 해당하는 수인 3, 사시(四時)에 해당하는 수인 4를 곱하고, 거기에 윤법(閏法)의 수인 19와 도(道)인 1을 더하고, 그 값 전체를 다시 2로 곱한다. 그러면 2,392가 나오는데, 이 값을 일법(日法) 81로 나누면 29와 43/81일이 된다. 그 값이 29.53086일로서 현대에 측정한 삭망월 일수인 29.530588일과 거의 같다고 할 수 있다.

$\{(50-1) \times 2 \times 3 \times 4 + 19 + 1\} \times 2 = 2,392$

$2,392/81 = 29 \ 43/81$

2,392라는 숫자와 29와 43/81일이라는 삭망월 1달의 날 수가 어떤 근거를 바탕으로 산출되었는지 독자들께서 궁금하게 여길 것 같아서 일단 그 도출 과정을 인용하기는 하였지만, 여기에 사용된 수치와 공식들이 우리들이 상식적으로 이해할 수 있는 합리적인 근거와 논리를 바탕으로 적용되었다고 여겨지지 않는다. 아마 실제 관측한 삭망월 일수를 바탕으로 역(易)과 관련된 수치들을 적절하게 조합하여 만든 것으로 여겨진다. 따라서, 계산식과 관련된 위 내용에 대해서는 술수(術數)적인 측면을 부각시키기 위해서 의도적으로 역과 관련된 숫자를 적용한 것

이라는 것을 감안하여 그 결과값만 기억하고 나머지 계산 과정에 대해서는 가볍게 지나쳐도 무방할 것이다.

아울러 이 당시의 사람들은 이미 오랜 관측과 전통을 바탕으로 태양년과 태음년이 정확히 19년을 주기로 똑같은 시점에서 다시 반복된다는 것을 알고 있었다. 따라서, 이러한 지식을 바탕으로 그들은 년(年)과 월(月)이 만나는 회합 주기가 19년이라는 원리도 이해하고 있었다. 이를 근거로 태초력과 삼통력에서 1년의 날 수 계산을 할 때에는 이 19년에 81을 곱한 값 1,539를 분모로 사용하였으며, 1년을 365와 385/1,539(= 365.25016)일로 계산하였다. 이에 따르면 19년의 날 수는 19×(365 385/1,539)일이 되므로, 6,935와 385/81일이 된다.

19년 날 수 = 19×(365 385/81×19)일
= (19×365)일+(19×385/81×19)일
= 6,935일+(19×385/81×19)일
= 6,935 385/81일.

이와 같은 과정을 통하여, 1삭망월의 날 수와 1년의 날 수 뿐만 아니라, 날과 삭망월과 1년 사이의 상호 관계도 명확하게 정리되었다. 이 수치들을 토대로 하여 갑자야반삭단동지의 주기, 즉 삼통이 동시에 시작하고 반복되는 주기를 다음과 같은 단계를 거쳐 구할 수 있게 되었다.

1 단계 : 삭단동지(朔旦冬至)의 주기 : 1장(章), 19년
태음태양력에서 19년의 기간 동안에는 19년 간에 해당하는 228개월의 삭망월에 7번의 윤달이 추가되기 때문에, 19년의 달 수는 정확하게 총 235삭망월로 구성되어 있다는 것을 우리는 알고 있다. 그러므로 한 달의 시작인 삭단과 한 해의 시작인 동지가 정확히 똑같은 시점에서 시작되었다면, 19년이 지나면 다시 한 달의 시작인 삭단과 한 해의 시작인 동지가 일치하는 삭단 동지는 정확히 같은 날 시작된다. 따라서 19년은 삭단동지가 반복되는 주기에 해당하는데, 이를 1장(章)

이라고 부른다.

이처럼 년(年)과 월(月)이 시작되고 다시 만나는 회합 주기가 19년이라고 하였는데, 이 19라는 숫자의 기원에 대해 한서 율력지에서는 "하늘과 땅의 종수(終數, 끝나는 수)를 합해서 윤법(閏法)을 얻는다."라고 설명하고 있다. 여기에서, 하늘의 '종수'는 1부터 10까지의 가장 큰 홀수인 9를 의미하며 땅의 '종수'는 가장 큰 짝수인 10을 의미하므로, 이 두 수를 합하면 19가 된다고 한 것이다. 이를 근거로 삼통력에서는 하늘과 땅의 종수의 합으로부터 이 19년 주기가 나온 것이라고 설명하고 있다.

그러나 이 수치는 삼통력이 처음 나타나기 이전의 춘추 시대부터 이미 사용되었던 것으로 알려져 있으므로, 19년마다 윤달 7달을 추가시키는 '19년 7윤년법'이 태초력에서 처음 만들어진 규칙이 아니고 한나라 이전 시기부터 계속 사용되어 왔던 방법이라는 것을 알 수 있다. 그럼에도 불구하고 태초력의 제정 과정에서 적용되었던 '19년 7윤년법'을 삼통력에서도 똑같이 반영하는 과정에서 술수(術數)적인 역(易)의 개념까지 이 수치에 덧씌운 것으로 여겨진다.

2 단계 : 야반삭단동지(夜半朔旦冬至)의 주기 : 1통(統), 1,539년

삭단 동지 뿐만 아니라 하루가 시작되는 시점, 즉 야반이 되는 시점까지 똑같이 맞추기 위해서는 날 수 자체도 정수가 되어야 한다. 왜냐하면 주기가 하루 단위의 정수로 이루어지지 않을 경우에는 다음 주기에서 하루가 시작되는 시점이 처음과 똑같이 야반에 해당하지 않고 하루 중의 다른 시점으로 변경되기 때문이다. 따라서 19년의 날 수 16,935일 385/81일과 삭망월의 날 수인 29일 43/81일의 분모 부분을 없애 정수를 만들어야 하므로 81을 곱해 주어야 한다. 그러기 위해서는 1장(章) 19년에 다시 81을 곱해야 하는데, 그 값이 1,539년이 된다. 이 81장, 1,539년은 삭단 동지가 같은 날 자정, 즉 야반에 오는 야반삭단동지의 주기로서, 이를 1통(統)이라고 하였다.

3 단계 : 갑자야반삭단동지(甲子夜半朔旦冬至)의 주기 : 1원(元), 4,617년

어느 날이 갑자일로부터 시작되었다면, 다음에 오는 날이 똑같이 갑자일이 되기 위해서는 처음 갑자일로부터 경과한 날 수가 60의 배수가 되어야 한다. 그런데 1통(統), 즉 1,539년에 해당하는 날 수는 562,120일로서, 이 숫자는 60으로 나누었을 때 정수로 떨어지지 않는다. 그러므로, 야반삭단동지가 갑자일로부터 시작되었다면 1통이 지나고 새로운 1통이 시작되는 날은 갑자일이 될 수 없다.

하지만 1통이 세 번 반복되는 3통, 4,617년의 날 수는 1,686,360일로서 30으로 나누었을 때 정확히 정수로 나누어 떨어진다. 따라서 야반삭단동지가 갑자일로부터 시작하였다면 4,617년, 즉 1,686,360일의 3통이 경과하게 되면 또다시 야반삭단동지가 갑자일로부터 시작될 것이다. 이와 같이 갑자야반삭단동지는 3통(1,539년×3), 4,617년을 주기로 하여 반복하게 되는데, 이 3통을 1원(元)이라고 하였다.

마침내 우리는 『한서』의 「율력지」에서 언급된 '상원태초 4,617세'가 갑자야반삭단동지가 반복되는 주기인 4,617년을 의미한다는 것을 알게 되었고, 그 주기인 '1원'이 도출되는 과정과 그 의미까지 명확하게 파악하였다. 그리고 그 내용을 바탕으로 태초력이 시행된 기원전 104년 원봉 7년으로부터 4,617년 한 주기 전에 해당하는 시점이 태초력의 역원인 상원태초에 해당한다는 근거를 분명하게 확인할 수 있게 되었다.

그런데 앞에서 언급한 한서 율력지에서는 '상원태초 4617년과 마찬가지로 원봉 7년(기원전 104)이 갑인년(甲寅年)'이라고 하였다. 하지만 태초력에서 상원태초로 설정한 4617년의 햇수는 육십갑자의 순환주기인 60배수에 해당하지 않으므로 상원태초가 갑인년(甲寅年)이라고 하면, 기원전 104년은 갑인년이 될 수 없게 된다.

그런 까닭에 알봉 섭제격의 세를 '다시' 얻었다는 내용은 많은 논란을 일으켰다. 그에 대해 장배유(張培瑜) 등은 《중국고대역법(中國古代曆法)》이라는 저서에서 '태초력으로 개력할 당시 총 7차에 걸친 조서가 있었는데, 그중에서 처음 내린 조서에서는 기존 은력에서 사용하던 갑인년을 세명으로 삼았지만, 나중에 삼통력에서 역법을 보완해 가는 과정에서 천문 관측 결과를 반영하여 최종적으로 세명을 병자년으로 변경하였을 것'이라고 추정하였다.

실제로 태초력 제정 당시 적용되었던 세성(歲星)의 운행을 반영한 세성 기년법 상에서 기원전 104년은 정축년에 해당하였으며, 갑인년이 될 수가 없었다. 그럼에도 불구하고 태초 원년을 갑인년이라고 하였던 이유는 천문 현상들을 고려하지 않고 시초(始初)라는 하나의 상징적인 의미에만 집착하여 오행 중 목(木)에 해당하는 갑과 인을 역원의 시점으로 고집한 까닭에 발생한 것으로, 실제 천문 현상에 근거한 역법을 중시하는 학자들은 갑인년이라는 세명에 동의하지 않고 반발하였으므로, 결국 시간이 흐르고 난 뒤에 마침내 유흠(劉歆)에 의해 수정이 이루어지게 된 것이다.

세성 기년법과 태세 기년법

여기에서 다음에 설명할 내용의 이해를 돕기 위해 잠시 세성기년법과 초진 현상, 그리고 태세 기년법에 대해서 조금 더 추가적인 설명을 한 다음 본 내용을 이어 가기로 하겠다.

태양은 1년 동안 천구의 적도 상에서 시계 반대 방향으로 연주 운동을 하는데, 태양이 연주 운동을 하는 천구의 적도를 균등하게 12개의 구역으로 나누어 '12차(次)'라고 하였고, 각각의 차에 성기, 현효, 추자와 같은 이름을 부여하였다.

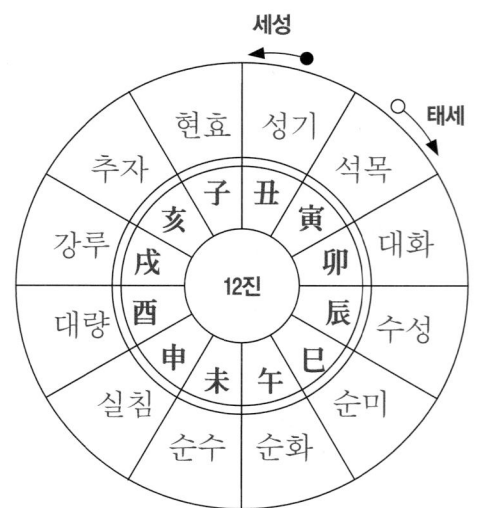

춘추시대(기원전 771~473) 이래, 오행성 중 목성이 12년을 주기로 하늘을 한 바퀴 돌아 원래의 위치로 돌아온다는 사실이 관측되었다. 따라서, 목성은 황도 상의 12차를 반

시계 방향으로 운행하며 해마다 1차씩 하나의 성차에서 다음의 성차로 이동하게 된다고 생각하였다. 이러한 천문학적 사실에 기초하여, 목성이 해마다 머무는 위치를 기반으로 연도(해)를 기록하는 방법이 고안되었다. 즉, 각각의 차(次)가 1년에 해당하였을 뿐만 아니라 12년을 주기로 반복되었으므로, 목성이 머무는 성차의 이름에 따라 그 해의 이름을 정하는 기년법이 탄생하게 된 것이다.

이에 따라 목성이 어느 해에 12차 중의 한 구역인 성기의 위치에 머물러 있으면, 그 해는 '목성이 성기의 자리에 있는 해'라고 하여 '성기차'라고 표기하였고, 그 다음 해는 목성이 현효의 위치에 있기 때문에 '목성이 현효의 자리에 있는 해'라고 하여 '현효차'라고 그 해를 기록하였다. 그런 까닭에 목성은 해(연도)를 나타내는 별이라 하여 '세성'이라고 불렸으며, 세성의 위치를 기반으로 만들어진 이와 같은 기년법을 '세성 기년법'이라고 명명하였다. 그리고, 한 해 한 해의 연도를 세(歲)라고 칭하였다.

이 세성 기년법으로부터 태세 기년법이 파생하게 되었다. 고대 중국인들에게는 12차라는 개념이 생기기 이전에 이미 12진이라는 개념이 있었다. 태양과 달이 천구상에서 1년에 12번 서로 만나서 합삭을 이루는데, 천구의 황도 또는 적도 상에서 합삭을 이루는 이 12구역을 12진(辰)이라고 하였고, 12진에는 각각 12지의 명칭을 순서대로 부여하였다. 그런데 이 12진의 배열 방향과 순서는 시계 방향으로 진행되었다. 이와는 달리 앞에서 언급하였던 세성은 시계 반대 방향으로 운행하였으므로, 세성의 운행을 근거로 고안된 세성 기년법에서의 세차의 순서는 시계 반대 방향으로 진행되었다.

따라서 12진과 세성 기년법에서의 세차는 천구의 적도를 똑같이 12등분으로 구분한 체계였지만, 서로 반대 방향으로 진행되었으므로 두 체계를 연관지을 수가 없었다. 이로 인해 점성가들은 두 체계를 서로 연관지을 수 있는 새로운 방법을 고안하였다. 세성과 대칭을 이루면서 시계 방향으로 운행하는 '가상의 서성'이라는 상상 속의 별을 별도로 설정한 다음, 이를 '태세'라고 칭한 것이다. 그리고 대칭의 경계를 성기와 석목 사이로 정하였다. 그 결과 태세의 경로는 서성과는 반대 방향으로 진행되었으므로, 12진과 같은 시계 방향으로 운행하게 되었고 12진의 방향과 조화를 이룰 수 있게 되었다. 이렇게 가상의 세성인 태세를 기준으로 햇수를 표기하는 방법을 '태세기년법'이라고 한다. 따라서 세성의 위치는 간접적이긴 하였지만 태세 기년법 체계에서도 핵심적인 역할을 담당하였다.

예를 들어 어느 해에 세성이 성기의 위치에 있다고 가정해 보자. 이때 태세는 성기의 대칭에 해당하는 석목에 있게 된다. 그러므로 그 해를 '태세가 석목의 자리에 있게 되므로, 12진 상에서는 '인의 자리'에 있는 해'에 해당하게 되어 '태세가 인의 자리에 있는 해'가 되었다. 그 다음 해에는 세성이 현효의 위치에 있게 되는데, 이때 태세는 현효와 대칭이 되는 위치인 대화에 있게 되므로 12진 상에서는 태세가 묘의 자리에 해당하여 '태세가 묘의 자리에 있는 해'가 되었다.

이처럼, 태세기년법에서 12태세는 12지와 마찬가지로 시계 방향으로 운행하면서, 12지와 짝을 이룰 수 있게 되었다. 그런데 당시 태세기년법에서 사용되었던 기년법 체계는 간지 체계가 사용되기 이전이었으므로 고갑자 체계였다. 한서의 율력지에 나오는 알봉 섭제격이 바로 고갑자로 표기한 세명으로, 고갑자에서 알봉은 천간(天干)의 갑(甲)에 해당하고 섭제격은 지지(地支)의 인(寅)에 해당하므로, 알봉 섭제격이란 간지로 전환하면 갑인(甲寅)을 말하는 것이며, 태세가 인의 자리에 있다는 의미를 갖는다.

그런데, 세월이 오래 흐르면서 세성이 12년 주기로 역법 상의 위치로 정확히 돌아오지 않는다는 사실이 밝혀졌다. 세성의 주기가 12태양년에 매우 근접한 수치이긴 하였지만 정확히 12년이 아니었기 때문이었다. 오늘날에 확인된 목성의 공전 주기는 11.86년으로 12년보다 약간 짧다.

따라서 세성의 위치에 의해서 결정되는 세성 기년법은 해가 흐를수록 실제 천문 현상과 차이가 점차 더 벌어졌으므로 점차 기년법으로서의 의미를 잃어 가게 되었다. 그렇지만, 세성 기년법과 달리 태세 기년법은 세성 기년법으로부터 유래된 기년법이었음에도 불구하고, 세성의 위치를 근거로 명칭을 정하였던 관계를 청산하고 단지 세성의 명칭과 연관된 형식만을 그대로 유지한 채 기년법 체계로 계속 사용되기에 이르렀다.

결국, 이와 같이 꾸준히 이어진 오랜 관측을 통해 판명된 실제 목성의 운행 양상으로 인해서, 그동안 12차로 햇수를 표기했던 태세기년법은 세성의 실제 운행과 완전히 결별하게 되었다. 따라서 이때부터 태세기년법은 세성의 운행과 연관성이 끊어진 상태가 되었으므로, 개정된 삼통력에서는 세성을 기반으로 만들어진 고갑자를 태세명으로 사용하지 않고, 대신 60간지를 적용하여 햇수를 표기하기 시작하였다.

초진법과 태극상원(太極上元)

그런 가운데 세성기년법이 폐기될 운명에 처하자 유흠은 세성을 기준으로 하는 세성기년법에 대한 미련을 버리지 못하고 세성의 실제 위치가 역법과 차이가 나는 부분에 대한 연구를 시작하였는데, 세성의 공전 주기가 12년보다 조금 짧아서 해가 갈수록 세성이 조금씩 더 빨리 이동하기 때문에 역법 상의 주기와 차이를 보인다는 사실을 알아내게 되었으며, 이와 같은 현상을 초진(超辰)이라고 하였다.

그리고 주역에 나오는 상수(象數) 이론을 바탕으로 차이가 나는 부분에 대해 계산한 결과 144년이 지나면 세성이 1차를 더 이동하게 된다는 결론을 얻게 되었다. 그 결과 12번의 초진이 이르어지게 되는 1,728년(= 144년×12)이 되면 세성의 초진이 360도 한 바퀴를 완전히 돌아 다시 역법 상의 처음 위치와 똑같은 자리로 돌아오게 되므로, 세성의 위치와 역법상의 햇수가 조화를 이루는 주기를 다시 회복한다고 보았다.

이를 바탕으로 유흠은 초진 현상을 보완하기 위한 초진법을 고안하여 세성의 초진까지도 고려한 회합 주기를 창안하였는데, 1원이 31번 반복되는 31원의 주기로서 31×4,617이므로 143,127세에 해당하는 주기였다. 이를 근거로 하여, 유흠은 기원전 104년으로부터 143,127년 전에 해당하는 해를 태극상원(太極上元)이라고 이름 붙였다. 그리고 태극상원을 기준점으로 삼고, 세성의 초진까지 고려하게 되면, 태극상원이 갑자일이면 기원전 104년도 갑자일이 된다고 주장하였다. 즉 갑자야반삭단동지의 삼통과 세성의 초진까지 고려한 회합 주기를 유흠이 새롭게 고안한 것이다.

한서의 율력지 하에는 143,127세를 구하는 방법과 태극상원이 태초원년과 어떻게 회합 주기가 성립되는지 설명한 내용이 자세히 기록되어 있지만, 그 부분에 대한 설명은 생략하도록 하겠다. 사실 이와 같은 계산 결과 역시 천문 관측을 통한 과학적인 방법이 아니었으므로 장차 문제의 소지를 내포하고 있었다.

한때 세성이 정확하게 12년 주기가 아니라는 사실이 밝혀지고 세성기년법이 태세기년법으로 전환된 이후로 세성(歲星)은 기년법으로부터 완전히 멀어진 듯 했으나, 유흠이 삼통력을 제정하고 초진까지 고려한 주기를 만든 이후부터 세성의 주기는 다시 세성을 근거로 하는 기년법과 연관성을 이어갈 수 있게 되었다. 따라서, 태세 기년법에서의 세명도 태세의 위치를 근거로 하여 간지 체계를 적용하여 다시 부여될 수 있게 되었다.

이러한 삼통력 제정 당시에 재정립된 천문 현상에 대한 해석을 바탕으로, 그동안 천상과 어긋난다는 항의가 빗발쳤던 태초 원년의 세명에 대한 변경도 고려되었다. 마침내 태초력이 제정될 당시의 초기의 특수한 상황들로 인해서 태초력 상에서 나타났던 역법 상의 혼란을 해소하고 역법의 핵심적인 원칙을 훼손시키지 않기 위해서 최종적으로 태초력의 초기 내용에 대한 수정 작업이 이루어지기에 이른 것이다.

원래 동지는 중국 역법 체계에서 가장 중요한 시점으로 해의 끝과 새로운 해의 시작을 구분하는 기준점이었으며, 특히 기원전 104년, 원봉 7년의 11월 첫째날인 동지삭단은 태초력 역법의 시작점으로써 핵심적인 위치에 있었다.

이와 같은 원칙을 존중하여 삼통력에서는 기원전 104년, 태초 원년은 11월 동지삭단의 시점으로부터 시작되며, 기원전 104년 태초원년에 태세(太歲)가 자(子)에 해당하는 위치에 있었다는 기존 천문 관측 내용을 근거로 하여 태초 원년의 세명을 갑자년에서 병자(丙子)년으로 변경하기로 결정하였으며, 그 해는 12월까지 2개월로 이루어지는 예외적인 해로 조정되었다. 또한 삼통력에서는 기원전 104년 태초원년을 병자(丙子)년으로 삼는 개정과 더불어 초진법을 적용하면서 고갑자 대신 간지(干支)로 해를 기록하는 원칙이 세워지게 되었다.

세성 기년법과 초진법의 폐기

유흠이 1차의 초진이 144년마다 일어난다는 추산을 바탕으로 하여 이를 적용한 초진법을 만들기는 하였지만, 현대 천문학에서 밝혀진 목성의 공전 주기가 11.8622년이라는 사실을 고려하면 실제 초진 현상은 86년 정도 지나면 일어나게 된다. 그러므로 세성의 초진 현상까지 반영하여 만든 유흠의 초진법은 태생적으로 이미 정확할 수 없었기 때문에 계속 사용될 수 있는 법이 아니었다. 결국, 태초력이 제정되고 188년이 흐른 서기 85년 후한(後漢) 장제(章帝) 원화(元和) 2년에, 사분력(四分曆)으로 개력(改曆)이 이루어지면서 더 이상 세성의 초진을 고려하지 않게 되었을 뿐만 아니라, 초진법과 더불어 태세 기년법까지 함께 폐기되면서 역사의 전면에서 사라지고 말았다.

사분력

사분력에서는 한 해의 길이를 측정하는 방법으로 해의 그림자 길이를 측정하는 수직 막대인 표(表)라고 불리는 도구를 이용하였다. 수직 막대 도구를 이용해서 그림자의 길이를 측정하여 1년 날 수를 계산하였는데, 일 년 중의 정오 중에서 해가 가장 낮은 위치에서 뜨는 동짓날 정오의 그림자의 길이를 측정하는 방법을 활용하였다. 그 방법을 통해 동짓날 정오의 그림자의 길이가 정확하게 같아지는 주기가 태양이 4번 돌고 제자리로 돌아오는 1,461일이라는 것을 확인 할 수 있었다. 그러므로 1,461을 4로 나눈 365와 1/4일을 1년으로 정하였으며, 역의 이름도 사분력이라고 한 것이다.

사실 삼통력 이전의 고대의 역법들인 고육력들도 모두 이러한 사분력이었는데, 태초력과 삼통력에서 81분력으로 바뀌었다가 다시 사분력으로 돌아온 것이었으므로, 후한 시대의 사분력을 후한 사분력이라고 부른다.

태초력과 삼통력이 제정 당시에는 당시의 천체 운동을 잘 반영하였지만 시간이 흐를수록 문제가 나타나기 시작하였다. 후한서의 율력지 중(律曆志 中)에는 "하늘의 운행이 역법의 시간보다 먼저 지나가 버려, 역법이 하늘에 점점 뒤처진다. 이와 같은 후천 현상을 조정하기 위해서는 역법의 시작점을 앞으로 이동시켜야 하므로 새로운 역원을 바탕으로 하는 역법을 만들어야 한다."는 내용이 나온다. 결국 이 문제를 해결하기 위해 사분력으로 개력이 이루어지면서 역원도 앞으로 조금 이동하게 되었다.

유흠이 삼통력을 만들 당시에도 동짓날 해의 위치를 28수의 '견우 전 4도 5분 전후'로 관측하여, 태초력 역법에 반영하였던 견우초(牽牛初)의 위치와 다르다는 사실을 알고 있었다. 그럼에도 불구하고, 그 원인을 알지 못하여 그냥 넘어갔는데, 사분력에서는 그 원인까지는 알아내지는 못하였지만 실측을 통한 관측 내용을 신뢰하였으므로, 그 결과를 역법에 확실하게 적용하여 그 위치를 '두(斗) 21.25도로 수정하여 바로잡았다. 그런데, 이처럼 동짓날 해의 위치가 고정되어 있지 않고 조금씩 서쪽으로 이동하는 현상이 세차 현상에 의한 것이라는 것은 서기 330년에 이르러서 동진의 우희에 의해 밝혀졌다.

사분력으로 개력이 이루어지는 과정에서는 동지점이 이동하면서 역법에 따른 날짜가 천문 현상에 비해 3/4일 뒤처지는 후천 현상도 함께 교정해야 했으므로, 역원의 시점을 새롭게 다시 설정해야 했다. 이처럼 원래 사분력의 개정은 기존의 태초력과 삼통력의 문제점을 해결하기 위한 노력이었으며, 그 과정에서 그동안 습득한 천체 운행에 관한 더 많은 지식들을 총동원한 결과물이었다.

그럼에도 불구하고, 실제 사분력 개력 과정에는 당시 유행하던 참위(讖緯) 사상의 영향력이 크게 반영되었다. 이 점을 지적한 후한서 율력지에서는 "사분력은 본래 도참(圖讖)에서 비롯되었다"라고 지적하였다.

사분력과 정축년

삼통력 당시 기원전 104년 태초 원년의 세명이 갑인년에서 병자(丙子)년으로 바뀐 뒤, 사분력에 이르러 마침내 정축(丁丑)년으로 천문 현상에 일치하는 세명을 회복하게 된다. 이와 관련된 내용이 중국의 저명한 천문학자인 장배유(張培瑜) 등이 저술한 『중국고대역법(中國古代曆法)』에 나오는데, 그 관련 내용을 인용하던 다음과 같다.

"『한서』「율력지」에서 언급한 역원에 해당하는 11월의 삭단동지는 태초력과 삼통력에서는 실제로 태초원년의 전해인 원봉(元封) 6년의 11월로 취급되었다. 그런데 한나라에서 태초력 개정 전에는 전욱력을 사용하였으므로 태초력이 시작되는 11월의 삭단 동지까지는 10월이 한 해의 시작인 세수(歲首)였으며, 태초력 개력이 이루어진 이후부터 인월(寅月)이 세수가 되었다. 이로 인해 태초원년의 기준을 예전의 10월로 삼을지, 아니면 새로운 1월로 삼을지 미묘한 문제가 발생하였다. 여기에 추가로 동지가 든 11월까지 기준 문제에 개입되면서 10월, 11월, 1월이라는 세 개의 기준점이 생겨서 혼란이 가중되었다. 세수인 인월의 시점에서 바라보게 되면 태초력의 시작 기점으로 삼은 역원 동지는 원봉 7년에 해당하는 태초 원년(기원전 104)의 동지가 아니라, 바로 한 해 전인 원봉 6년(기원전 105)의 동지에 해당한다고 볼 수도 있었다. 이로 인해 태초 원년의 동지가 원봉 7년(기원전 104)의 동지 자월인지, 원봉 6년(기원전 105)의 동지 자월인지에 대한 논란이 빚어지게 되었다.

그런데 인월(寅月)을 기준으로 해가 바뀐다는 규정을 우선으로 내세운다면 인월 이전의 11월, 12월 두 달만을 병자(丙子)로 보고 이후 기원전 104년 1월부터는 정축(丁丑)이라고 볼 수 있었고, 다른 관점에서 보면 이전의 두 달과 뒤에 오는 기원전 104년 1년을 모두 합쳐 정축(丁丑)이라고 할 수도 있다. 이 두 가지 견해가 복잡하게 얽혀 있던 상황 속에서 결국 서기 85년 후한(後漢) 장제(章帝) 원화(元和) 2년에 사분력(四分曆)으로 개력이 이루어지는 과정에서 기원전 104년의 세명은 정축년으로 확정되었으며, 세성의 초진은 더 이상 고려되지 않게 되었다."

이와 같은 오랜 혼란 끝에, 후한 사분력에 이르러 최종적으로 기원전 104년, 태초 원년은 11월 동지 삭단의 시점으로부터 시작되며, 그 해는 다음해 12월까지 14개월로 이루어지는 예외적인 해로 설정되었으며, 그 해의 세명도 정축년으로 확정되었다. 이로 인해 태초 원년은 시작 달이 동지이며, 동지가 두 번 나타나는 특이한 해가 되었지만, 이후로는 인월을 정월로 하는 체계가 확립되었다. 이처럼 태초력이 삼통력을 거쳐 사분력으로 개정되는 과정에서 역원을 근본으로 하는 비교적 합리적으로 조화된 절충을 바탕으로 비로소 역법상의 원칙과 일관성을 확보할 수 있게 되었고, 오랜 세월 동안 그 체계가 변함없이 유지될 수 있었다.

닭이 먼저냐 달걀이 먼저냐 ?

태초 원년의 세명은 갑인년에서 삼통력의 병자년을 거쳐 사분력에서 최종적으로 정축년으로 확정되었다. 이러한 변경 과정에는 위에서 살펴본 바와 같이 역원 동지와 세수 인월과 관련하여 매우 복잡한 문제들이 얽혀 있었다는 것을 알 수 있다. 역법이 안정적으로 자리잡아 가는 과정에서 제기되었던 동지와 세수에 얽힌 복잡한 문제들을 중심으로 좀 더 자세하게 다시 한번 짚어 보기로 하겠다.

먼저 사마천이 새로운 역법인 태초력을 반포했던 시점의 배경과 그 당시의 상황으로부터 출발하기로 하자. 당시 사마천은 기원전 105년에 해당하는 원봉 6년 5월에 새로운 역법 제정을 시작하였다. 그리고 태초력을 완성한 다음 제정을 시작한 지 6개월 후인 11월 동지 시점을 태초력 원년으로 삼아 반포 시행하였다. 그 시점 이전까지 사용하였던 전욱력 상에서는 새해가 시작되는 세수가 10월이었으므로, 태초력이 반포되었던 그 동지 시점은 전욱력 상에서 원봉 7년의 첫 달인 10월이 지난 후에 오는 동지였으므로 원봉 7년의 동지에 해당하였으며, 새롭게 제

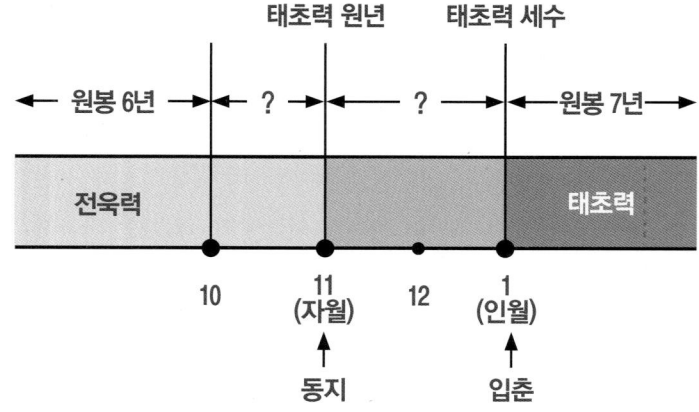

정된 태초력 상에서는 태초력 역법 자체가 시작되는 태초 원년의 시점이 되었다.

그런데, 예상치 않았던 문제가 발생하였는데, 태초력에서 인월을 세수로 삼은 것이 발단이 되었다. 세수란 글자 그대로 한 해의 시작점을 의미하므로, 태초력에서는 태초력의 세수에 해당하는 인월이 한 해의 기준 시점이 되므로, 태초력 상에서 역원 동지 이후에 오는 첫 번째 인월이 태초 원년인 원봉 7년, 기원전 104년의 시작 달에 해당하는 것이 된다. 태초력 상에서 첫 번째 인월이 태초 원년인 원봉 7년, 기원전 104년의 시작 달이라고 하게 되면, 태초력의 역원에 해당하는 동지 자월은 그림에서 보는 것처럼 태초 원년의 동지 자월이 아니라, 전해의 동지 자월에 속하게 되는 것으로 해석될 것이다. 이로 인해 태초력 역원의 동지가 원봉 7년(기원전 104)의 동지 자월인지, 원봉 6년(기원전 105)의 동지 자월인지에 대한 논란이 발생하게 되었던 것이다.

이제 이러한 배경을 염두에 두고 다시 한번 『한서』 「율력지상(漢書 律曆志上)」에 구체적으로 기술되어 있는 태초력의 역원과 관련된 다음 내용을 통해 그 당시 상황을 파악해 보기로 하자.

"한무제가 원봉 7년 5월에 조서를 내려 역법을 개정하라고 하였다. 태사령 사마천이 주관하여 등평, 낙하굉 등의 인물들이 새로운 역법을 만들기 시작하였다……. 등평이 태초력을 만들 때, 처음에는 은력에서 사용하던 갑인년을 시작으로 삼았다. 그러나 나중에 정축년으로 바꾸었다. 이때 정축년은 태초원년이다. 그 해의 11월 삭단은 동짓날이다. 그런데 태초력에서는 정월을 세수로 하고, 입춘을 일 년의 절기 시작의 기점으로 삼았다. 이렇게 되면 정축년의 11월 삭은 다음해의 정월의 삭이 된다. 따라서 태초력에서는 정축년의 11월 삭을 병자년의 1월의 삭으로 바꾸었다."

"武帝元封七年五月, 詔書改曆, 太史令司馬遷主之, 與鄧平,落下閎等作太初曆…….. 鄧平作太初曆, 初以殷曆甲寅年爲元, 後改爲丁丑年, 是爲太初元年.其年十一月朔旦冬至,而太初曆以正月爲歲首, 立春爲歲首節氣, 故丁丑年十一月朔旦冬至者, 即次年正月朔也.於是太初曆以丁丑年十一月朔旦冬至改爲丙子年正月朔旦冬至."

한서는 중국 후한 때 반고(班固)가 지은 역사책으로, 기원전 202년에서 서기 8

년까지의 전한의 역사를 기록한 책이다. 그런데 태초력이 제정되고 난 다음 역법의 개정은 삼통력에 이르러 비로소 이루어졌는데, 유흠이 태초력을 보강하여 삼통력을 제정한 시기는 서기 5년으로 알려져 있다. 따라서 이 한서의 율력지 내용에는 삼통력을 통한 개정 상황까지 반영되었을 것이므로, 위의 개력 내용은 삼통력에서 태초력이 개정된 상황에 대해 언급하고 있는 것으로 추정된다.

이제 위에 주어진 내용을 명확하게 이해하기 위해서 삼통력 개력 당시의 역법 개정에 적용되었던 원칙들을 포함하여 핵심적인 논점들까지 모두 고려하여 이 문장들을 다시 한번 하나씩 분석해 가면서 새롭게 내용을 정리해보려 한다.

한무제가 원봉 7년 5월에 조서를 내려 역법을 개정하라고 하였으므로, 태사령 사마천이 주관하여 등평, 낙하굉 등이 새로운 역법을 만들기 시작하였다. 등평이 태초력을 만들면서 처음에는 은력에서 사용하던 갑인년을 따라 역원으로 삼았지만, 삼통력에 이르러 천문학적 관측 결과를 기반으로 역원의 세명을 천문 현상에 합당한 정축년으로 변경하고자 하였다. 천문 관측을 반영하게 되면, 역원의 시점인 동지 삭단은 정축년의 정월의 삭, 즉 초하루가 된다.

그런데 태초력에서는 인월 정월을 세수로 하고, 입춘을 일 년의 절기 시작의 기점으로 삼았다고 하였다. 그렇게 되면, 정축년의 11월 삭단 동지가 정축년의 정월의 삭, 즉 초하루가 된다는 앞 내용과 태초력에서 인월 정월을 세수로 하고, 입춘을 일 년의 절기 시작의 기점으로 삼는다고 하는 다음 내용이 충돌할 수밖에 없는 상황이 발생할 수밖에 없게 된다.

결국 삼통력에서는 인월 세수라는 규정을 지키기 위해 어쩔 수 없이 역원 동지의 원칙이 손상됨에도 불구하고 정축년의 11월 삭단 동지를 정축년이 아닌 그 전해인 병자년의 정월의 삭단 동지로 바꾸게 되었다는 것이 위 문장의 내용이다.

역법을 제정할 때 가장 중요한 첫 번째 과정은 그 역법의 시작점에 해당하는 역원을 정하는 작업이며, 그 다음으로 그 역법에서 한 해의 시작점에 해당하는 세수를 정하는 과정이 이어지게 된다. 그런데 태초력을 제정하는 과정에서 역원과 세수를 다르게 설정함으로써 태초력의 시작점과 관련하여 심각한 모순에 빠지게 된 것이다.

그 결과로, 역원을 태초력의 시작 시점으로 삼게 되면 태초력이 원봉 7년의 삭단 동지로부터 출발하기 때문에 세수가 인월의 시점이 아니게 되며, 원봉 7년의 인월을 세수 정월로 삼게 되면 태초력의 역원이 태초력 상에서 배제되어 버리게 됨으로써, '역원의 근원은 동지로부터 시작된다'는 역법 근본 원칙이 무너지는 초유의 혼란스러운 사태가 발생하게 된 것이다. 이 문제는 어찌 보면 역원에 해당하는 동지 삭단이 닭이라면 세수는 달걀이 해당한다 할 수 있기 때문에, 닭이 먼저냐 달걀이 먼저냐의 논쟁으로 비유될 수 있을 것이다.

이로 인해, 삼통력으로 개정되는 과정에서 세명이 정축년으로 개정되는 상황이 고려되었음에도 불구하고, 인월 세수의 논리에 밀려 병자년으로 절충되는 결과로 개정이 마무리되어, 여전히 역원 동지가 제자리를 찾지 못하는 상황에 처하게 되었다. 그렇지만 어떠한 경우에도 역원으로부터 시작되지 않는 역법이란 결코 존재할 수 없을 것이다. 또한 역원은 세수처럼 임의로 정해지는 시점이 아니고, 동지, 삭단, 야반이라는 천문학적인 조건을 절대적으로 충족시켜야 하는 날이어야 한다. 또한, 이러한 절대적인 조건들에 모두 부합되는 역원의 시점이 지정되고 난 후에야 비로소 그 다음 달력 제정의 순서인 세수를 결정하는 과정이 이어질 수 있는 것이다. 그러므로 역원에 앞서 세수를 먼저 정할 수 없는 것처럼, 역법의 주춧돌에 해당하는 역원의 근거가 역원 이후에 적용되는 세수로 인해 영향을 받는 상황 역시 있을 수 없는 것이다.

태초력은 달력 제정 원칙을 바탕으로 원봉 7년(기원전 104)의 동지를 역원으로 설정하여 만들어진 역법이다. 그런데 태초력에서 인월 세수라는 규정이 역원의 원칙보다 우선적으로 적용되어 인월로부터 태초력이 시작되면, 역원이 태초력 원년의 위치를 유지하지 못하고 태초력 역법 자체에서 배제되어 버리는 결과가 나타나게 된다. 그렇게 되면, 태초력은 역원 없이 세수단이 존재하는 역법이 될 것이고, 태초력은 역법의 절대 원칙에 명백하게 위배되는 역법이 되고 말 것이다. 따라서 태초력이 역법의 기본적인 규칙과 원칙을 완벽하게 따르는 역법이 되려면 역원이 당연히 해당 역법 내에 절대적으로 포함되어야 할 뿐만 아니라, 역원의 시점이 세수의 규정과 관계없이 태초력의 최초 시작점이 되어야 한다는 논리에 이론의 여지가 있을 수 없는 것이다.

그럼에도 불구하고 삼통력 개정 당시에는 세수의 논리가 역원의 논리보다 우선 적용되어, 동지 역원이 정축년 전해인 병자년 동지로 조정됨으로써, 태초력에서 배제되어 버리는 결과를 초래하고 말았다.

그렇지만, 마침내 85년 후한 장제 원화 2년에 사분력으로 개력이 이루어지는 과정에서 원봉 7년의 동지 삭단은 역원으로서 태초 원년(기원전 104)이 시작되는 정월로 정리되었으며, 이 시점의 세명도 병자년이 아닌 정축년(丁丑年)으로 확정되었다. 이러한 역원과 관련된 논리는 후대의 역법 제정 과정에서도 절대 원칙으로 작용하여, 동지를 역원의 기준 시점으로 하는 역법 체계가 흔들림 없이 자리잡게 되었다.

정리하자면, 유흠이 태초력을 일부 보강하여 삼통력으로 개정하였을 때, 역원의 규정을 근거로 기원전 104년이 간지 기년법 상에서 정축년이라는 세명으로 파악되었음에도 불구하고, 위의 「율력지」상에 기술되어 있는 것처럼 세수의 규정에 밀려 병자년으로 절충되는 결과로 끝나게 되었지만, 서기 85년 후한 장제 원화 2년에 사분력으로 개력이 이루어지는 과정에서는 역원의 논리가 더 우선적으로 반영됨으로써, 역원인 원봉 7년의 동지 삭단이 태초 원년이 시작되는 정월이면서 세명도 정축년으로 최종 확정된 것이다.

'역법이란 역원으로부터 시작되는 것'이라는 절대적 원칙은 사분력에서 확실하게 자리잡게 되었지만, 다음에 이어서 설명되는 후천 현상을 교정하기 위해 역원을 수정하였다는 사실은 그 의미를 더욱 더 확실하게 하였다고 할 수 있다. 만약 역원 자체를 역법 상에서 절대적으로 가장 중심이 되는 핵심 요소로 생각하지 않고 부차적인 요소로 간주하였다면, 역원의 시점인 동지를 기준점으로 삼아 판단하였던 후천 현상 역시 큰 의미를 둘 필요가 없었을 것이고, 역원을 수정하는 작업 역시 필요하지 않았을 것이기 때문이다. 이와 같은 과정까지 모두 고려해 보았을 때 역법의 근원은 역원이라는 사실을 새삼 확인할 수 있을 것이다.

사분력 이후, 연도, 즉 세명을 표시하는 간지 순서는 이 시점의 정축년을 기준으로 현재까지 변함없이 계속 이어져 내려오고 있다.

후천 현상과 역원의 수정

이제 후천 현상과 관련된 내용을 살펴보기로 하자. 『한서』 「율력지 중(律曆志 中)」에는 삼통력을 시행한 지 100여 년이 흐르자 역법의 날짜가 실제 천체 운행에 비해 점점 늦어지는 후천(後天) 현상이 나타났다는 내용이 나온다. 즉 날짜로는 그믐날인데 삭(朔)이 나타나거나, 역법상의 날짜는 초하루인 삭(朔)인데 달이 보이는 경우가 생긴다는 것이다.

이와 같은 후천(後天) 현상을 교정하기 위해서는 역법을 수정해야 하는데, 그 과정에서 중요하게 고려해야 할 핵심은 1년과 1달의 주기에 영향을 주지 않아야 한다는 것이다. 그런데, 새롭게 가정한 사분력(四分曆)에서는 이 문제를 매우 간단하게 해결하였다. 역법의 기준점인 역원(曆元)의 시점만을 단순히 변경함으로써 갑자(甲子)일이 '삭(朔)'의 시점이 되도록 하여, 이 후천(後天) 현상을 해소시킨 것이다.

그렇다면, 후천 현상은 왜 발생하였던 것일까?

태초력에서는 동지에 태양의 위치가 견우(牽牛) 초도(初度)에 있다고 하였다. 한서에서도 태초원년인 기원전 104년 당시 태양의 위치가 견우초(牽牛初)에 있었다는 내용이 나온다. 28수(宿) 중 북방(北方)에 두수와 우수가 인접해 있는데, 견우(牽牛)는 우수의 대표 별자리에 해당하며, 견우초(牽牛初)는 두와 우 사이에서 견우가 시작되는 지점을 말한다. 그런데 이때 언급한 수치는 태초력 제정 당시에 실제 측정한 값이 아니었고, 오래전에 측정되었던 값을 그대로 사용한 것이었다.

현대 천문학에 의하면 원래 동지점은 지구의 세차 운동으로 인해 매년 조금씩 이동하게 되는 것인데, 당시 고대 중국인들의 천문 지식은 그 정도를 파악할 정도에까지는 미치지 못하였다. 그런데 오랜 세월이 흐르면서 동지점이 오래 전의 위치로부터 상당한 거리만큼 이동하였으므로, 삼통력을 제정할 당시 유흠이 실제 관측을 통해 파악한 동지점의 위치는 견우초(牽牛初)가 아니고 '견우전 4도 5분'이라고 하였다. 이 값은 대체로 정확한 측정치에 해당하였지만, 유흠은 이전부터 내려오는 수치와 차이가 나는 그 결과를 감히 받아들이지 못하였으므로 삼통력에 적용하지 못하였다.

후한에 들어서서 사분력으로 개력할 당시에 가규(賈逵)는 동짓날 태양이 두수 21도의 위치에 있다고 관측하였는데, 그 결과는 유흠이 측정했던 내용과 거의 일치하는 것이었다. 유흠과 달리 가규는 자신이 측정한 결과를 신뢰하였으므로, 고대의 결과와 차이가 나는 이유에 대해서는 알지 못했음에도 불구하고 사분력을 제정하는 과정에서 동지 시점의 태양의 위치를 자신이 실측한 '두 21.25도'로 바로잡았다.

세월이 더 흐른 뒤 서기 330년에 동진(東晉)의 우희(虞喜)가 동짓날 해의 위치가 조금씩 서쪽으로 이동하는 것이 세차 현상에 의한 것이라는 것을 밝혀 내었으며, 송(宋)나라 대명(大明) 6년(서기 462)에 조충지(祖沖之)가 제정한 대명력(大明曆)을 통해 우희의 주장이 반영되었다.

장법(章法 : 장부기원법)

후천 현상을 해소시키기 위해서 사분력에서는 기존에 설정된 역원을 새로운 시점으로 이동시켜야 한다고 하였으므로, 그 과정과 관련된 내용에 대해 살펴보는 시간을 갖도록 하겠다. 그런데, 그 과정을 이해하기 위해서는 우선적으로 장부 기원법에 대한 사전 지식이 필요하므로, 먼저 장부 기원법에 대한 설명을 마친 후에, 다음 과정들을 진행하도록 하겠다.

역원이란 새로운 역법이 만들어질 때 그 역법이 적용되기 시작하는 최초의 시점으로서, 역원의 시점은 특별한 조건을 충족해야 하는데, 그 조건이란 그 시점이 60간지의 갑자(甲子)일에 해당하는 날이어야 하며, 동지(冬至)이고, 야반(夜半)이며, 삭단(朔旦)이어야 한다고 하였다. 중국의 고대 역법에서는 역법마다 나름대로 원칙을 정하여 위의 조건을 충족하는 역원을 구하였는데, 사분력에서는 장법(章法), 또는 장부기원법이라고 부르는 방법을 적용하여 역원의 시점을 정하였다.

앞의 삼통력 관련 내용에서 이미 19년7윤법인 장법과, 동지와 삭단이 정확히 같은 날 반복되는 19년 주기인 장(章)에 대해 언급한 바 있다. 이 19년7윤법은 태초력과 삼통력 뿐만 아니라, 사분력에서도 똑같이 적용도기 때문에 1장(章) = 19년이라는 공식은 사분력에서도 유효하다. 그렇지만, 삼통력과 사분력은 81분력이지만 사분력은 4분력으로 슨수가 서로 같지 않게 되었으므로, 장(章) 다음의 역원 관련 주기 계산부터는 서로 차이가 발생하게 되었다. 이제 사분력에서 적용하고 있는 장부기원법에 대해 자세하게 설명을 이어 가도록 하겠다.

고대 중국에서 사용한 달력은 태음력으로, 달이 29.5일을 주기로 규칙적인 위상의 변화를 반복하였기 때문에, 일 년을 더 작은 단위의 시간으로 나누는 시간의 지표로 달의 삭망 주기를 사용하였다. 달의 삭망이 1년 동안 대략 12번 일어났으므로 12삭망월을 1년으로 정하였으며, 이렇게 정한 12삭망월의 총 날 수는 354일이 되었다.

따라서 12삭망월로 이루어진 1년의 총 날수는 354일로서 365일을 주기로 반복하는 태양년에 비해 짧았으므로, 해가 지날수록 달력의 날짜가 계절과 차이가 크게 벌어졌다. 실제 계절이 반복되는 현상과 관련된 1년은 달의 운행과는 전혀 연관이 없고 태양과 관련되어 있기 때문에 일어나는 현상이었다. 따라서 계절을 반영한 태음력을 만들기 위해서는 태양과 연관된 1년 계절력의 길이를 정확하게 파악하여 이를 태음력에 반영해 연동시켜야만 했다. 당시에 삭망월의 길이는 정확하게 측정하여 알고 있었으므로, 정확한 태양년의 길이를 측정해야만 하였다.

태양년의 길이를 정확하게 측정하는 방법 중 한 가지 방법이 한 해 중에서 낮의 길이가 가장 짧고 밤의 길이가 가장 긴 동짓날을 여러 해 동안 계속 측정하여 그 동짓날과 동짓날 사이의 기간을 계산하는 것이었다. 이렇게 측정한 동짓날에서 다음 해 동짓날까지의 기간을 세실이라고 하였는데, 세실은 오늘날의 평균 태양년을 의미하는 것이다. 대체로 측정된 값은 365일이었다. 당시 이미 알고 있었던 12삭망월을 기준으로 한 1태음년의 총 날 수 354일과는 11일 정도의 날 수 차이가 났다.

그런데 365일을 주기로 매년 돌아오는 동짓날에 태양이 가장 높이 떠오르는 남중 시간, 즉 정오의 해 그림자 길이를 측정하여 비교해 보았더니, 다음 해의 동짓날 정오의 해 그림자 길이가 전해의 길이와 정확하게 일치하지 않았다. 그 이유는 다음 해의 동짓날 정오는 전해의 동짓날 정오로부터 정확히 365일이 지난 시점이었지만, 실제 평균 태양년인 365 1/4일에 비해 약 1/4일, 즉 6시간 정도 모자라는 시점이었기 때문이었다. 그러므로 어느 해의 동짓날 정오로부터 365일이 지난 다음 해의 동짓날 정오까지는 정확히 평균 태양년 1년이라고 할 수 없었다.

그렇다면 정확하게 동지 정오의 해 그림자의 길이가 똑같아지는 시기는 언제인가? 옛사람들은 계속해서 매해마다 동짓날 정오의 해 그림자를 꾸준히 측정하였는데, 햇수로는 4년이며 날 수로는 1,461일이 될 때마다 동짓날의 해 그림자가 4년 전 동짓날의 해 그림자와 같아진다는 것을 알게 되었다. 다시 말해서 1,461일이 지날 때마다 동짓날이 정확한 시점에 반복된다는 것을 알게 된 것이다. 이를 바탕으로 정확한 1년의 길이를 365 1/4일(1,461/4 = 365 1/4)이라고 정하게 되었다.

이제 삭망월 12개월로 이루어진 1태음년의 길이가 계절이 반복되는 계절력, 즉 태양력의 1년의 길이와 11과 1/4일 정도 차이가 난다는 것을 알았으므로, 태양력과 태음력 체계가 동기화되어 조화를 이루는 주기를 고안하기로 하였다. 동지는 세수로서 한 해의 시작점에 해당하고, 삭단(朔旦)은 매 삭망월의 시작인 초하룻날을 일컫는다. 그렇다면 동지가 되는 날이 삭단이 되는 경우에 대해 생각해 보자. 만약 작년에 동지가 정확하게 삭단에 왔었다면, 1년 365일 1/4일이 지난 후인 금년에는 동지가 정확하게 작년과 똑같은 삭단 시점에 올 수가 없다. 1삭망월의 길이가 약 29.5일이고 1년이 365일 1/4일이라고 가정했을 때, 정확히 1년이 지난 시점은 12삭망월이 지나고 새로운 삭망월의 11과 1/4일째가 되는 날이 되기 때문이다.

장(章)

옛 사람들은 오랜 관측과 계산을 통해서 태양이 19주천을 하는 19번의 동지 기간에 해당하는 일수(日數)와 달이 235주천을 하는 235차례의 월삭(月朔:초하룻날), 즉 삭망월에 해당하는 일수가 같다는 것을 알게 되었다. 다시 말해서 동지와 삭단이 같은 날 오게 된 후에 정확히 19태양년이 지나게 되면 월삭(月朔)도 명확하게 235차례가 지나게 되므로, 동지와 삭단이 또다시 같은 날 오게 된다.

원래의 태음력에서 19년에 해당하는 삭망월은 228삭망월(19년×12삭망월 = 228)이었다. 따라서 동지와 삭단으로 시작된 해가 또다시 같은 날에 동지와 삭단으로 다시 시작되기 위해서는 19년 동안에 7달이 추가된 235삭망월이 되어야 했으므로 7달을 추가하게 되었는데, 이때 추가되는 삭망월들을 윤달이라고 하였다.

이렇게 해서 19년 동안에 7달의 윤달이 추가되는 19년7윤법이 만들어지게 되었으며, 이처럼 동지와 삭단이 계속해서 같은 날 반복되어 오게 되는 19년 주기를 장(章)이라고 하였다. 그리고, 이 19태양년을 장세(章歲)라고 하였고, 235삭망월을 장월(章月)이라고 하였으며, 19년7윤법을 장법이라고 하였다.

정리하자면 1장의 기간은 태양년 19년에 해당하며, 또한 235삭망월에 해당한다는 것을 의미한다. 사분력의 19년7윤법에서, 1세(歲), 즉 1년은 365일 1/4일이며, 19년에 7번의 윤달을 추가하였으므로 12와 7/19삭망월(= 235/19삭망월)이 되었고, 1삭망월은 29와 499/940일이 되었다.

그러므로 다음의 식들이 이루어진다.

1태양년의 삭망월 수 = 장월 수 / 장세 수
= 235삭망월 / 19태양년 = 12 7/19삭망월
1삭망월= 365 1/4일 / 12 7/19삭망월 = 29 499/940일
235삭망월 = 29 499/940일 × 235삭망월 = 6,939 3/4일

19년7윤법은 중국에서는 춘추 시대인 기원전 600년경에 확립되었으며, 서양에서는 기원전 5세기 경 그리스의 메톤에 의해 고안되었다고 한다. 19년7윤법의 장법은 태음력을 태양력에 동기화시켜 계절과 조화를 이룬 태음력을 탄생시켰다는데 의미가 크다.

동지란 태음력과 전혀 관계가 없고 태양력과 연관되어 있는 날이다. 동지가 19

차례 지난다는 말은 19년의 태양년이라는 말과 같은 것이다. 동지와 반대로 삭망월이란 태양과 전혀 연관이 없고, 달의 지구 공전으로 일어나는 현상이기 때문에 태음력과 관계가 있을 뿐이다. 전혀 연관이 없이 운행하는 것처럼 보이는 두 천체의 운행을 19년7윤법의 장법을 통해 동기화시킴으로써, 태음력을 계절과 조화를 이룰 수 있도록 만든 것이다. 이와 같이 태양력을 반영한 태음력을 태음태양력이라고 한다.

부(曆)

1장을 주기로 하여 동지가 비록 삭단에 오게 되었지만, 19년의 일수는 6,939 3/4(365 1/4×19 = 6,939 3/4)일로서 정수가 아니고, 정수 이하의 나머지가 있다. 그러므로 19년 후에 동지와 삭단은 비록 같은 날에 오기는 하지만, 19년 주기가 정수의 날이 아니기 때문에 시간적으로는 정확하게 같은 야반의 시점에 해당하지 않는다. 다시 말해서, 19년 전 동지 삭단이 야반에 왔었다면, 올해 동지 삭단도 같은 날이기는 하지만, 야반의 시점에 해당하지 않는다는 것이다.

그러므로 주기를 정수로 만들기 위해서는 19년 주기의 날 수에 4를 곱해 주어야 한다. 이에 따라 4장, 즉 76년, 940월로 이루어진 1부가 탄생하였다. 1부의 날 수는 27,759일로서 소수점 이하의 나머지가 없이 정수로 끝나게 되므로 동지가 어떤 날의 삭단 야반에 왔었다면, 정확히 1부, 4장, 940월, 27,759일 후인 76년 후는 똑같은 날인 동지 삭단의 똑같은 시간인 야반에 해당하게 된다.

기(紀)

1부의 주기 상에서 동지는 삭단 야반에 해당하지만, 그 날의 간지일의 일진까지는 같지 않았다. 간지까지도 같기 위해서는 1부의 일수가 60의 정수배가 되어야 하는데, 1부의 날 수가 60배수가 아니기 때문이다. 1부에 해당하는 27,759일은 3으로 나누어지는 수이므로 3의 배수에 해당한다. 그러므로 60배수가 되는 날이 되기 위해서는 추가로 20배수를 해야 되는데, 1부의 20배수에 해당하는 총 햇수는 76×20=1,520년이 되고, 총 날 수는 555,180일이 된다. 이 1,520년, 555,180일에 해당하는 20부를 1기(紀)라고 하였다. 그러므로 갑자일 야반 삭단에 동지가 왔다면, 1,520년, 555,180일에 해당하는 20부, 1기를 주기로 하여 다시 갑자일 야반 삭단에 동지가 오게 된다.

역원이 될 수 있는 조건은 동짓날이며, 갑자일이어야 하며, 그 날의 야반이 삭단이어야 한다고 하였다. 그러므로 이 역원의 조건에 합당한 시점은 1,520년 간격을 두고 나타나게 된다는 것을 알 수 있다. 그렇다고 해서, 역법을 만드는 시점이 반드시 위의 역원의 조건을 만족시키는 시점이 되어야 한다는 뜻은 아니다. 역법을 만드는 시점과 상관없이 위의 역원의 조건을 충족시키는 시점을 역원으로 정하기만 하면 되는 것이기 때문이다. 이 조건을 충족시키는 역법으로는 전한의 태초력(기원전 104), 후한의 사분력(서기 85), 당의 선명력(서기 822) 등이 있다.

원(元)

그리고, 기(紀)로부터 더 나아가 3기, 즉 햇수로 4,560년을 1원(元)이라고 하였는데, 1원의 주기 상에서는 날 수 뿐만이 아니라 햇수까지도 60의 배수가 되었으므로, 1원을 주기로 그 날의 간지뿐만 아니라, 그 해의 간지까지도 같게 되었다. 그러므로 갑자년 갑자일 야반삭단에 동지가 왔다면, 1원, 즉 4,560년이 지나면 다시 갑자년 갑자일 야반삭단에 동지가 오게 되는 것이다. 이렇게, 장, 부, 기, 원의 기간을 순차적으로 규정하였으므로, 장법을 '장부기원법'이라고도 하였다.

다시 정리하자면, 역원의 조건은 갑자(甲子)에 해당하는 날의 야반(夜半)이 삭단(朔旦)이며 동지(冬至)여야 한다. 이 역원의 조건인 동짓날이 갑자(甲子)일에 해당하고 그 날의 야반(夜半)이 삭단(朔旦)이 되는 날은 1,520년 간격으로 반복되어 나타날 수 있으며, 그 범위를 더 넓혀서 햇수까지도 갑자년이 되는 갑자년 갑자일 야반삭단에 들어있는 동지는 4,560년 주기로 반복된다. 이처럼 1년을 365 1/4일로 정하고, 1년이 12와 7/19삭망월(= 235/19삭망월), 1삭망월이 29와 499/940

일(= 27,759/940일)이라는 근거를 바탕으로 19년 7윤달의 장법과 '장부기원법'의 체계가 만들어진 것이고, 이를 근거로 역원의 시점을 정하게 되는 것이다.

1년의 총 날 수 = 1년간의 총 삭망월 수 × 삭망월 날 수
= 235/19 × 27,759/940 = 365 1/4

한나라에서 송나라에 이르기까지 역법이 계속 개정되면서 역법마다 1년의 날 수와 하루의 길이, 그리고 삭망월 한 달의 길이 등의 상수들도 약간씩 변경되었다. 따라서 역법이 개정될 때마다 역원 역시 변경될 수밖에 없었다. 그로 인해 각 역법들에 따른 시간들은 서로 차이가 날 수밖에 없었고, 기존의 역법들을 정확하게 서로 연결시킬 수 없게 되었다. 따라서 역법이 새로 바뀔 때마다 기존 사용하던 역법과 새로 개정되는 역법을 서로 동기화시키는데 어려움이 많았다. 또한 1년을 12와 7/19삭망월(= 235/19삭망월)로 하고, 1삭망월을 29와 499/940일(= 27,759/940일)로 하는 값 자체도 절대적으로 정확한 값이 아니었으므로, 이 값을 근거로 하여 만들어진 19년7윤법의 장법 또한 시간이 경과함에 따라 정확하지 않을 수밖에 없었고, 세월이 오래 흐를수록 오차가 점차 더 커지게 되었다. 이런 까닭에 마침내 당나라 시대에 이르러 이순풍에 의해 장법이 폐지되고 말았다.

후천 현상의 조정

이제 장부기원법을 참조하여 역원에 대해 생각해 보기로 하자. 사분력을 제정할 시점에 역법상의 날짜가 실제 천문 관측 날짜에 비해 3/4일 늦어지는 후천 현상이 나타났다고 하였다. 따라서 역법의 시점을 실제 관측된 동지점(冬至點)의 날짜에 제대로 맞추기 위해서는 삼통력이 최초로 적용된 시점, 즉 삼통력의 역원을 3/4일 앞으로 이동시켜야 한다.

그런데, 삼통력의 역원을 단순하게 3/4일을 앞으로 이동시키게 되면 하루 단위의 조정이 아니므로 그 날의 동지(冬至)가 야반(夜半)으로부터 시작되지 않게 된

다. 여기에서 삼통력의 역원이라고 언급한 것은 태초력의 역원을 삼통력이 그대로 이어받은 상태로 삼통력이라는 이름의 역법으로 계속 사용되고 있었으므로 삼통력의 역원이라고 언급한 것이므로, 태초력의 역원과 같은 의미로 사용되었다고 생각하면 될 것이다.

이제 역법상의 날짜가 실제 천문 관측 날짜에 비해 3/4일 늦어지는 후천 현상으로 인해서, 천문 관측 상 삭단 동지가 야반인 어느 시점이 역법상에서는 실제보다 3/4일 늦어진 경우를 가정해 보자.

우리는 장부기원법에서 동지와 삭단의 시점에서 1장이 지나면 동지와 삭단이 또다시 같은 날 오게 된다고 하였으며, 1장, 19년 주기의 날 수는 6,939 3/4일이라고 하였다. 따라서 어느 해에 삭단 동지가 야반에 왔다면, 19년 주기 한 주기인 6,939 3/4일 이전의 시점은 야반이 아닌 3/4일 시점이 될 것이므로 삭단 동지가 야반으로부터 1/4일이 빠른 시점이 될 것이다. 따라서 19년 두 주기 전의 시점에는 삭단 동지가 야반으로부터 2/4일이 빠른 시점이 될 것이고, 19년 주기 세 주기 전에 해당하는 시점에는 삭단 동지가 야반으로부터 3/4일이 빠른 시점이 될 것이다.

그러므로, 20,819 1/4일 전에 해당하는 세 번째 19년 주기 앞의 시점, 즉 19년 주기 3번에 해당하는 57년만큼 삼통력의 역원을 앞으로 이동시키게 되면, 3/4일을 앞으로 이동시키는 효과를 얻을 수 있게 될 것이다. 이렇게 역원을 단순히 앞으로 57년 앞당김으로써, 삼통력의 역원이 3/4일 날 수만큼 늦어지는 후천 현상을 해소시킬 수 있게 되었으므로, 삭단동지도 이 조정을 통해 정확하게 야반의 시점으로부터 시작하게 되었다.

이를 근거로 하여 후한사분력에서는 기원전 104년으로부터 57년 전인 기원전 161년 경진년(庚辰年)을 갑자야반삭단동지의 새로운 역원으로 삼고, 중기지원(仲紀之元)이라고 이름 붙였다.

경신상원	2,760,000	공자획린	275년	한흥원년	45년	중기지원	57년	태초원년
경신년		경신년		을미년		경진년		정축년
		기원전 481년		기원전 206년		기원전 161년		기원전 104년
				2,760,320년				

　사분력에서 중기지원에 해당하는 기원전 161년으로부터 경신상원(庚申上元)까지의 기간은 2,760,320년으로, 이 기간을 갑자야반삭단동지의 주기인 4,560으로 나누면 정수로 나누어지지 않고 605와 나머지가 1,520년이 된다. 사분력(四分曆)에서 1원(元)은 3기이고, 1기(紀)는 1,520년이라고 하였다. 따라서 605와 나머지 1,520년이란 605원(元)이 지나고 606원(元)의 1기(紀)가 끝나는 시점으로, 기원전 161년은 2기(紀)가 막 시작되는 시점에 해당한다. 그런데 2기(紀)를 중기(仲紀)라고도 칭하였으므로 기원전 161년을 중기지원(仲紀之元)이라 한 것이다.

　사분력에서 19년 주기 3번에 해당하는 57년만큼 삼통력의 역원을 앞으로 이동시키게 되면, 57년(19×3)은 19년 주기의 3배수에 해당하므로, 동지와 삭(朔)이 다시 동일한 시점에서 다시 똑같이 시작되는 주기에 해당한다는 것을 알 수 있다. 그렇다면 그 이동으로 인해서 간지 체계 상에서 간지일 명칭에는 어떤 영향이 나타날까? 1장(章) 19년의 3배인 57년간의 일수는 20,819 1/4일이므로 그 날은 20,820일에 막 접어든 날이다. 그런데 20,820일은 60갑자의 배수(20,820=60×347)에 해당하므로, 그 날의 간지 역시 20,820일 전의 간지와 똑같아지게 된다. 그러므로, 19년 주기 3번에 해당하는 57년만큼 삼통력의 역원을 앞으로 이동시키게 되더라도 그 날의 간지 역시 20,820일 전의 간지와 똑같다는 것을 알 수 있다.

　이와 같은 논리적 근거들을 바탕으로 태초력의 역원인 태초 원년(기원전 104)으로부터 57년을 앞당겨 사분력의 역원을 정하게 된 것이다. 그 결과 사분력의 역원은 태초 원년(기원전 104)으로부터 57년 앞으로 당겨져서 전한(前漢) 문제(文帝) 후원(後元) 3년(기원전 161) 경진(庚辰)년 11월 갑자야반삭단동지(甲子夜半朔旦冬至)로 수정되면서, 태초력에 비해 3/4일만큼 역법상의 날짜가 빠르게 조정되었으며 역법이 천상(天象)과 일치하게 되었다.

『한서』「율력지 중」에 다음과 같은 내용이 나온다. "사분력 중기지원은 효문황제 후원 3년이고, 세는 경진이다. 위로 45년 전(기원전 206)에 세는 을미인데, 이때가 한흥원년(漢興元年, 한나라가 시작된 해)이다. 또 그 위로 275년을 올라가면 세가 경신(기원전 481)인데, 공자획린(孔子獲麟)의 해이다. 그로부터 2,760,000년을 더 올라가면 다시 경신년이 된다."

이 내용 중에 '공자획린'의 해란 무엇인가?

노나라의 제 27대 군주인 노애공(魯哀公, 재위 기원전 494~467)이 즉위 14년 봄 날에 신하들과 함께 사냥에 나섰는데, 숙손씨의 가신 중 수레를 모는 사람이 사냥에서 괴이한 짐승을 잡았다. 그 모습을 보니 몸통은 노루같았고, 꼬리는 쇠꼬리를 닮았고, 머리에는 뿔이 나 있었다. 사람들은 처음엔 그것이 무슨 동물인지 몰라 불길하게 여기고 목을 찔러 죽였다고 한다. 사냥에서 돌아온 사람들은 짐승의 사체를 공자에게 보이며 무슨 짐승인지 물었는데, 공자(孔子)는 그 동물을 기린이라고 하며 눈물을 흘렸다고 한다. 사람들이 돌아간 후에 공자는 하늘을 바라보며 "아! 나의 진리는 끝났구나"라고 깊은 탄식을 하면서, 기린을 묻어 주고 거문고를 뜯으며 다음과 같이 노래를 지어 불렀다.

"밝은 임금 태어나니 기린과 봉황이 와서 노니는구나!
그러나 오늘날은 그런 태평 시절이 아니거늘
너는 무엇을 구하기 위해 세상에 나왔느냐?
기린이여!
내 마음이 몹시 우울하구나."

기린은 옛부터 어진 짐승으로서 훌륭한 임금에 의해 올바른 정치가 이루어질 때 나타나는 것으로 알려져 있었는데, 공자가 살았던 춘추시대는 매우 혼란한 시대였다. 그러므로 성군의 치세가 아닌 난세에 잘못 나와 어리석은 인간들에게 잡힌 기린을 보고, 공자는 자신의 운명을 비춰보면서 슬퍼한 것이다.

이때부터 공자는 서재에 틀어박혀 노나라의 역사책을 쓰기 시작하여 노 은공

원년(기원전 722)으로부터 시작되는 242년간의 사건들을 기록하였는데, 그 역사책이 바로 『춘추』다. 춘추의 맨 마지막 부분은 서수획린(西狩獲麟)으로 서쪽으로 사냥을 나가 기린을 잡았다는 내용이다. 노나라의 역사책인 춘추에서 이 기린을 잡은 대목을 끝으로 하여 공자는 붓을 꺾고 말았다고 한다. 이것이 위의 인용문에 나온 공자획린에 관한 이야기이다. 사분력에서는 역원을 설정하면서 기린의 죽음이라는 사건과 춘추라는 역사책이 끝을 맺는 상징적인 시점을 하나의 분기점으로 삼았다는 것을 알 수 있다.

04
큰 달, 작은 달, 초하루

역원과 세수가 결정된 후 다음 과정으로는 삭망월을 큰 달과 작은 달로 구분하여 배치하는 과정이 진행된다. 태음력은 달이 차고 기울어지는 삭망 주기를 기준으로 한 달을 정하는 역법이다. 그런데 원래 달이 차고 기울어지는 삭망 주기는 29.5일에 해당하므로 삭망월 한 달의 날 수는 정수로 딱 떨어지지 않는다. 그러므로 태음월은 정수 부분이 아닌 0.5일을 빼고 29일로 된 작은 태음월과, 앞에서 제외된 0.5일을 추가하여 30일이 된 큰 태음월로 구성되었다. 태음력에서 가장 중요한 과정 중 하나는 큰 달과 작은 달의 적절한 배치를 통하여 달력의 날짜가 삭, 즉 합삭에 어긋나지 않도록 하는 것이다. 이와 같이 30일의 큰 달과 29일의 작은 달을 적절하게 배치하는 과정을 통해서 태음력에서 달이 차고 기울어지는 삭망 주기를 달력 상의 날짜와 제대로 일치시킬 수 있게 되는 것이다.

평삭법

태음월을 큰 달과 작은 달로 구분하기 위해 초기에 도입된 방식은 평삭법이었다. 평삭법에서는 삭망 주기를 29.5일로 고정하여 30일의 큰 달과 29일의 작은 달을 규칙적으로 교대로 배치하였다. 그런데 달력 날짜와 실제 달의 위상이 일치하지 않는 문제가 발생하게 되었다. 예를 들어, 합삭이 달력 상에서 초하루가 아니고 초이틀에 나타나거나, 망(보름달)이 15일이 아니라 16일에 나타나는 경우가 나타난 것이다. 그런 경우에는, 가끔 달력에서 작은 달 대신 큰 달이 한 번 더 들어가게 함으로써 그 문제를 해결하였다. 그리고, 이렇게 큰 달이 연속으로 이어서 나타나는 것을 연대월(連大月 ;연이어 큰 달이 오는 것), 또는 빈대월(賓大月)이라고 하였다. 빈대월의 빈(賓)이란 귀한 손님이라는 뜻이다. 이 방법은 춘추시대 중기 이후에 정립된 방법으로, 연대월은 약 16~17개월마다 한 번씩 발생하였다. 평삭법에서는 큰 달이 연속으로 2번까지 들어가는 것만을 허용하였으므로, 큰 달 두 달 다음에는 반드시 작은 달이 이어졌다.

이와 같은 조정에도 불구하고 음력 날짜와 실제 달의 위상이 일치하지 않는 문제가 자주 발생하였는데, 그것은 실제 삭망 주기가 29.5일보다 약 0.03일이 길었을 뿐만 아니라, 달의 공전 궤도가 원형이 아니라 타원형이기 때문에 발생하는 현상이었다. 달의 공전 궤도는 태양과 지구의 중력에 의한 섭동(perturbation) 효과로 인해 변화를 보인다. 섭동 현상이란 어떤 천체의 운동이 다른 천체의 중력 영향으로 인해 변화하는 현상을 말한다. 섭동 효과로 인해 달은 타원인 공전 궤도 상에서 속도가 일정하지 않게 되기 때문에, 지구와 가까운 근지점에서는 빠르게 움직이고 먼 원지점에서는 느리게 움직이게 된다.

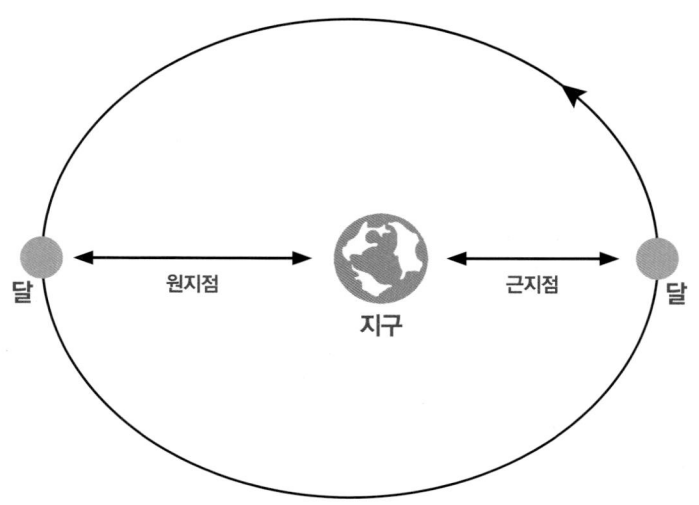

정삭법

평삭법에서는 평균 삭망 주기인 29.53일을 음력 한 달의 길이로 삼았지만, 실제 삭망 주기는 섭동 효과로 인해 13시간에서 14시간까지 차이를 보였으므로, 평삭법을 적용하였을 경우에 음력 날짜와 실제 달의 위상이 자주 일치하지 않았다. 이 문제를 해결하기 위해 정삭법이 도입되었는데, 정삭법에서는 정확히 합삭일에 해당하는 날을 초하루로 정하였다. 정삭법은 남조 하승천에 의해 소개되었으며, 당 부인균의 무인력(619)에서 최초로 적용되었다.

따라서, 정삭법에서 음력 초하루는 실제 합삭이 이루어지는 시각을 천문 관측 자료로부터 산출하여 그 시각이 속한 날로 정한다. 이 방법은 평균 삭망 주기와 실제 삭망 주기의 차이를 보정하기 위한 것이었다. 역월의 초하루가 합삭 시각이 속하는 날로 정해지기 때문에 큰 달, 작은 달도 합삭 사이의 길이에 따라 결정된다. 이 규칙에 따라 초하루가 실제 삭의 위상에 의해 결정됨으로써 달의 대소는 그 배열이 불규칙해지면서 해마다 달라지게 되었다. 따라서 정삭법을 적용하게 되면 큰 달과 작은 달이 규칙적으로 번갈아 나타나지 않고, 큰 달이 4회 연속되거나 작은 달이 3회 연속되는 경우도 발생하였다.

그렇지만, 실제 관측에 따른 삭의 위상을 바탕으로 초하루가 정해졌기 때문에, 매월 초하루에는 반드시 합삭이 일어난다. 이와는 달리 망(望), 즉 보름달은 반드시 15일에 나타나지 않고 대략 15일에서 17일 사이에 나타나게 되었다. 오늘날 우리나라에서도 음력의 초하루를 정할 때, 평삭법을 따르지 않고 정삭법을 따른다.

05
24절기

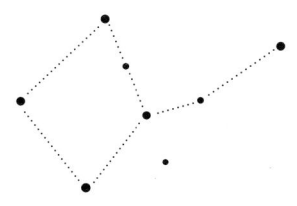

 역원과 세수를 정하고, 큰 달과 작은 달이 결정되었다. 이제 달력을 제정하기 위해 이어지는 과정이 바로 큰 달과 작은 달로 구성된 한 해를 24절기로 구분하는 일이다. 우리는 현재 서양으로부터 유래한 그레고리우스력이라는 태양력을 사용하고 있다. 그런데, 달력을 보면 날짜 옆에 동지, 하지 등과 더불어 입춘, 입동과 같은 24절기가 추가로 병기되어 있는 것을 볼 수 있다. 이와 같은 24절기는 그레고리우스 서기력 체계 속에 포함되어 있는 시간 구분이 아니다.
 이 절기 체계는 서양의 서기력과 전혀 관련이 없으며, 중국 역법에서 고안되고 사용되었던 매우 혁신적이고 창의적인 소산물로서, 동양 역법에서 매우 중요한 역할을 담당하고 있다. 원래 24절기는 농사와 관련된 계절의 길잡이로서 활용되어 왔던 우리 전통 음력 달력 상의 중요한 지표였지만, 최근까지도 우리 민족의 일상 속에서 계절과 연관된 중요한 전통적 지표로서 확고하게 자리잡고 있기 때문에, 태양력인 서기력 달력 내에 여전히 병기되어 사용되고 있다.
 다음에 살펴보겠지만, 24절기는 첫 번째 절기로 인식되고 있는 입춘으로부터 시작되어 마지막 절기인 대한까지 이어진다. 따라서, 대다수의 사람들의 경우 24절기가 입춘 시점을 기준으로 구분된 것이라고 오해하기 쉽다. 그렇지만, 중국 역법에서 역법의 근본적인 기준점이 동지라는 사실을 절대 간과해서는 안될 것이다. 중국 역법에서 동지는 역법의 기준축으로서, 1년을 24절기로 구분하는 과정에서도 동지를 기준점으로 삼았다는 사실을 기억해야 할 것이다.

이처럼 동지를 기준점으로 삼아 24절기로 구분하는 과정에서 입춘이라는 절기가 출현하게 되었는데, 봄을 한 해 계절의 시작점으로 정한 음양오행설의 영향으로, 춘수에 해당하는 입춘이 24절기의 첫 번째 절기의 자리를 차지하게 된 것일 뿐이다.

또한, 절기란 354일로 이루어진 태음력의 기간을 구분한 것이 아니고, 365일로 이루어진 1태양년을 24부분으로 나눈 구분이기 때문에, 절기들의 날짜들이 음력 달력 상에서 매해마다 날짜의 변동폭이 크지만, 서기력 상에서는 대체로 거의 같거나 비슷한 날짜에 들어있게 된다. 특히 절기를 정하는 첫 기준점이 동지이기 때문에, 동지의 날짜는 다른 절기들에 비해서 거의 변동이 없다는 것을 알 수 있다.

동지가 기준축임에도 불구하고, 동지가 항상 같은 날짜가 아니고 12월 21일이나 22일이 될 수도 있는데, 그 이유로는 다음과 같이 두 가지를 들 수 있다. 첫 번째로 우리가 사용하는 그레고리력(서기력)은 태양년을 기준으로 하고 있는데, 태양년의 날 수가 정확히 365일이 아니기 때문이다. 태양년의 날 수는 정확히 약 365.2422일로서 평년의 경우에는 365일을 1년으로 정하였지만, 나머지 0.24일의 차이를 보정하기 위해 4년에 한 번씩 2월에 하루가 추가되는 윤년을 두고 있다. 이러한 윤년과 평년의 교대로 인해 동지의 날짜가 약간씩 바뀔 수 있는 것이다.

두 번째로, 지구가 태양 주위를 한 바퀴 도는 공전 주기도 완벽하게 일정하지 않다. 이는 지구와 태양 사이의 거리, 지구의 자전축의 기울기 등 다양한 요인에 의해 공전 속도가 변화하기 때문이다. 이러한 요인들로 인해 동지의 시점도 약간 변할 수 있다. 그러나 이러한 변화는 대체로 미미하므로, 윤년으로 인한 경우를 제외하고는 동지의 날짜가 크게 변동하는 경우는 드물다고 볼 수 있다. 따라서 동지는 12월 21일이나 22일에 올 수도 있으며, 매우 드물게는 12월 20일이나 23

일에 오는 경우도 나타날 수 있다.

24절기

그렇다면 24절기는 언제 어떻게 기원하였으며, 더불어 어떤 목적을 위해서 고안되었는지 함께 알아보기로 하자. 주나라 시대인 기원전 679년에 24절기를 기준으로 삼복 제사를 지냈다는 최초의 기록이 있는 것으로 보아, 24절기는 중국 주(周)나라 시대부터 이미 사용된 것으로 파악되고 있다. 전국 시기에 이르러서는 24절기는 완전히 확립된 상태에 있었다. 24절기의 이름으로 사용된 명칭들은 당시 중국 북쪽 지방에 자리잡고 있는 화북 지방과 황하 유역의 기상 상태와 동식물의 변화 등을 참조하여 붙여진 것으로 알려지고 있다. 화북 지방은 황하강을 동서로 가운데에 끼고 있으며, 오랫동안 중국의 문화와 역사의 중심지로서의 역할을 하였던 곳이다. 고대의 하, 은, 주의 주요 세력권이 모두 화북 지방에서 출발했으며, 전국 시대나 위나라, 당나라의 수도인 낙양, 서안은 물론이고, 현재 중국의 수도 베이징도 화북 지방에 위치하고 있다.

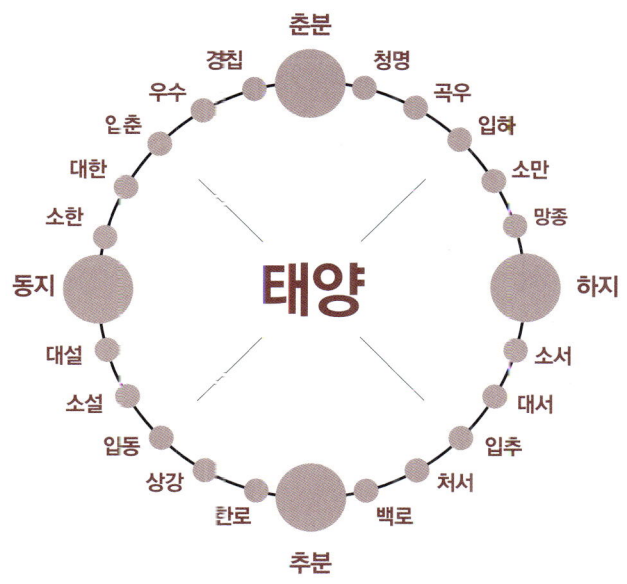

24절기의 의미

중국은 고대부터 농본 국가였으므로 백성들이 계절에 맞추어 효율적인 농사를 짓도록 하기 위해서는 역법을 바탕으로 정확하게 계절을 파악할 수 있어야 했다. 고대 중국에서 사용된 역법에는 태음태양력 뿐만 아니라, 태음력, 태양력 등 다양한 종류가 있었는데, 모두 달의 주기와 태양의 주기를 기준 근거로 삼아 시간 단위를 구분하였다. 그런데, 태음력의 경우 달과 태양의 주기가 정수배로 딱 들어맞지 않았기 때문에 계절과 월상이 일치하지 않는 문제들이 발생하였다. 그런 까닭에 중국인들은 태양년을 기준으로 하여 계절과 기후의 변화를 세밀하게 관찰하고 분류하였다. 태양년이란 태양이 황도상에서 동지로부터 출발하여 다시 동지가 될 때까지의 시간, 즉 태양의 연주 운동(年周運動)의 한 주기인 365 1/4일을 말하며, 태양의 연주 운동이란 태양이 일 년에 걸쳐 하늘에 있는 여러 별들 사이를 일정한 속도로 이동하는 것처럼 보이기 때문에 붙여진 명칭이다. 이 운동을 통해 태양은 대략적으로 매일 동쪽으로 약 1도씩 움직이며, 일 년 동안 360도를 완전히 일 회전하게 된다.

중국인들은 동지점을 기준점으로 삼아 1태양년의 시간을 균등하게 24부분으로 구분하였다(평기법). 나중에는 1태양년(太陽年) 동안 태양이 운행하는 황경(黃經)의 경로를 균등하게 24구간으로 나누는 것으로 변경하였다(정기법). 이렇게 24구간으로 나누어진 각 부분을 절기라고 하였으며, 절후 또는 시령이라고도 하였다. 절기는 태양의 연주 운동과 절대적으로 연관되어 있는 시점으로, 천구상에서 특정한 태양의 위치를 나타낸다. 특히, 24절기 중에서도 이지(동지와 하지)와 이분(춘분과 추분)은 태양의 위치가 지구와 특별한 관계를 이루는 시점이기 때문에 천문학적으로도 매우 중요하고 의미 있는 시점이었다.

이처럼 24절기는 계절과 직접 관련되어 있는 태양의 연주 운동에 따른 1태양년을 분할하여 만들어진 시간 구분이었으므로, 태양의 위치에 따라 절기가 바뀌게 되었고, 절기에 따라 계절과 기후도 명확히 구분되었다. 따라서 24절기의 명칭은 이지와 이분과 같이 천문학적인 근거에 의하여 이름 지어진 절기를 제외하고, 나머지 20개 절기의 명칭은 모두 계절이나 기후 또는 농업과 관련되어 있다.

그런 이유로 24절기는 명명된 이름만으로도 그 절기의 계절 특징을 짐작할 수 있었을 뿐만 아니라, 기온, 강우 등 그 시기의 자연 현상까지도 모두 반영하여 만든 것이었으므로, 농사와 연관된 중요한 지표들까지도 대략적으로 파악할 수 있는 모든 경험의 결정체였다. 그러므로 중국인들은 24절기를 그들이 사용하던 역법인 태음태양력에 별도로 추가하여, 영농을 위해 필요한 정확한 계절을 파악하

절기	중기	양력(불변)	음력(변화)
입춘	우수	2월	1월
경칩	춘분	3월	2월
청명	곡우	4월	3월
입하	소만	5월	4월
망종	하지	6월	5월
소서	대서	7월	6월
입추	처서	8월	7월
백로	추분	9월	8월
한로	상강	10월	9월
입동	소설	11월	10월
대설	동지	12월	11월
소한	대한	1월	12월

는 지침으로 활용하였다.

이처럼 절기는 정확하게 계절을 세분하여 나타내는 훌륭한 지표였으므로 오랜 세월에 걸쳐 전통적으로 꾸준히 사용되어 내려왔으며, 현재 우리나라에서도 표준으로 사용하고 있는 그레고리력 달력 상에서 여전히 절기를 병기하여 사용하고 있는 것이다.

그런데 이 24절기는 태양년을 균등하게 나누어 만든 시간 단위이므로, 앞서 언급한 것처럼 절기의 날짜들은 우리가 사용하고 있는 태양력 달력인 서기력 상에서 해마다 하루나 이틀 정도의 오차 범위 내에서 큰 변동이 없이 거의 같은 날에 해당하지만, 음력 달력 상에서는 그렇지 않게 된다. 음력 달력 상에서는 해가 갈수록 그 차이가 조금씩 더 커지게 되었으므로, 음력 달력에 불규칙적으로 윤달을 추가함으로써 그 차이가 어느 정도 범위 이상 벗어나지는 않게 하였다.

그런데 절기와 관련하여 우리가 모르고 있는 중요한 사실이 하나 있다. 우리는 윤달이란 해가 갈수록 계절보다 빨라지는 음력 달을 계절에 적절하게 맞추기 위해서 추가되는 것으로 알고 있다. 맞는 사실이다. 그렇다면, 계절에 비해 음력 달이 빨라지는 현상을 어떤 기준을 근거로 하여 파악할 수 있을까? 그 기준으로 작용하는 지표가 다름 아닌 절기라는 것이다. 즉, 절기가 윤달이 추가되는 규칙과 밀접하게 연관되어 있다. 다시 말해서 겉보기에 절기는 음력 달력 상의 날짜에 병기함으로써 계절을 정확하게 세분하여 파악할 수 있도록 해주는 절대적인 지표로서의 역할만이 부각되고 있지만, 실질적으로 절기는 적절한 시기에 적절한 위치에 윤달을 추가할 수 있도록 해주는 기준틀로서의 매우 중요한 역할을 하여, 19년마다 7번 추가되는 윤달이 적절한 위치에 삽입될 수 있도록 결정짓게 해준다. 절기를 근거로 하여 윤달이 추가되는 규칙에 대해서는 다음에 자세히 설명하도록 할 것이다.

24절기와 관련하여 추가로 다시 한번 더 강조해야 할 중요한 내용이 또 하나 있다. 그것은 24절기가 태양의 연주 운동에 기반하여 만들어진 태양력 체계 상의 지표이므로, 달의 운행에 기반하여 만들어진 태음력과는 전혀 관계가 없다는 것이다. 그런데 많은 사람들은 우리가 전통적으로 사용해 왔던 음력 달력(태음태양력) 내에 24절기가 포함되어 있다는 사실을 언급하면서, 24절기가 태음력 체계를 기반으로 만들어진 지표라고 잘못 이해하고 있다. 다시 반복해서 강조하지만 24절기는 태음력과 전혀 관계없이 태양력 체계를 기반으로 만들어진 지표라는 것을 명심해야 할 것이다.

24절기의 구분

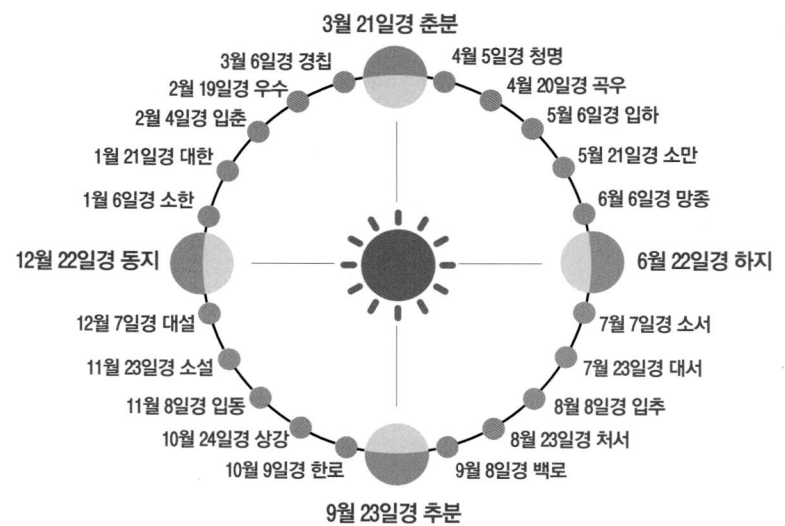

앞에서 언급했던 것처럼 24절기는 동지를 기준점으로 하여 1년을 24구간으로 구분하고, 각각의 시점에 24절기의 각 명칭을 부여한 것이다. 24절기는 다시 12절기(節氣)와 12중기(中氣)로 분류되는데, 입춘 등과 같은 홀수 번째 절기는 절기라고 하고, 우수 등과 같은 짝수 번째 절기는 중기라고 한다. 따라서 절기는 매달 초에 들고, 중기는 매달 중간 이후에 드는 것으로 생각할 수 있지만, 실제로 절기는 그 전달의 하반기에서 해당 달의 상반기에, 중기는 해당 달의 상반기나 하반기 사이에 드는 경우가 대부분이다. 24절기 중에서 입춘, 입하, 입추, 입동의 사립(四立)은 각 계절의 시작점이고, 이분(춘분과 추분)과 이지(하지와 동지)는 각 계절의 한가운데 시점에 해당한다. 그리고 한 해의 계절이 봄으로부터 시작되기 때문에,

한 해의 절기 역시 봄이 시작된다는 입춘 절기로부터 출발한다.

이제, 입춘으로부터 시작되는 24절기의 이름과 각각의 절기에 따르는 계절적인 특징들을 살펴보자.

1) 입춘(立春)

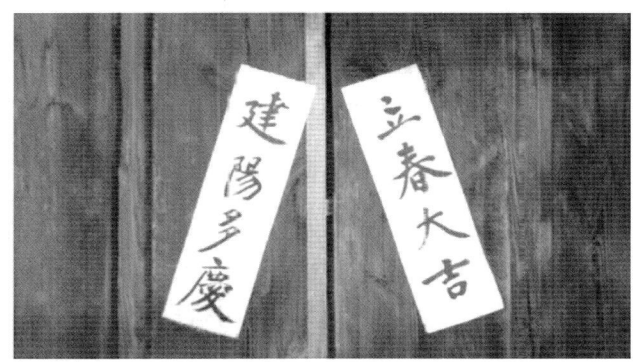

입춘은 음력(陰曆) 정월(正月)의 절기로서 양력으로는 2월 4일경에 해당한다. 입춘 전날은 절분(節分)으로 불리며, 철의 마지막이라는 의미로 '해넘이'라고도 한다. 절분이란 입춘 전날에만 적용되는 말이 아니고, 사립(四立: 입춘·입하·입추·입동) 모두에 적용된다. 그러므로 정확하게 정의하자면, 절분이란 사립(四立: 입춘·입하·입추·입동)의 전날로서 철의 마지막이며, 기후가 바뀌는 시기를 말한다. 예로부터 봄의 시작을 알리는 절기인 입춘이 되면 복을 기원하는 글을 써서 대문이나 기둥, 천장에 붙였는데 이것을 '입춘방(立春榜)'이라고 한다.

입춘은 한문으로 入春이 아니고 立春으로 쓴다. 계절의 초입이기 때문에 入(들입)으로 혼동하는 경우가 있으나, 봄 기운이 일어서는(立) 날이라는 의미로 立(립)을 사용한다. 그래서 入春大吉(입춘대길)이 아니고 立春大吉(입춘대길)이라고 한다.

대개 '입춘대길, 건양다경(立春大吉, 建陽多慶)'이라는 입춘방을 주로 붙이는데, '봄이 시작되니 크게 길하고 경사스러운 일이 많이 생기기를 기원한다'는 뜻이다. 입춘 기간에는 동풍(東風)이 불어 언 땅이 녹고, 땅속에서 겨울 잠을 자던 벌레들이 움직이기 시작하며, 어류(魚類)가 얼음 밑을 다닌다고 하였다. 입춘 절기가 되면 농가에서는 농사 준비를 시작한다.

2) 우수(雨水)

우수는 음력 정월의 중기로, 양력으로는 2월 19일경이다. '우수'는 빗물이라는 뜻으로, 이 시기에는 봄을 알리는 따뜻한 비가 내려 대지를 적시게 되며, 겨울 동안 얼었던 눈, 얼음, 서리가 녹아 물이 많아지는 것을 의미한다. '우수 경칩이 되면 대동강 물도 풀린다'는 옛말이 전해져 온다. 겨울 추위가 지나고 봄 기운이 가득하여, 산과 들의 초목에 새싹이 돋아난다. 농경 사회에서는 이 시기에 농사 계획을 세우고 한 해 농사에 쓸 좋은 씨앗을 고른 다음, 논밭을 태워 해충을 제거할 뿐만 아니라 그 재를 농사의 거름으로 활용했다.

3) 경칩(驚蟄)

경칩은 음력 2월의 절기로 양력으로는 3월 6일경이다. 경(驚)이란 '놀라다'는 뜻이고, 칩(蟄)은 '겨울잠 자는 벌레'라는 뜻으로, 이 무렵은 날씨가 따뜻해져 동면하던 동물들이 깨어나고, 땅속에 웅크리고 있던 벌레들도 꿈틀대기 시작한다는 의미에서 붙여진 이름이다. 이 시기에는 개구리들이 번식기인 봄을 맞아 물이 괸 곳에 알을 까놓는데, 그 알을 먹으면 허리 아픈 데 좋을 뿐 아니라 몸의 기운을 돋아준다고 해서 경칩일에 개구리 알을 먹는 풍속이 전해 오고 있다. 또한 이날에 흙 일을 하면 탈이 없다고 해서 담을 쌓거나 벽을 바르는 일을 하고, 이날 보리 싹의 성장 상태로 보리 농사의 풍년, 흉년 여부를 예상했다고 한다. 여기에 덧붙이자면, 경칩에 해당하는 절기의 이름은 원래 계칩(啓蟄)이었는데, 한나라 경제의 이름이 계(啓)였기 때문에 계칩 대신 경칩으로 바꾸었다고 한다.

4) 춘분(春分)

춘분은 음력 2월의 중기로 밤과 낮의 길이가 같아지는 시기이며 양력으로는 3월 21일경이다. 춘분은 만물이 약동하는 시기로 겨울의 기운이 완전히 사라지는 때이다. 춘분 기간에는 제비가 날아온다고 하였다. 춘분을 시작으로 본격적인 농사를 준비하여 농가에서 춘경(春耕 ; 논밭 갈기)을 시작하고, 봄 보리를 파종하였으며, 담을 고치고 들나물을 캐 먹었다. 그렇지만 음력 2월 중에는 바람이 많이 분다. "2월 바람에 김치독 깨진다.", "꽃샘에 설 늙은이 얼어 죽는다."라는 속담이 있듯이, 2월 바람은 동짓달 바람처럼 매섭고 차갑다. 이는 풍신(風神)이 샘이 나서 꽃을 피우지 못하게 바람을 불게 하기 때문이라고 한다. 그래서 '꽃샘추위'라고 한다.

5) 청명(淸明)

청명은 음력 3월의 절기로 양력으로는 4월 5일경이다. 날씨를 이야기할 때 '청명하다'는 말을 사용하는 것에서 알 수 있듯이 맑고 깨끗한 기후의 시기이다. 이 날은 한식의 하루 전날이거나 때로는 한식과 같은 날이 되기도 한다. 동시에 오늘날 우리나라의 식목일과도 대개 겹치게 된다. 중국 제나라의 개자추라는 인물에서 유래된 한식날이 이날을 전후하는 날이므로 "한식에 죽으나 청명에 죽으나"라는 속담도 있다. 대부분의 농가에서는 청명이 되면 비로소 봄 밭갈이를 시작하였다.

6) 곡우(穀雨)

곡우는 음력 3월의 중기로 양력으로는 4월 20일경이다. 봄비가 내려 백곡이 윤택해지게 된다는 시기를 의미하며, 본격적으로 한 해 농사가 시작되는 시기이다. "곡우에 가물면 땅이 석 자나 마른다."라는 말처럼 비가 오지 않으면 그 해 농사를 망친다고 하였다. 이날에 못자리에 쓸 볍씨를 담갔는데, 밖에서 부정한 일을 겪은 사람이나 부정한 일을 본 사람은 집 앞에서 불을 피워 잡귀신을 몰아낸 다음 집에 들어오게 하였고, 들어와서도 볍씨를 보지 않게 하였다. 만일, 부정한 사람이 볍씨를 보게 되면 싹이 잘 트지 않고 농사를 망치게 된다는 전해져 오는 속설이 있었다.

7) 입하(立夏)

입하는 음력 4월의 절기로 양력으로는 5월 6일경이다. 여름에 들어섰다고 하여 입하라 한다. 이 무렵이면 곡우에 마련한 못자리도 자리를 잡아 농사일이 좀 더 분주해진다. 여름이 다가온 것을 알리며, 신록을 재촉하는 절기이다. 음력 상에서 보통 4, 5, 6월의 석달을 여름이라고 하지만, 엄격하게 규정하자면 입하 이후 입추 전 날까지를 여름이라고 한다. 입하가 되면, 농작물도 자라지만, 해충도 번성하고 잡초까지 자라므로 이들 제거에 힘썼다고 한다.

8) 소만(小滿)

소만은 음력 4월의 중기로 양력으로는 5월 21일경이다. 햇볕이 풍부하고 만물이 점차 생장하여 가득찬다(滿)는 의미를 가지며, 이 무렵에 이르러 날씨가 여름에 들어서고 모내기 준비에 바빠진다. 또한 이른 모내기, 가을 보리 베기, 밭 김매기 같은 농사일들이 줄을 잇게 된다. 이때는 '보릿 고개'라는 말이 있을 정도로 양식이 떨어져 힘겹게 생활하는 시기였다.

9) 망종(芒種)

망종은 음력 5월의 절기로 양력으로는 6월 6일경이다. '망종'에서 '망'은 수염을 의미하는 까끄라기를 가리키며, 망종(芒種)이란 벼나 보리 같은 수염이 있는 곡식을 지칭한다. 따라서 망종이란 주로 보리의 수확 시기이자 모내기가 완성되는 시기로 알려져 있다. 특히, 모내기와 보리 베기가 겹치는 이 무렵의 바쁜 농촌의 상황은 보리 농사가 많았던 남쪽 지방일수록 특히 심해서, '발등에 오줌싼다'고 할 정도로 1년 중 제일 바쁜 시기였다.

10) 하지(夏至)

하지는 음력 5월의 중기(中氣)로 양력으로는 6월 22일경이다. 하지(夏至)의 하는 여름을 뜻하고, 지는 이르다라는 뜻이므로 여름에 이르렀다는 의미가 된다. 이 날은 낮의 길이가 1년 중 가장 긴 날에 해당하는데, 이는 지구 표면이 받는 열량이 가장 많아진다는 것으로 이 열량이 계속 쌓여 하지 이후에 더욱 더워져 삼복 시기에 가장 덥게 된다. 남부 지방 농촌에서는 단오를 전후하여 시작된 모내기가 하지 이전이면 모두 끝이 나지만, 논에 물 대기를 해야 하고, 동시에 가뭄 대비도 해야 하기 때문에 일 년 중에서 가장 바쁜 철로 여겨졌다. 하지에 먹는 대표적인 작물이 감자인데, 감자는 이른 봄에 파종하여 하지 무렵에 수확하기 때문에 햇감자를 '하지 감자'라고 부르기도 한다. 감자는 비가 오기 전에 수확을 해야 오래 보관할 수 있기 때문에 장마가 오기 전인 하지 경에 수확을 했다.

11) 소서(小暑)

소서는 음력 6월의 절기로 양력으로는 7월 7일경이다. '작은 더위'의 의미로서 날씨는 더위와 함께 장마 전선의 정체로 습도가 높아 장마철이 시작되며, 본격적인 더위가 시작된다. 이때 농가에서는 논둑이나 밭두렁의 풀을 베어 농작물에 영양을 주는 퇴비를 장만하였고, 가을 보리를 베어낸 자리에는 콩이나 팥, 조 등의 농작물을 심어 이모작을 하기도 했다. 소서를 전후로 온갖 과일과 채소가 풍성해지고 밀과 보리도 먹게 된다.

12) 대서(大暑)

대서는 음력 6월의 중기로 양력으로는 7월 23일경이다. '큰 더위'를 의미하므로, 대개 중복 시기와 비슷해서 폭염의 더위가 심한 시기이면서도 장마로 인해 많은 비가 내리기도 한다. 이 시기에는 농촌에서 논밭의 김매기, 논밭 두렁의 잡초베기, 퇴비 장만 같은 농작물 관리에 쉴 틈이 없다고 한다.

참외나 수박 등이 풍성하고 햇밀과 보리를 먹게 되고 채소가 풍족하며 녹음이 우거지는 시기로, 과일은 이때가 가장 맛이 난다. 그러나 비가 너무 많이 오면 과실의 당도가 떨어지는 반면, 가물었을 때 과일 맛이 좋아진다고 한다. 특히, 수박은 가뭄 뒤에 가장 당도가 높아진다고 한다. 대서를 전후로 해서 본격적으로 일출 시간이 늦어지고, 일몰 시간이 빨라져서 낮 시간이 줄고 밤 시간이 길어진다.

13) 입추(立秋)

입추는 음력 7월의 절기로 양력으로는 8월 8일경이다. 입추란 여름이 지나고 가을에 접어들었다는 뜻이다. 찌는 더위 속에서도 입추 시기에는 서늘한 바람이 불어오고, 이슬이 진하게 내리며, 여전히 늦더위는 계속된다. 이 시기는 곡식이 여무는 계절이므로 이날 날씨를 보고 농사의 수확을 점치는데, 입추에 하늘이 청명하면 만곡(萬穀)이 풍년이라고 여기고, 이날 비가 조금만 내리면 길하고, 많이 내리면 벼가 상한다고 여겼다. 그리고 이 시기에 김장용 무와 배추를 심어 9, 10월 서리가 내리고 얼기 전에 거두어서 김장에 대비하였으며, 김 매기까지 끝나면 농촌이 한가해지기 시작했다고 한다.

14) 처서(處暑)

처서는 음력 7월의 중기로 양력으로는 8월 23일경이다. 그 의미는 더위가 물러간다는 뜻이다. 아침 저녁으로 제법 서늘한 기운이 느껴지는 시기이다. 처서가 지나면 따가운 햇볕이 누그러져서 풀이 더 자라지 않기 때문에 논두렁이나 산소의 풀을 깎아 벌초를 한다. 처서 기간에는 천지가 쓸쓸해지며, 논 벼가 익는다고 한다. 여름의 상징인 매미 소리도 자취를 감추기 시작하며 대신 귀뚜라미 소리가 들리기 시작하며 가을이 왔음을 알린다. '처서가 지나면 모기도 입이 비뚤어진다.'라는 속담처럼 이 무렵부터 파리, 모기의 성화도 사라져간다. 그리고, "처서에 비가 오면 독 안에 든 쌀이 줄어든다."라는 속담이 있는데, 처서의 시점이 곡식이 여물어갈 무렵인 만큼 이 시기에 비가 오면 그만큼 큰 피해가 예상되어 흉년이 든다는 뜻이다.

15) 백로(白露)

백로는 음력 8월의 절기로 양력으로는 9월 8일경이다. 백로는 흰 이슬이라는 뜻으로 이때쯤이면 밤에 기온이 내려가 풀잎이나 물체에 이슬이 맺히는 데서 유래한 이름이다. 백로 무렵에는 더위가 한풀 꺾이며 맑은 날씨가 지속된다. 하지만 간혹 태풍으로 인해 곡식의 피해를 겪기도 한다. 벼의 이삭이 생기는 것을 '이삭이 패다'라고 말하는데, 논의 이삭은 늦어도 백로가 되기 전에 패어야 한다. 이때까지 벼가 패지 않고 찬바람이 불게 되면 이삭이 여물 시간을 갖지 못하기 때문에 벼의 수확량이 줄어들게 된다.

이삭이란 두 가지의 뜻을 가지고 있는데, 그중 한 가지는 벼나 보리 등의 곡식 줄기에서 열매가 맺힌 부분을 가리키는 말이며, 다른 한 가지는 곡식이나 과일, 나물 따위를 수확하여 거두는 과정에서 흘렸거나 빠뜨렸던 수확물의 일부를 이르는 말이다.

백로 무렵은 조상의 묘를 찾아 벌초를 시작하고, 고된 여름 농사를 끝내고 추수할 때까지 잠시 일손을 쉬는 기간이다. 백로 기간에는 기러기가 날아오고, 제비가 돌아가며, 뭇 새들이 먹이를 저장한다.

16) 추분(秋分)

추분은 백로와 한로 사이에 있는 음력 8월의 중기로, 양력으로는 9월 23일경이다. 춘분과 추분을 흔히 이분(二分)이라고 하며, 낮과 밤의 길이가 같은 천문학적 특징을 보이는 시점이다. 이 시기는 추수기가 시작되고 백곡이 풍성한 때이다. 추분 이후부터는 차츰 낮이 짧아져 여름이 끝나고 가을이 다가왔음을 실감할 수 있다. 추분 즈음이면 논밭의 곡식을 거두어들이고, 고추도 따서 말리는 등 잡다한 가을걷이 일들이 있다. 이 시기는 곤충들이 땅속으로 숨고 물이 마르기 시작하며 태풍이 부는 때로 여겼다.

17) 한로(寒露)

한로는 음력 9월의 절기로 양력으로는 10월 9일경이다. 한로(寒露)는 차가울 한(寒)과 이슬 로(露)가 합쳐진 단어로 찬이슬이 맺히기 시작하는 시기라는 뜻이다. 한로는 단풍이 짙어지고 여름새와 겨울새의 교체 시기에 해당하며 오곡백과를 수확한다. 이 무렵에는 기온이 더 내려가기 때문에 늦가을 서리를 맞기 전에 추수를 끝내야 하므로 농촌은 눈코 뜰 새 없이 바쁘다. 한로 기간에는 겨울 철새인 기러기가 모여들고, 여름새인 제비는 떠나고 참새도 줄어들고 조개가 나들며,

국화꽃이 노랗게 피어난다고 한다. 가을의 마지막 절기에 해당하는 한로와 상강 무렵에 서민들은 미꾸라지로 만든 추어탕을 먹었다. 미꾸라지는 예로부터 가을에 누렇게 살찐다고 하여 '추어'라고 불렀는데, 여름 내내 더위로 인해 잃어버린 원기를 회복하기 위해서 찬바람이 불기 시작하는 초가을에 즐겨 먹었다고 한다.

18) 상강(霜降)

상강은 한로와 입동 사이에 있는 음력 9월의 중기로 양력으로는 10월 24일경이다. 상강(霜降)이란 서리 상(霜)과 내릴 강(降)이 합쳐진 단어로 서리가 내리는 시기를 뜻한다. 이 시기에는 맑은 날씨가 계속되며 밤에는 기온이 매우 낮아져 수증기가 지표에 엉겨 서리가 내린다. 온도가 더 내려 가면 이 무렵에 얼음이 얼기도 한다.

이 시기에는 단풍이 절정에 이르며, 국화가 활짝 피어 늦가을의 정취를 느낄 수 있다. 상강 기간에는 승냥이가 산짐승을 잡고, 초목이 누렇게 변하고, 동면하는 벌레가 모두 땅속으로 숨는다고 한다. 가을의 마지막 절기인 서리가 내리는 상강은 이어서 곧 겨울이 시작된다는 것을 의미한다. 따라서 이 시기에 추수를 마무리하고, 겨울 농사에 대비한 가을 파종의 적기로 여겨 보리 파종에 들어 간다.

19) 입동(立冬)

입동은 음력 10월의 절기로 양력으로는 11월 8일경이다. 입동(立冬)은 들어설 입(立)과 겨울 동(冬)이 합쳐진 단어로 '겨울에 들어선다'라는 뜻을 가진다. 입동 기간에는 물이 얼기 시작하고, 감나무 끝에는 까치 밥 만이 남아 있다. 입동이 지나 더 추워지면 무와 배추가 얼기 때문에 가장 좋은 상태로 수확할 수 있는 입동 시기에 맞추어 수확하여 김장을 한다. 그리고 김장을 끝낸 다음에는 콩을 삶아 메주를 쑨다. 또한 가을걷이를 한 다음 남은 볏짚을 꼬아 새끼줄을 만들고 다가오는 겨울을 대비하기 위해 헌 초가 지붕을 걷어내고 새 지붕을 올리는 작업인 이엉 잇기를 하였다. 그 해의 새 곡식으로 시루떡을 만들어 이웃과 함께 먹으며, 농사로 고생한 소에게도 나누어 주었다고 한다.

20) 소설(小雪)

소설은 음력 10월의 중기로 양력으로는 11월 23일경이다. 이 시기는 첫 겨울의 징조가 보여 눈이 내린다는 의미를 지니고 있다. 이때부터 살얼음이 보이고 땅이 얼기 시작하여 점차 겨울 기운이 들기도 하지만, 한편으로는 아직 따뜻한 햇볕이 간간이 내리쬐어 소춘(小春)이라고도 불린다. 농사철이 지났지만 겨울을 나기 위해서는 여러 가지 잔일을 마구리해야 한다. 시래기를 엮어 달고, 무말랭이나 호박을 썰어 말리기도 한다. 겨우내 소먹이로 쓸 볏짚을 모아 두기도 한다. 소설에 날씨가 추워야 보리 농사가 잘된다고 하여 '소설 추위는 빚을 내서라도 한다'는 속담이 있다.

21) 대설(大雪)

대설은 음력 11월의 절기로 양력으로는 12월 7일경이다. 눈이 많이 내리는 시기라는 의미이지만 실제로 추운 계절은 동지를 지난 다음부터 나타난다. 이날 눈이 많이 오면 겨울이 푸근하고 다음 해에 풍년이 든다고 하였다. 대설과 관련하여 '눈은 보리의 이불이다'라는 속담이 있다. 눈이 많이 내려 보리를 덮으면, 눈의 보온 효과로 보리가 냉해를 적게 입어 보리 풍년이 든다고 하였다.

22) 동지(冬至)

동지는 음력 11월의 중기로 양력으로는 12월 22일경이다. 동지는 24절기 중에서 밤이 가장 긴 날이며, 풍습 또한 가장 많이 있는 절기이다. 고대인들은 이날을 태양이 죽음으로부터 부활하는 날로 생각하고 태양신에 대한 제사를 올렸다. 『동국세시기』에 의하면 동짓날을 '아세(亞歲)', 즉, '설에 버금가는 날'이라고 했고, 민간에서는 흔히 '작은 설'이라 하였다고 한다. 태양의 부활을 뜻하는 큰 의미를 지니고 있어서 설 다음 가는 작은 설의 대접을 받은 것이다. 그 풍속은 오늘날에도 여전히 이어져서, '동지를 지나야 한 살 더 먹는다.' 또는 동지 팥죽을 먹어야 진짜 나이를 한 살 더 먹는다.'고 하였다.

동짓날에 팥죽을 쑤어 사람이 드나드는 대문이나 문 근처의 벽에 뿌려 역귀를 쫓았다. 동짓달에 동지가 초승에 들면 애동지, 중순에 들면 중동지, 그믐께 들면 노동지라고 했는데, 애동지에는 어린아이에게 좋지 않은 일이 생긴다고 하여 팥죽을 쑤어 먹지 않고 대신 팥 시루떡을 해 먹었다고 한다.

23) 소한(小寒)

소한은 음력 12월의 절기로 양력으로는 1월 6일경이다. 대한이 더 춥다는 의미지만 우리나라는 소한 때가 더 추워 "대한이 소한 집에 놀러 갔다가 얼어 죽었다."는 옛말이 생길 정도로 추운 기간이다. 평소 춥지 않던 겨울 날씨도 소한 때가 되면 꼭 추워진다는 의미로 "소한 추위는 꾸어서라도 한다."는 속담도 있다.

24) 대한(大寒)

대한은 24절기의 마지막 절기로서, 음력 12월의 중기로 양력으로는 1월 21일경이다. 겨울 추위가 절정에 달한다는 의미의 대한이지만 실제로는 소한 때가 더 춥다. 그래서 "춥지 않은 소한 없고 포근하지 않은 대한 없다.", "대한이 소한의 집에 가서 얼어 죽었다.", "소한의 얼음이 대한에 녹는다."라는 속담도 있다. 대한을 계절 상으로 한 해의 마지막 날로 여기고, 이날 밤을 해넘이라고 하여 방이나 마루에 콩을 뿌려 악귀를 쫓고 새해를 맞이하는 풍속이 있었다고 한다.

평기법과 정기법

중국인들은 동지점을 기준점으로 삼아 1태양년을 균등하게 24부분으로 구분하였다고 하였는데, 수(隋; 581~619)나라 이전의 역법에서는 1년, 365 1/4일을 단순히 똑같은 시간으로 24등분하여, 각 부분을 하나의 절기로 삼았다. 이렇게 1회귀년을 똑같은 시간의 24등분으로 나누어 얻은 절기를 평기(平氣)라고 하였다. 칠정산내편(七政算內篇)에서는 이것을 항기(恒氣)라고도 적고 있다. 그러므로, 각 평기법에 의한 절기의 시간 길이는 24절기 모두 같았다. 중국의 전통 천문학에서는 1태양년, 즉 365.24199일을 12부분으로 나누어서 절월(節月)이라고 하였으므로, 1절월은 하나의 절기와 하나의 중기로 구성되어 있다. 따라서 1절월은 365.242199일÷12에 해당하므로 30.43685일이 되고, 24기의 각 기의 평균 간격은 1절월의 절반인 반 절월인 15.21843일이 되는 셈이다.

이렇게 24기의 일시를 계산해 보면 절기와 중기는 양력 1월부터 6월까지는 대체로 매달 6일과 21일경에 들어있게 되고, 7월부터 12월까지는 각각 8일과 23일경에 들게 된다. 그런데, 평기법에 따른 일시가 실제 천문학적으로 24기에 해당하는 시점과 차이가 나는 경우들이 빈번하였다. 특히 2분2지(二分二至), 즉 춘분·추분과 하지·동지 때에는 태양이 각각 춘분점, 추분점, 그리고, 하지점, 동지점에 있어야 하는데, 그 자리에서 어긋나는 경우들이 자주 발생하였던 것이다.

그 이유는 태양이 황도(하늘의 적도에 대해 23°5′ 기울어져 있는 태양의 궤도)상에서 움직이는 속도가 일정하지 않기 때문이었다. 다시 말해서 지구가 태양 주위를 타원 궤도로 공전(公轉)을 할 때 그 속도가 전 구간에 걸쳐 일정하지 않고, 태양에 가까울 때는 빨리, 멀 때는 느리게 돌기 때문이었다.

이 사실은 1609년에 케플러(Kepler,J.)가 그의 둘째 법칙으로 발표한 내용이었지만, 똑같은 태양 운동의 부등(不等) 현상에 대해 동양에서는 북제(北齊; 550~577)의 장자신에 의해서 그 현상이 처음으로 알려졌다. 장자신은 태양이 운행하는 속도가 항상 똑같지 않고, 빠르고 느림이 있다는 '일행영축'(日行盈縮) 현상을 발견하고, 그 현상을 '태양주년시운동의 불규칙성'이라고 하였다. '태양 주년시 운동'을 현대적인 천문 용어로 표현하자면 태양의 연주 운동에 해당하며, 태양이 천구, 즉 황도 상에서 별자리 사이를 하루에 약 1도씩 이동하여 1년 후에 원래의 자리에 되돌아오는 운동을 말한다.

장자신이 태양 주년시운동이 불규칙하다는 것을 발견함으로써, 평기의 방법이 태양의 주년시 운동에 따른 태양의 실제 위치를 정확하게 반영하지 않는다는 것을 알게 되었다. 즉, 평기법에 의해 계산된 태양의 위치는 일행 영축에 따른 태양의 실제 위치와 같을 수 없다는 것이다. 그러므로 평기법을 이용하여 예측하였던 교식(일식과 월식) 시기 역시 부정확할 수밖에 없었으며, 평기법에 따른 교식 시기의 예측이 항상 정확하지 않고 오차가 났던 이유를 알게 되었다. 태양과 달의 위치를 정확하게 측정하는 것이 일식과 월식을 예측하는데 가장 중요했는데, 그 값이 하루만 차이가 나더라도 일식과 월식을 예견하는 데에는 큰 오류가 발생할 수밖에 없었던 것이다.

이미 언급했던 것처럼 중국의 역법은 단순히 계절을 정확히 파악하는 역할 외에도 달과 태양과 오행성의 변화를 통해 하늘의 뜻을 파악해야 하는 또 다른 역할도 담당하고 있었다. 특히, 일식과 월식의 예측은 중국 역법에서 핵심적인 부분을 차지하고 있었다. 일식이나 월식은 일찍부터 중국인들에게 하늘의 변화 중에서도 가장 중요한 현상으로 인식되어 있었기 때문이다. 사기 이전의 문헌들을 보면 고대 중국인들은 해와 달의 정상적인 운행을 천하의 화평 상태로, 일식은 매우 불길한 현상으로 받아들였으며, 진서의 천문지에서도 해와 달에 관한 설명에서 해와 달의 정상적인 운행은 곧 군주를 중심으로 하는 정치 전반이 올바르게 행해지고 있다는 것을 반영하지만, 정치에 잘못이 있으면 해와 달이 정상 상태를 벗어나게 된다고 하였다.

이런 관점에서 보았을 때, 일식이나 월식을 정확하게 예측하는 것은 단순히 천문학적 현상 파악에 관한 문제가 아니었고 국가의 안위와 중국의 지배자의 왕권과 위상에 연관되는 매우 중대한 사안이었다. 따라서 일식과 월식을 어느 정도로 정확하게 예측할 수 있는지가 역법의 정확도를 측정하는 척도로 작용하였다.

장자신이 발견한 '일행영축'은 역법의 정밀성을 한층 더 높이는 계기가 되어, 수(隋) 나라 유작의 황극력에서는 태양주년시운동의 불규칙성을 반영하여 태양의 황도상의 위치를 기준으로 절기를 나눈 '정기'의 개념을 처음으로 적용하였다. 정기법에서는 1회귀년, 365 1/4일을 똑같은 시간으로 24등분하는 대신, 태양주년시운동의 궤도, 즉 황도를 균등하게 24부분으로 나누었다.

정기법에 의해 확정된 24절기의 날짜와 평기법을 적용한 날짜를 비교해 보면 다음 표와 같다. 〈표〉에서 보듯이, 절기의 시작점인 동지 근처의 절기를 제외하고, 모든 절기에서 하루 이상의 차이를 보이고 있다는 것을 알 수 있다. 이러한 차이는 일식과 월식을 예측하는데 있어서 심각한 지장을 초래할 수밖에 없었을 것이다.

	정기법	평기법	평기법 · 정기법
동지冬至	12월 22일경	12월 22일경	0
소한小寒	1월 6일경	1월 6일경	0
대한大寒	1월 21일경	1월 21일경	0
입춘立春	2월 4일경	2월 5일경	1
우수雨水	2월 19일경	2월 20일경	1
경칩驚蟄	3월 6일경	3월 8일경	2
춘분春分	3월 21일경	3월 23일경	2
청명淸明	4월 5일경	4월 7일경	2
곡우穀雨	4월 20일경	4월 22일경	2
입하立夏	5월 6일경	5월 7일경	1
소만小滿	5월 21일경	5월 23일경	2
망종芒種	6월 6일경	6월 7일경	1
하지夏至	6월 21일경	6월 22일경	1
소서小暑	7월 7일경	7월 6일경	−1
대서大暑	7월 23일경	7월 22일경	−1
입추立秋	8월 8일경	8월 7일경	−1
처서處暑	8월 23일경	8월 22일경	−1
백로白露	9월 8일경	9월 6일경	−2
추분秋分	9월 23일경	9월 21일경	−2
한로寒露	10월 8일경	10월 6일경	−2
상강霜降	10월 24일경	10월 22일경	−2
입동立冬	11월 8일경	11월 6일경	−2
소설小雪	11월 23일경	11월 21일경	−2
대설大雪	12월 7일경	12월 6일경	−1

다시 반복하여 언급하지만, 평기는 1년의 시간을 24등분으로 나눈 것으로, 태양이 천구상에서 등속 운동을 한다는 것을 가정한 것이며, 정기는 태양 운동의 궤도(황도)를 정확히 24등분으로 나눈 것으로, 태양주년 시운동의 불규칙성을 반영하여 만들어진 방법이다. 평기의 계산법은 동지를 출발점으로 삼아 1회귀년의 길이를 24부분으로 똑같이 나누어 각 절기에 배당하였다. 즉 1회귀년의 길이를 365 1/4로 하였으므로 1절기의 길이는 15 7/32일(365 1/4 ÷ 24)이 된다. 예를 들어, 평기법에 의하면 임의의 한 절기인 입춘을 기점으로 할 때 입춘으로부터 시작하여 15와 7/32일이 지나면 다음 절기인 우수가 되는 것이다. 이처럼 평기법에 의한 중국 고대 역법에서는 15와 7/32일이 한 평기에 해당하는 태양의 평균 운행 시간이 된다. 그러나 실제로 태양의 운동 속도는 일정하지 않다고 하였으므로, 태양이 15와 7/32일 동안에 운행하는 거리는 모든 평기에서 똑같지 않고 각

각 다를 수밖에 없었다. 따라서 이를 기반으로 예측하는 천문 예측은 실제 나타나는 천문 현상과는 차이를 보이게 되었다.

수나라 유작은 황극력에서 동지를 시작점으로 하여 황도를 15도 간격으로 일정하게 24등분하였다. 그리고 이렇게 나누어진 각 분점을 한 절기로 하였다. 황경이란 황도 좌표의 경도(經度)로서, 실제 천문학에서는 춘분점을 기점으로 하여 황도를 따라 움직인 각도를 측정한다. 동쪽으로 0도에서 시작하여 360도까지 15°간격으로 24절기를 구분한다.

춘분일 때, 태양의 황경은 0°이다.
하지일 때, 태양의 황경은 90°이다.
추분일 때, 태양의 황경은 180°이다.
동지일 때, 태양의 황경은 270°이다.

이런 방법으로 절기를 정하여 태양이 운행한 매 절기 사이의 거리가 일정하게 되었으므로 이 방법에 의한 절기를 정기라고 하였다. 정기법에 의하면 절기 사이의 태양의 이동 거리는 모두 같게 되었지만, 정기 사이를 운행하는 시간 길이는 서로 같지 않게 되었다. 즉, 동지를 전후로 절기 기간은 단지 14일에 불과하지만, 하지를 전후로 한 지점에서는 절기 기간이 16일까지 길어지게 되었다. 따라서, 24절기가 오는 날짜도 평기법에 비해 다소 변경되었다. 입춘의 경우에도 2월 4일경에서 2월 5일경으로 조정되었다. 그렇지만, 동지는 모든 역법의 기준축으로서, 평기법이나 정기법에 관계없이 24절기를 구분하는 데에 있어서도 절대적 기준점에 해당하였으므로, 동지 날짜는 절대 고정되어 결코 변경이 일어날 수 없었다.

참고로 태양주년시운동의 불규칙성에 대해 좀 더 알아보기로 하자. 지구는 태양을 타원 궤도로 공전하고 있는데, 태양은 그 타원 궤도의 한쪽 초점에 위치하고 있다.

태양계의 행성 운동에 관한 중요한 천문학적 법칙인 케플러의 법칙(Kepler's laws)의 제1 법칙인 타원 궤도 법칙에 따르면, 모든 행성은 태양을 중심으로 타원

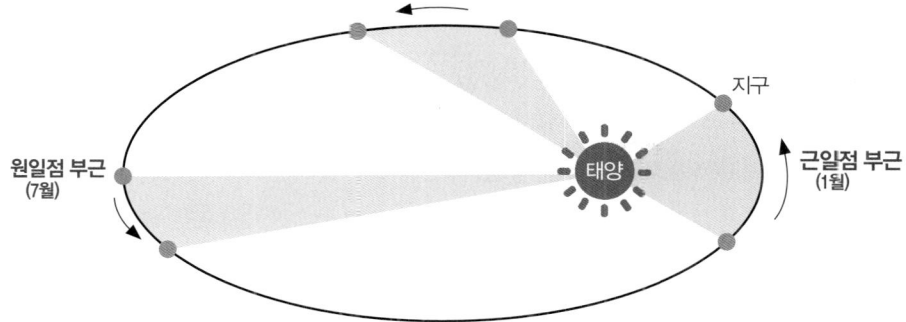

궤도를 따라 운행한다. 그리고 면적 속도 법칙인 제 2법칙에 따르면, 행성이 태양 주위를 공전할 때 행성과 태양을 연결하는 선분이 같은 시간 동안 쓸고 지나가는 면적은 항상 일정하다. 그러므로, 행성은 태양과 가까울 때에는 빠르게 움직이고 멀어질 때 느려지게 된다. 이 법칙은 행성의 궤도 속도가 궤도의 위치에 따라 변한다는 것을 설명해 준다.

이처럼 케플러의 법칙에 따라 타원 궤도를 공전하는 지구의 공전 속도가 일정하지 않게 되므로, 정기법에 의해 공전 궤도를 균등하게 나눈 24절기는 계절에 따라 절기 기간에 차이를 보이게 된다. 근일점에 도달하는 1월경에 지구의 공전 속도가 가장 빨라서 절기 간의 시간 간격도 짧아지며, 원일점에 도달하는 7월경에는 공전 속도가 가장 느려서 절기 간의 시간 간격도 길어지게 되는 것이다. 따라서 추분에서 겨울을 지나 춘분까지의 날 수는 179일이고, 춘분에서 여름을 지나 추분까지의 날 수는 186일이 되며, 결과적으로 24절기 사이의 길이도 14.42일에서 15.73일까지 차이가 난다.

'일행영축'은 수나라 이후의 역법에서는 반드시 적용되었으며, 대부분의 역법에서 태양주년시운동의 불규칙성을 반영한 수치표를 게재하였다. 이 표가 바로 고대 역법의 중요한 구성 부분 중의 하나인 일전표이다. 일전표를 적용함으로써 역법은 태양의 정확한 위치를 반영할 수 있게 되었으므로 정삭망, 교삭 추산 등을 포함한 모든 방면에서 그 정확성을 크게 향상시킬 수 있게 되었다. 태양주년시운동의 불규칙성의 발견을 바탕으로 중국 역법은 또 한번 한 단계 더 발전하게 된 것이다.

원나라(1271~1368)에 이르러서 곽수경은 수시력에서 태양의 부등속 운동을 계산하기 위해서 초차법이라는 보간법(補間法)을 사용하였는데, 이것은 중국고대 역법 계산상 매우 중대한 발전이었다. 수시력 이전까지의 역법에서 사용한 보간법은 상감상승법(相減相乘法)이라는 방법으로, 9세기 말 당나라의 숭현력에서 사용되었던 2차식의 보간법이었다. 수시력에 쓰인 초차법은 3차식으로 한 단계 더 발전된 보간법이었으며, 세계 수학사에서도 인정받는 보간법이라고 한다.

서기 604년 수나라의 유작은 정기법과 함께 정삭법까지 반영한 황극력을 고안하였으나, 실제로 시행되지는 못하였다. 그 까닭은 정기에 의한 계산이 평기의 경우보다 더 복잡한 반면에, 실제 태양의 위치, 즉 정기에 의한 24절기의 일시와 평기로 계산된 일시가 그리 크게 차이가 나는 일이 없고, 서민 생활에 큰 불편이 없었기 때문이라고 한다. 그후 천 년이 흐른 후 청나라의 시헌력(1645)에서 정기법이 채택된 이래 오늘날까지 사용되고 있다.

계절(季節)

중국인들은 은나라와 서주시대 전기에는 지금과 같이 1년을 4계절로 나누지 않고, 춘추, 즉 봄과 가을의 두 때로만 구분하였다. 그러므로, 후대에 춘추는 1년을 의미하는 말로 간주되었다. 또한 역사 기록도 1년을 기본 단위로 하여 분류하였기 때문에, 역사적으로 사관들이 기록한 사료를 춘추라고 하였다. 서주(기원전 11세기~771) 시대 말에 이르러서 역법이 상세해지면서, 춘추 두 시기에서 여름과 겨울이 갈라져 나와 춘하추동의 4계가 확정되었다. 그러나 초기에는 묵자, 천지, 예지 등에서 볼 수 있듯이 '춘하추동'이라 하지 않고 '춘추'에 '하동'을 단순히 추가하여 4계를 '춘추하동'으로 표기하였다.

이후 진나라 시대의 전욱력에서는 한 해의 시작을 겨울로 삼았는데, 이것은 당시 유행한 오행 사상에서 만물의 기운이 잠들어 머금어 있는 수(水)를 오행 중 으뜸으로 인식한 데 따른 것이다. 이처럼 수의 계절인 겨울을 한 해의 첫 계절로 삼았으므로 진나라에서 한 해의 계절은 동춘하추 순서로 구성되었다.

이에 반해 태초력에서는 한 해 계절의 순서를 만물이 생동하는 봄으로 삼았으며, 봄철의 시작이 인월(寅月)인 까닭에 인월을 한 해의 세수로 개력하면서 정월(正月), 즉 1월로 삼았다. 그 결과 계절의 순서는 지금과 같은 춘하추동 순으로 변경되었다.

이후 예기(禮記), 월령(月令)에서는 다시 각 계절을 처음과 가운데, 그리고 마지막이라는 뜻을 가진 맹(孟; 맏, 처음), 중(仲; 가운데), 계(季; 막내, 끝)로 세분하였다. 그러므로 정월과 2월 3월에 해당하는 춘을 순서에 따라 맹춘, 중춘, 계춘이라고 하였고, 여름에 해당하는 4월, 5월, 6월은 각각 맹하, 중하, 계하라고 하였으며, 가을의 경우, 7월은 맹추, 8월은 중추, 9월은 계추라고 하였고, 겨울에 해당하는 10월은 맹동, 11월은 중동, 12월은 계동이라고 하였다.

우리 민족이 추석이라는 이름으로 기념하는 중추절의 명절 역시 '음력 8월에 들어 있는 명절'이라는 의미로서, 그 어원이 여기에서 비롯된 것이다. 그러나 춘추 시대 사람들은 이러한 명칭보다 숫자를 사용한 달의 이름을 주로 사용하였다.

06
윤달과 무중치윤법

　지금까지 큰 달과 작은 달로 이루어진 12달이 정해졌고, 24절기까지 해당하는 날짜에 지정되었다. 이제 이를 바탕으로 월명을 정하는 규칙에 따라 월명을 확정하는 과정이 이루어져야 한다. "아니! 월명을 정하는데 무슨 규칙까지 필요해? 앞에서 정해진 12달에 단순하게 순서대로 1월부터 12월이라는 이름을 붙이면 되는 것 아니야?" 하고 반문할 수 있을 것이다.
　그런데 월명을 부여하는 과정이 대다수의 사람이 생각하는 것처럼 그렇게 간단치 않으며, 그 중심에는 윤달이라는 예기치 못한 변수가 존재한다는 사실을 염두에 두어야 한다. 예를 들어, 어떤 해가 윤달이 들어있는 윤년에 해당하고 3월 뒤에 윤3월이 들어가게 되는 경우를 가정해 보자. 윤3월이 없었을 경우에는 윤3월에 해당하는 달의 이름은 4월이었을 것이고, 그 다음 달은 5월, 그리고 계속해서 6, 7, 8, 9, 10, 11, 12월로 이어졌을 것이다. 그런데 윤3월이 들어가게 됨으로써, 원래 4월이었던 달 이름은 윤3월로 바뀌게 되었고, 이어지는 다음 달인 5월, 그리고 계속되는 6, 7, 8, 9, 10, 11, 12월 역시 4월, 그리고, 5, 6, 7, 8, 9, 10, 11월로 바뀔 수밖에 없게 될 것이다. 단순하게 막연히 1월부터 12월이라는 월명을 순서에 따라 부여할 수 없는 이유를 알 수 있을 것이다.

따라서, 어느 달에 윤달을 추가해야 하는지 뿐만 아니라, 19년 중에 윤달이 들어가는 윤년의 해가 7번 나타나게 되므로, 어느 해에 윤달을 추가해야 하는 지에 대한 규칙도 필요할 것이다.

이처럼 월명 자체가 윤달 추가로 인해 당연히 영향을 받을 수밖에 없기 때문에, 월명을 정하는 과정이 윤달이 추가되는 규칙과 긴밀하게 연관되어 있다는 것을 이해할 수 있을 것이다. 실제로 윤달이 결정되고 나면 자연스럽게 나머지 모든 월명도 정해지게 된다. 이제 윤달을 정하는 규칙에 대해서 자세히 알아보기로 하겠다.

윤달과 세종치윤법

고문헌을 비롯하여 갑골문의 기록을 살펴보면 윤달은 상나라, 주나라 시대에도 이미 존재하였다는 것을 알 수 있다. 공자의 『춘추좌씨전』에는 '백성들이 잘살게 하는 방법이 윤달로써 계절을 바로잡는데 있다.'라는 내용이 나온다. 농경 사회를 기반으로 하는 중국에서 계절을 정확하게 반영하는 달력이 있어야 농사를 그르치지 않을 수 있었기 때문이다. 상서의 요전에는 '윤달을 가지고 4계를 정하고, 한 해를 이룬다.'라는 구절도 나온다. 이처럼 여러 자료들의 내용을 살펴보면 윤달이 오래 전부터 달력을 계절과 맞추기 위해서 사용되고 있었다는 것을 알 수 있다.

그렇지만 윤달이 추가되는 규칙이 처음부터 지금과 같은 정교한 형태로 확립되어 있었던 것은 아니다. 초창기 역법 체계에서는 3년에 한 번 윤달을 추가하는 방법을 사용하였는데, 계절과 정확하게 맞지 않았기 때문에 5년에 2번 윤달을 두는 것으로 바꾸었다. 그런데 5년에 2번 윤달을 두었더니 이번에는 오히려 너무 넘쳐서 정확하지 않게 되었다. 그렇게 여러 방법들이 교체되며 사용되는 가운데, 어떤 방법을 적용하였을 경우에는 한 해에 윤달이 두 번 들어 가는 경우도 나타났으므로 14월도 존재하였다. 이와 같이 오랜 세월 동안 우여곡절을 거치면서 춘추 시대에 들어서서는 윤달이 1년에 두 번 오는 경우가 사라졌으며, 최종적으로 19년에 7번의 윤달을 두는 규칙이 확립됨으로써 계절과 달력을 정확하게 맞출 수 있게 되었다.

그런데, 19년에 7번의 윤달을 추가하는 규칙이 정착되었음에도 불구하고 처음에는 윤달을 어느 위치에 놓아야 하는지 정해진 규칙이 없었으므로, 대략 연말에 추가하고 13월이라 하였다. 그리고 이렇게 한 해의 끝에 윤달을 추가했던 방법을 '세종치윤법(歲終置閏法)'이라고 하였다. 진나라의 전욱력에서도 해의 마지막 달 다음에 윤달을 추가하는 규칙인 세종치윤법이 적용되었다. 한나라 초기에 들어서서도 세종치윤법을 적용하여 9월 이후에 윤달을 두고 후(後) 9월이라고 하였다. 그것은 한나라가 진나라의 역법을 그대로 이어받아 10월을 세수로 삼고 9월을 연말로 삼았기 때문이었다. 그러므로 이때에도 윤달은 해의 마지막 달 다음에 추가된 셈이다.

달의 이름과 윤달의 결정

새로운 달의 시작일인 초하루는 합삭(또는 삭)이 일어나는 시점을 말한다. 합삭일이란 태양과 달의 황경이 일치하여 황경차가 0이 되는 날로서, 달이 전혀 보이지 않는 시점을 말한다. 그러므로 음력으로 한 달이란 합삭일로부터 다음 합삭일 전날까지의 삭망월 한 달을 말하는 것이다. 그런데, 삭망월의 경우 각각의 달이 음력으로 12달 중 어느 달에 해당하는지 알 수 있는 방법이 필요하였다.

그런 연유로 음력 달의 이름을 정하는 규칙이 고안되었는데, 24절기 중의 중기를 이용한 방법이었다. 어느 삭망월에서 그 삭망월이 시작되는 합삭일로부터 다음 합삭일이 되기 전 사이에 어떤 중기가 들어 있느냐에 따라 그 삭망월의 이름을 정하기로 한 것이다. 이분(춘분과 추분)과 이지(동지와 하지) 역시 중기에 속하는데, 특별히 이분과 이지의 중기를 기준점으로 삼아 춘분이 들어 있는 달은 2월, 하지가 들어 있는 달은 5월, 추분이 들어 있는 달은 8월, 동지가 들어 있는 달은 11월이라고 한다는 원칙을 정하였다. 특히, 동지가 들어 있는 달을 11월로 한다는 원칙은 절대적이었다. 따라서, 우수로부터 시작하여, 춘분, 곡우,……동지, 대한에 이르기까지 12개의 중기는 각각의 달 주인이 되어, 음력 1월부터, 2월……11월,

절기	중기	음력 월
입춘	우수	1
경칩	춘분	2
청명	곡우	3
입하	소만	4
망종	하지	5
소서	대서	6
입추	처서	7
백로	추분	8
한로	상강	9
입동	소설	10
대설	동지	11
소한	대한	12

12월이라는 고유 이름을 갖게 되었다.

이 규칙에 근거하여 새로운 윤달 추가 규칙인 무중치윤법이 중국 전한 시대의 고서인 회남자에서 처음 나타나는데, '무중치윤법'이란 중기가 없는 달을 윤달로 한다는 뜻이다. 유흠은 삼통력에서 중기가 없는 달을 윤달로 정하는 치윤(置閏)의 대원칙을 창안하였다. 새로 도입된 윤달을 정하는 규칙에서는 24절기의 중기가 핵심적인 역할을 담당하게 되었다.

24절기 체계상에서는 절기가 시작되는 시각(절입 시각 또는 입기 시각이라고 함)이 포함한 날짜를 절기 날짜로 삼는다. 절기와 다음 절기 사이의 평균 간격은 1태양년인 365.24199일을 12로 나눈 기간으로 절월(節月)이라고 한다. 이에 따라 1절월은 365.242199일÷12=30.43685일이 되고, 24절기의 각 기의 평균 간격은 1절월의 절반인 반절월에 해당하여 15.21843일이 되는 셈이다. 그러므로 대체로 1절월은 음력 한 달에 해당하며, 각각의 음력 달은 하나 이상의 24절기를 포함하여 대체로 1중기와 1절기로 이루어져 있다. 따라서 각 음력 달은 자신의 달에 포함된 중기에 근거하여 월경을 부여받을 수 있었다.

그런데 중기가 없는 절월이 가끔 발생하게 되었는데, 중기가 들어있지 않았으므로 무중월이라고 하였으며, 그 절월은 음력 달의 이름이 없는 달이 되었다. 그리고 이렇게 무중월이 발생할 경우에는 그 달의 이름을 전달의 이름을 따라 '윤0

월'로 부르고, 윤달이라고 하였다. 그렇지만 모든 무중월이 모두 윤달이 되는 것은 아니고, 추가적인 규칙을 적용하여 윤달 여부를 확정하였다.

이처럼 한나라의 태초력(기원전 104)을 개정한 삼통력에서는 무중치윤법에 의해 중기가 없는 달을 윤달로 삼았다. 그런데 여기에서 우리가 확실하게 염두에 두어야 할 점이 있다. 앞에서 설명한 바와 같이 윤달이란 임의로 추가하는 달이 아니고, 정해진 조건을 갖추지 못한 달이 윤달이 된다는 것이다. 즉, 전해와 다음해의 동지를 기준으로 삼아 1년을 정하였을 때, 그 사이에 포함된 음력 달이 13개월이 되는 경우가 있는데, 이때에는 반드시 1개 이상의 무중월이 들어 있게 된다. 이때 나타나는 무중월을 윤달 규정을 적용하여 윤달로 삼기로 정한 것이며, 이 규칙이 글자 그대로 무중치윤법이다. 중기가 없는 달을 윤달로 정하게 된 이유는 원래 달의 이름을 그 달 속에 들어 있는 중기에 따라 결정한다고 하였는데, 중기가 없으면 붙여질 달의 이름도 없기 때문이다.

윤년을 적용하는 구체적인 원칙은 다음과 같이 정리할 수 있다. 첫째, 어떤 태음년의 달 수가 13달이며, 그중에 중기가 없는 달이 있으면 윤년으로 정한다. 둘째, 윤년에 해당하면서 중기가 없는 달이 2개 이상인 경우에는, 앞에 있는 무중월을 윤달로 삼는다. 셋째, 어떤 태음년이 중기가 없는 달이 있더라도 그 해의 달 수가 12달이면 윤년이 되지 않는다.

무중월

그렇다면 무중월은 왜 발생하게 되는 것일까?

앞서 언급한 것처럼, 24절기는 태음력의 근본인 삭망월을 근거로 하지 않고, 태음력과 전혀 관련이 없는 365.2422일로 이루어진 지구의 1공전 기간인 태양년의 날 수를 24부분을 나누고 계절에 적합한 명칭을 부여한 것이므로, 24절기의 총 날 수는 365.2422일이다. 그리고 1개의 절기와 1개의 중기로 이루어져 있는 1달을 절월이라고 하였으므로, 1년은 12절월에 해당한다. 이처럼 절월이란 달이 차고 기우는 현상을 기본으로 한 삭망월과는 완전히 다른 개념으로, 평기법에서는 1태양년을 똑같은 24개의 구간으로 나누고 각각에 계절에 적합한 명칭을 부여한 구분이다. 따라서, 1절월의 평균 길이는 1년 365.2422일을 12절월로 나눈 값으로 약 30.43685일이 되므로, 24절기의 길이는 각각 대략 15일 정도가 된다.

반면에, 29.53059일의 주기를 갖는 삭망월 기반의 태음력에서는 12삭망월의 총 날수는 354일이기 때문에 태음력 상에서 12삭망월은 365.2422일인 24절기에 비해 11일이 모자라게 되어, 절기와 중기들의 날짜가 태음력상에서 일정한 날짜에 오지 않고 조금씩 늦게 나타나게 된다. 즉, 태음월의 삭망월은 30일과 29일이 교대로 오지만, 절기와 중기는 거의 정확히 15일 간격으로 오게 되므로, 삭망월 2달이 지날 때마다 절기와 중기가 하루씩 늦어지게 되는 것이다.

약 30.43685일의 절월이 29.53059일의 삭망월보다 큰 상황에서, 절기와 중기가 늦어지는 현상이 계속 누적되면, 결국 어떤 삭망월에서는 절기나 중기가 없는 경우도 생기게 된다. 이렇게 생긴 절기나 중기가 없는 삭망월 중에서도 특히 중기가 없는 삭망월을 무중월이라고 한 것이다.

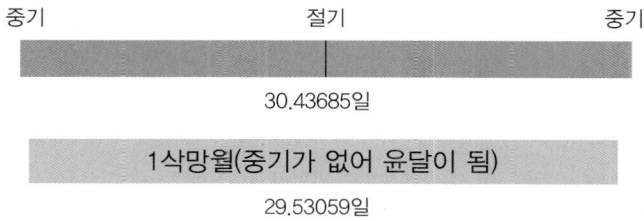

따라서 계산상으로 평균 17~18개월이 지날 때마다 절기가 없는 무절월과 중기가 없는 무중월이 고대로 생기게 되어, 19년 동안 대략 무절월과 무중월이 각각 7차례 생기게 된다.

무중치윤법

중기가 들어있지 않는 무중월은 이름이 없는 달이 되었으며, 이 무중월을 윤달로 정하는 방법을 무중치윤법이라고 하였다. 따라서 무중월에 해당할 경우 그 전 달의 이름을 따라 '윤0월'이라는 이름을 가지게 되었고, 윤달로 불리게 되었다. 예를 들어 무중월의 전 달이 음력 3월이었다면, 무중월인 그 삭망월은 윤3월이 된다. 그렇게 되면 윤달 다음 달은 4월의 중기인 '소만'이 당연히 들어 있게 되므로, '소만'에 지정된 달 이름인 4월에 해당하게 되는 것이다.

중기와 중기 사이의 길이는 평균 30.43685일(사분력에서는 30.4375일)이고, 1삭망월의 평균 길이는 29.53일이다. 따라서 평기법이 적용되었을 경우에는 1삭망월 속에 2개의 중기나 2개의 절기가 들어 있을 수 없지만, 1삭망월 속에 중기나 절기가 없을 수도 있다.

그런데 정기법과 정삭법 모두를 채택한 역법에서는 절기와 중기 사이의 길이가 14.42일에서 15.73일 사이의 값을 가지기 때문에, 중기와 중기 사이의 길이가 삭망월의 평균 길이인 29.53일보다 짧은 29.48일까지 줄어 들기도 한다. 그 결과 1삭망월 속에 2개의 중기(또는 절기)가 들어 가는 경우도 발생하였으며, 1개의 중기(또는 절기)가 들어 있지 않는 경우도 더 자주 발생하게 되었다. 또한, 일 년중에 무중월이 두 번 나타나는 경우도 가끔 나타나게 되었다.

이로 인해 무중월에 윤달을 둔다는 원칙에 매우 큰 혼란이 발생하게 되었다. 그렇지만, 무중월이 한 해에 두 번 들어 있는 경우가 발생하더라도 한 해에 윤달이 2달이 될 수 없으므로 처음 오는 무중월만을 윤달로 하고, 나중에 오는 무중월은 평달의 이름을 붙이게 되었다.

그런데 이렇게 단순한 문제에 그치지 않고 예상치 못한 여러 변수들이 복합적으로 작용하여 윤달을 쉽게 결정지을 수 없는 미묘한 상황들도 발생하곤 하였다. 그럴 경우에는 이분과 이지를 우선적으로 반영하여 달 이름을 결정하였다. 다시 말해서 윤달로 인해서 달의 이름을 정하는데 있어서 혼란이 발생하였을 경우에는, 이분 이지를 중시하여 2월에 춘분이, 5월에 하지가, 8월에 추분이, 11월에 동지가 포함되는 것을 원칙으로 삼았다. 특히 11월에 동지가 들어 있어야 한다는 것은 절대적인 대원칙이었다. 다시 한번 더 강조하지만, 어쩔 수 없는 특별한 경우를 제외하고는 윤달로 인해서 춘분이 들어 있는 달은 2월, 하지가 들어 있는 달은

5월, 추분이 들어 있는 달은 8월, 동지가 들어 있는 달은 11월이라고 한다는 이분이지의 원칙이 훼손되어서는 안되며, 특히 11월의 동지는 절대적으로 지켜져야 했다.

그럼에도 불구하고 논란의 여지를 완전히 해소시키지 못하는 복잡한 상황도 발생하였다. 그 문제에 관련해서는 다음에 자세히 언급하기로 하겠다.

정기법의 문제점

수나라 이전의 역법에서는 24절기는 평기법에 의해 결정되었다. 북제(北齊; 550~577) 때에 이르러 장자신은 태양이 운행하는 속도가 항상 똑같지 않고, 빠르고 느림이 있다는 일행영축 현상을 발견하였고, 수나라 유작은 홍극력에서 태양주년시 운동의 불규칙성을 반영하여 동지를 시작점으로 하여 황도를 일정한 간격으로 24등분하므로써 태양의 황도상의 위치를 기준으로 절기를 나누는 '정기'의 개념을 처음으로 적용하였다.

정기법을 적용하면서 절기 사이의 태양의 이동 거리는 모두 같게 되었지만, 정기 사이를 운행하는 시간 길이는 서로 같지 않게 되었다. 평기법에서는 절기가 거의 정확히 15일 간격이었지만, 정기법을 적용한 경우에는 동지를 전후로 한 지점에서 태양의 운행이 빠르기 때문에 절기 기간이 단지 14일에 불과하였고, 하지를 전후로 한 지점에서는 태양이 느리게 운행하기 때문에 절기 기간이 16일까지 길어졌다. 이로 인해서 무중월은 평기법에 비해 더 불규칙적이고 혼란스럽게 발생하였다.

정기법을 도입함으로서 결과적으로 절기 기간이 길어진 하지에 가까운 달에 윤달의 분포가 많아지게 되었으며, 절기 기간이 짧아진 동지 무렵의 겨울에는 1개월에 1절기 2중기가 들기도 하고, 2절기 1중기가 들기도 하여 좀처럼 윤달이 발생할 수 없게 되었다. '윤동지 초하루'란 말이 있다. 윤동짓날이란 거의 나타날 수 없는 달을 의미하는 것이다. 이런 특성 때문에 돈을 빌려 쓰고 농담삼아, '윤동짓날 초하루에 갚겠다'고 하면 그것은 돈을 갚지 않겠다는 말이 된다.

대통령까지는 평기법을 사용하였으므로 비교적 큰 문제가 없었지만, 시헌력에서 정기법을 채택하면서 무중월이 두 개 이상 생기는 경우가 자주 발생하였다. 이 경우 시헌력에서는 처음 오는 무중월을 윤달로 삼도록 했다. 현재 우리나라에서도 이 규칙을 그대로 받아들여 첫 번째 무중월을 윤달로 삼고 있다. 그렇지만 정기법을 적용한 무중치윤법 자체가 완벽하지 않았으므로 가끔 해결하기 쉽지 않은 복잡한 문제점들도 나타났다. 1년에 무중월이 최대 3번까지 발생하는 해도 나타났기 때문이다. 그런 경우에는 어떤 원칙을 우선적으로 적용하여 어느 무중월을 윤달로 선택을 해야 할 것인지 대단히 혼란스러웠다.

역법 자체가 동지를 기준점으로 삼아 만들어졌으므로, 태음력에서는 동지가 들어있는 달이 반드시 11월이 되어야 한다. 우리나라에서도 중국과 마찬가지로 전통적으로 동지를 기점으로 역(曆)을 구성하였다. 동지 다음으로 중요한 달은 춘분(2월), 하지(5월), 추분(8월)이다. 이 중기들도 계절을 나누는 기점이 되기 때문에 어쩔 수 없는 경우가 아니면 제 위치에서 벗어나는 일이 없어야 한다.

윤달이 추가되면 음력 월명이 하나씩 뒤로 밀려날 수밖에 없는 경우가 발생하게 된다. 그런 경우에도 이들 이분 이지는 가급적 자신의 월명을 지킬 수 있도록 하였지만, 11월 동지를 제외하고 다른 중기들은 원래 자리에서 부득이하게 밀려나는 경우도 발생하였다. 특히 무중월이 여러 개 들어있는 해의 경우에 첫 번째 무중월을 윤달로 정했을 때 그런 상황이 발생하였다. 그런 경우에는 첫 번째 무중월을 윤달로 삼지 않고 두번째 무중월을 윤달로 삼아서 이분 이지가 자신의 월명을 지킬 수 있게 된다면 두번째 무중월을 윤달로 삼기로 하였다. 과거 음력 자료를 보면 이런 원칙이 잘 지켜진 것으로 보여진다.

이런 규칙에 의해 결정되는 윤달의 날수를 살펴보면 일률적으로 똑같은 날 수로 구성되어 있지 않으며, 29일의 작은 달뿐만 아니라 30일의 큰 달로도 이루어져 있다는 것을 알 수 있다. 원래 음력 달력에서 큰 달과 작은 달의 구성 비율은 53 : 47 정도이지만, 윤달의 경우에는 80% 정도가 작은 달이고, 20% 정도만 큰 달이다.

2033년 문제

그런데, 앞으로 다가올 2033년의 음력 달력을 확정하는 과정에서 매우 미묘한 문제가 발생하였다. 무중치윤법에 의한 윤달 배정 규칙을 2033년에 적용하는 과정에서, 그 규칙을 적용하는 방법들에 있어서 여러 부분에서 혼란스러운 의견 충돌이 발생하였기 때문이다.

먼저 2032년 11월부터 2034년 12월까지 2년간의 음력 달력을 살펴 보자.

다음 도표에서 알 수 있는 것처럼, 음력으로 2032년 11월에 들어있는 동지로부터 2034년 12월의 입춘까지는 양력으로 2032년 12월부터 2035년 2월 사이의 기간에 해당한다. 그런데, 이 2년 동안의 입춘과 입춘 사이에 무중월이 3개 들어 있고, 2개의 2중월이 나타난다. 이 시점에서 동지와 동지 사이를 기준으로 한 경우에도 마찬가지로 3개의 무중월과 2개의 2중월이 들어 있다. 특히 2033년 1월의 입춘으로부터 다음해 입춘 사이에는 2개의 무중월이 들어 있으며, 이 기간과 비슷하게 겹치는 동지와 동지 사이에도 하나의 무중월이 존재한다. 단순하게 무중월을 윤달로 정한다는 규칙만으로 윤달을 결정할 수가 없는 복잡한 상황이 나타난 것이다.

우리나라의 음력을 결정하는 한국천문연구원에서는 처음에는 한 해에 윤달이 2번 나타나는 경우에 먼저 오는 무중월을 윤달로 정한다는 규칙을 근거로 하여 7월 다음에 오는 무중월을 윤달로 삼아 윤7월로 하는 것을 고려하였던 것으로 알려져 있다. 그런데, 그렇게 되면 11월의 중기인 동지가 동짓달인 11월에 들어있지 않고, 10월에 들어 가게 된다. 이로 인해 11월에 동지가 들어 있어야 한다는 역법의 절대적 원칙이 훼손되므로 이 원칙이 지켜질 수 있도록 윤달을 배정해야 한다는 주장과, 첫째 무중월을 무조건 윤달로 하자는 주장이 대립하게 되었다.

사실 이것은 동양 철학 자체의 쟁점이기도 하다. 핵심은 동지가 모든 12중기 중 가장 중요한 절기인가, 그렇지 않은가 하는 문제이다. 입춘을 해의 기준점으로 하여 무중월이 2번 나타나는 해의 경우에 첫번째 무중월을 윤달로 정한다는 규칙을 적용한다면, 입춘 이후에 오는 최초의 무중월은 7월 다음 달에 나타나므로 7

〈2016년도에 확인한 음력 2032년 11월~2034년 12월 만세력〉

음력 연도	음력 월명	양력 날짜	24절기			
			절기	중기	절기	중기
2032	11월	12.3~12.31	대설 11.4(양력 12.6)	동지 11.19(양력 12.21)		
	12월	2033.1.1~1.30	소한 12.5(양력 1.5)	대한 12.20(양력 1.20)		
2033	1월	1.31~2.28	입춘 1.4(양력 2.3)	우수 1.19(양력 2.18)		
	2월	3.1~3.30	경칩 2.5(양력 3.5)	춘분 2.20(양력 3.20)		
	3월	3.31~4.28	청명 3.5(양력 4.4)	곡우 3.21(양력 4.20)		
	4월	4.29~5.27	입하 4.7(양력 5.5)	소만 4.23(양력 5.21)		
	5월	5.28~6.26	망종 5.9(양력 6.5)	하지 5.25(양력 6.21)		
	6월	6.27~7.25	소서 6.11(양력 7.7)	대서 6.26(양력 7.22)		
	7월	7.26~8.24	입추 7.13(양력 8.7)	처서 7.29(양력 8.23)		
	A	8.25~9.22	백로 14(양력 9.7)	무중월		
	B	9.23~10.22		추분 1(양력 9.23)	한로 16(양력 10.8)	
	C	10.23~11.21		상강 1(양력 10.23)	입동 16(양력 11.7)	
	D	11.22~12.21		소설 1(양력 11.22)	대설 16(양력 12.7)	동지 30(양력 12.21)
	E	12.22~2034.1.19	소한 15(양력 2034.1.5)	무중월		
	F	1.20~2.18		대한 1(양력 1.20)	입춘 16(양력 2.4)	우수 30(양력 2.18)
	G	2.19~3.19	경칩 15(양력 3.5)	무중월		
	H	3.20~4.18		춘분 1(양력 3.20)	청명 17(양력 4.5)	
	I	4.19~5.17		곡우 2(양력 4.20)	입하 17(양력 5.5)	
	J	5.18~6.15		소만 4(양력 5.21)	망종 19(양력 6.5)	
	K	6.16~7.15		하지 6(양력 6.21)	소서 22(양력 7.7)	
	L	7.16~8.13		대서 8(양력 7.23)	입추 23(양력 8.7)	
	M	8.14~9.12		처서 10(양력 8.23)	백로 25(양력 9.7)	
	N	9.13~10.11		추분 10(양력 9.23)	한로 26(양력 10.8)	
	O	10.12~11.10		상강 12(양력 10.23)	입동 27(양력 11.7)	
	P	11.11~12.10		소설 12(양력 11.22)	대설 27(양력 12.7)	
2034	Q: 11월	12.11~2035.1.9		동지 12(양력 12.22)	소한 26(양력 2034년 1.5)	
	R: 12월	1.10~2.7		대한 11(양력 1.20)	입춘 26(양력 2.4)	

*음력 월명에서 2033년 7월까지는 윤달 문제가 없으므로 정확한 월명을 숫자로 표기하였지만, 7월 이후의 월명은 확정되지 않은 상태이므로 숫자 대신 숫자 대신 설명을 위해 A부터 R까지로 표기하였다.
*2033년 7월까지는 절기의 이름과 음력 날짜, 그리고 괄호 안에는 양력 날짜를 기록하였다.
*2033년 7월 이후에는 월명이 확정되지 않았으므로, 음력 월명은 빼고 날짜만 기록하였다.
*Q월은 동지가 들어 있으므로 2034년 11월에 해당한다.

월 다음달이 윤7월이 되어야 한다는 주장도 제기될 수 있다.

그렇지만 동지가 역법의 기준이 되는 가장 핵심이 되는 절기라는 원칙을 절대적으로 엄수한다면, 동지로부터 시작하여 다음 동지 사이를 역법 상의 1년으로 삼고, 동지 이후에 나타나는 최초의 무중월에 윤달을 넣는다'라는 규정을 반드시 적용해야 할 것이다.

이와 같이 극명하게 충돌하는 두 주장을 바탕으로 지금부터 2033년에 발생하는 첫번째 무중월이 역법의 원칙에 부합하는 윤7월에 해당하는지 철저하게 검토해 보도록 하겠다. 왼쪽 도표는 이와 같은 문제가 제기되었던 2016년 1월경에 배포되었던 음력 2032년 11월부터 2034년 12월(양력 2032년 12월~2035년 2월)까지의 만세력이다. 달력 상에서 음력으로 A월과 E월, 그리고 G월의 3달이 중기가 들어있지 않는 무중월로 되어있다.

음력 달력상에서 1년 한 해는 음력 1월 1일부터 12월 29일까지로 되어 있고, 입춘이 들어 있는 달을 음력 1월로 정하였으므로, 음력 1년은 입춘이 들어 있는 달로부터 다음 입춘이 들어 있는 달 바로 전달까지라고 주장할 수도 있다. 따라서 이 기간 동안에 입춘 세수를 적용하였을 때 윤달 조건을 충족하는 달이 발생하는지, 조건을 갖춘다면 어느 달이 윤달에 해당하는지 살펴보기로 하겠다. 이 표에서 보았을 때, 음력으로 2033년 입춘이 들어 있는 1월부터 다음 입춘인 F월 사이의 1년에는 A와 E, 두번의 무중월이 들어 있다는 것을 알 수 있다.

무중월이 한 해에 2번 나타나면 처음의 무중월을 윤달로 한다는 원칙에 의해 첫 번째 무중월인 A월이 윤달의 조건에 해당하므로, 이 경우에 A월이 윤7월이 될 수 있다. 그런데 입춘과 다음 입춘 사이의 이 기간 내에 포함된 달 수가 13개월이 아니고 12개월이다. 그러므로, 이 경우에는, '태음년의 달 수가 12달이면 그중에 중기가 없는 달이 있더라도 윤년이 되지 않는다'는 원칙에 의해 A월은 윤7월이 될 수 없다. E월 역시 마찬가지 이유로 윤달이 될 수 없다.

음력 2034년의 경우에는 입춘이 들어 있는 F월부터 다음 입춘인 R월의 1년 사이에 G월 한 번의 무중월이 들어 있어 G월이 윤2월이 될 수 있지만, 2034년 역시 이 기간의 달 수가 13개월이 아니고 12개월이므로 G월 역시 윤달이 될 수 없다.

따라서 입춘으로부터 다음 입춘까지를 음력 1년의 기준으로 정하였을 경우에는, 음력 2033년과 2034년은 윤년이 될 수 없고, 윤달이 들어있지 않게 된다.

그런데, 무중치윤법의 윤달을 정하는 규칙 중에서 가장 중요한 원칙 중 첫 번째가 한 해의 기준을 동지로 삼는다는 것이다. 즉, 윤달을 정하는 기준이 어느 해 입춘부터 다음 해 입춘 사이가 아니고, 동지와 다음 해 동지 사이의 1년 기간이라는 것이다. 왜냐하면, 24절기를 구분하는 기준 시점이 바로 동지이기 때문이다. 따라서, 이 기간 내에 13달이 있고, 무중월이 있을 경우에 그 무중월을 윤달로 정하게 되는 것이다. 그러므로, 앞에서 입춘을 기준으로 윤달을 구했던 방법은 무중치윤법의 원칙에서 벗어난 것이다. 그럼에도 불구하고, 입춘을 한 해의 기준으로 삼았을 경우에 윤7월이 무중치윤법의 원칙에 부합하는 윤달이 될 수 있는지 확인하기 위해서 먼저 살펴본 것이다.

이제 동지를 기준으로 윤달을 정하는 실제 원칙을 적용하여 윤달 여부를 파악해 보도록 하자. 위의 달력을 보면, 2032년 음력 11월에 동지가 들어 있으며, 다음 동지는 2033년 D월, 그리고 그 다음 동지는 2034년 Q월에 들어있다. 먼저 2032년 음력 11월의 동지로부터 2033년 D월의 동지 사이를 살펴보자. 이 기간 내에 포함되는 달은 12달이다. 그러므로 이 기간 내에 무중월이 들어 있기는 하지만, 윤달 조건에는 합당하지 않는다.

다음으로, 2033년의 동지가 들어 있는 D월로부터 다음 동지인 Q월 사이를 살펴보자. 이 기간 내에는 달 수가 13개월이다. 이 경우에는 무중월이 들어 있으면, 윤달 조건에 합당하게 된다. 그런데 이 기간 동안에는 무중월이 E와 G에 두 번 들어 있다. 무중월이 두 번 들어있게 되면 처음 오는 무중월을 윤달로 한다는 원칙에 따라, 처음 오는 무중월인 E가 윤달에 해당하게 되고, 11월 다음에 들어 있으므로 윤11월이 된다.

이와 같이 윤달 규정을 원칙대로 정확하게 적용하게 되면 2033년이 윤11월의 윤년에 해당한다는 것이 확실함에도 불구하고, 2033년에 들어 있는 윤달은 윤11월이 아니고 윤7월이라고 주장하였던 것이다. 그러나 위에서 규정을 바탕으로 살펴본 것처럼 윤11월 여부와 관계없이 윤7월이 될 수 있는 근거는 전혀 없다. 윤7월이라는 주장은 윤달 규정의 원칙이 아닌 입춘과 입춘 사이의 1년을 기준으로 내세우는 오류를 범하고 있을 뿐만 아니라, 무중월이 발생하더라도 그 해에 포함된 달 수가 13달이 아니고 12달일 경우에는 윤달로 정하지 않는다는 규정조차 무시하고, 한 해에 무중월이 2번 들어 있을 경우에 처음 오는 무중월을 윤달로 한다는 원칙만을 내세우며 A월을 윤7월이라고 주장하고 있는 것이다.

그럼에도 불구하고 혹시라도 그들의 주장처럼 만약 윤7월로 정해진다면, 매우 심각한 문제가 발생하게 된다. 바로 동지가 들어있는 D달이 음력 10월이 되어, 동지는 반드시 11월에 들어 있어야 한다는 가장 중요한 역법의 대원칙이 무너지게 되는 것이다. 이처럼 여러 복잡한 상황들이 얽혀 있는 것처럼 보이는 2033년이지만, 윤년을 정하는 근본 원칙들을 정확히 적용하게 되면 매우 간단하고 분명하게 2033년의 윤달은 윤11월이라는 것을 확인할 수 있다.

그런데, 2023년 11월에 만세력을 확인하는 과정에서 뜻밖에도 2016년도에 배포되었던 위의 만세력 내용이 변경되었음을 발견하였으며, 이 책을 발간하기 직전인 2024년 1월 말에 만세력을 재차 확인해 보는 과정에서 만세력 내용에 또 다시 조정이 이루어졌음을 발견하였다. 이로 인해 24절기에 해당하는 음력 날짜와 양력 날짜가 처음 도표 내용과 달리 여러 부분에서 변경되었는데, 2024년도 1월에 마지막 변경된 내용에 따라 만세력을 다시 정리하고 윤달 여부를 확인하여 보았다.

이와 같은 예기치 않은 변경으로 인해 일부 절기의 날짜가 예전의 만세력 내용과 달라졌으며, 이로 인해 각각의 음력달에 속하는 절기의 날짜들도 새로운 만세력 상에서 일부 달라지게 되었으므로, 윤달과 관련해서도 예기치 않은 변화들이 발생할 가능성이 생기게 되었다.

그렇지만 변경된 만세력에서도 입춘을 기준으로 하였을 경우, 변경 전과 마찬가지로 2033년과 2034년에 무중월이 나타나기는 하지만, 입춘과 다음 입춘까지 12개월에 불과하였을 뿐이므로 윤년의 조건을 충족시키지 못하였다.

이어서 동지를 기준으로 삼은 경우를 살펴보면, 2033년의 경우에는 변경 전과 마찬가지로 무중월이 나타나기는 하지만, 동지와 다음 동지까지의 1년 사이의 개월 수가 12개월이므로 윤년에 해당하지 않았다. 그렇지만, 2034년의 경우에는 이전 만세력의 경우에서와 마찬가지로 무중월이 나타나면서, 동지와 다음 동지까지의 1년 사이의 개월 수가 13개월이므로 윤년의 조건을 충족시키게 된다.

〈2024년도에 확인한 음력 2032년 11월~2034년 12월 만세력〉

음력 연도	음력 월명	양력 날짜	24절기			
			절기	중기	절기	중기
2032	11월	12.3 ~ 12.31	대설 11.4(양력 12.6)	동지 11.19(양력 12.21)		
	12월	2033.1.1 ~ 1.30	소한 12.5(양력 1.5)	대한 12.19(양력 1.19)		
2033	1월	1.31 ~ 2.28	입춘 1.4(양력 2.3)	우수 1.19(양력 2.18)		
	2월	3.1 ~ 3.30	경칩 2.5(양력 3.5)	춘분 2.20(양력 3.20)		
	3월	3.31 ~ 4.28	청명 3.5(양력 4.4)	곡우 3.20(양력 4.19)		
	4월	4.29 ~ 5.27	입하 4.7(양력 5.5)	소만 4.22(양력 5.20)		
	5월	5.28 ~ 6.26	망종 5.9(양력 6.5)	하지 5.25(양력 6.21)		
	6월	6.27 ~ 7.25	소서 6.10(양력 7.6)	대서 6.26(양력 7.22)		
	7월	7.26 ~ 8.24	입추 7.13(양력 8.7)	처서 7.28(양력 8.22)		
	A	8.25 ~ 9.22	백로 14(양력 9.7)	추분 29(양력 9.22)		
	B	9.23 ~ 10.22	한로 15(양력 10.7)	무중월		
	C	10.23 ~ 11.21		상강 1(양력 10.23)	입동 16(양력 11.7)	소설 30(양력 11.21)
	D	11.22 ~ 12.21	대설 15(양력 12.6)	동지 30(양력 12.21)		
	E	12.22 ~ 2034. 1.19	소한 15(양력 2034년 1.5)	대한 29(양력 1.19)		
	F	1.20 ~ 2.18	입춘 15(양력 2.3)	우수 30(양력 2.18)		
	G	2.19 ~ 3.19	경칩 15(양력 3.5)	무중월		
	H	3.20 ~ 4.18		춘분 1(양력 3.20)	청명 16(양력 4.4)	
	I	4.19 ~ 5.17		곡우 1(양력 4.19)	입하 17(양력 5.5)	
	J	5.18 ~ 6.15		소만 3(양력 5.20)	망종 19(양력 6.5)	
	K	6.16 ~ 7.15		하지 6(양력 6.21)	소서 21(양력 7.6)	
	L	7.16 ~ 8.13		대서 7(양력 7.22)	입추 23(양력 8.7)	
	M	8.14 ~ 9.12		처서 9(양력 8.22)	백로 25(양력 9.7)	
	N	9.13 ~ 10.11		추분 10(양력 9.22)	한로 26(양력 10.8)	
	O	10.12 ~ 11.10		상강 12(양력 10.23)	입동 27(양력 11.7)	
	P	11.11 ~ 12.10		소설 12(양력 11.22)	대설 27(양력 12.7)	
2034	Q: 11월	12.11 ~ 2035. 1.9		동지 11(양력 12.21)	소한 26(양력 2034년 1.5)	
	R: 12월	1.10 ~ 2.7		대한 11(양력 1.20)	입춘 25(양력 2.3)	

그런데, 무중월이 경칩 절기 이후의 중기 위치에서 발생하였으므로, 그 시점이 윤달로 지정되어 2034년의 윤1월이 되어야 했을 것이다. 그럼에도 불구하고 변경된 만세력에서도 2033년 11월 다음 달을 윤달로 지정하고 있다. 이는 아마도 변경 전 만세력에서 윤11월로 정하였던 것을 한국천문연구원에서 그대로 반영한 것이라 생각되지만, 정확한 이유는 확인할 수 없었다.

이처럼 변경 전의 만세력 뿐만 아니라 변경된 단세력에서도 2033년을 윤년으로 지정하였다는 사실은 우리나라 한국천문연구원에서도 달력 작성어 있어서 입춘 세수가 아닌 동지 세수를 그 기준으로 삼고 있다는 사실을 명확히 확인시켜 주는 구체적인 사례라 할 수 있을 것이다.

윤달과 관련된 풍속들

윤달에 대한 전통적인 인식은 같은 동양 아시아권 나라에서도 나라에 따라 다르다. 음력을 병행 사용하는 중국에서는 윤달을 남은 수를 모아서 만든 달이라 생각하고 중요한 일은 하지 않고 그냥 보낸다고 한다. 하지만 우리나라에서는 '공달' 또는 '헛달'로 인식하였으며, 윤달은 '귀신이 없는 달' 혹은 '신이 쉬는 달'이라고 하여, 하늘과 땅의 모든 신들이 사람에 대한 감시를 쉬는 기간이라고 생각하였으므로, 윤달에는 불경스러운 행동을 하더라도 신의 벌을 피할 수 있으며 모든 일에 부정을 타거나 액운이 끼지 않는다는 믿음이 지금까지 전해 내려왔다. 그러므로 집 수리, 이사, 각종 공사, 묘터의 개보수, 이장, 수의를 미리 준비하기와 같은 일들을 이 시기에 많이 하였다.

조선 후기 세시풍속을 정리한 『동국세시기』(東國歲時記·1849)에 보면, "윤달은 택일이 필요 없어 결혼하기에 좋고, 수의를 만드는 데 좋으며, 모든 일을 꺼리지 않는다."라는 기록이 있다. 이렇게 우리 조상들은 윤달에 무슨 일을 해도 부정을 타지 않는다고 생각한 것이다. 이에 따라 지금까지 우리에게 알려진 것과는 다르게 이사, 조상의 묘를 정하는 일 뿐만 아니라 결혼과 같은 중요한 일을 윤달에 집중하여 치렀다고 전해진다.

하지만 언제부터인가 '윤달에 결혼과 출산을 하는 것은 좋지 않다'는 속설이 생겼다. 수의를 만들거나 조상의 묘를 옮기는 풍습 등은 여전히 남아 있지만, 유독 결혼과 출산만은 피하게 된 것이다. 그에 대한 근거로 윤달에는 보편적으로 귀신들이 활동하지 않아 신과 조상님의 음덕을 받지 못한다는 불명확한 속설을 내세우고 있다. 이로 인해 윤달에 결혼하면 부부 금실에 문제가 생기고, 자녀를 갖기

힘들며, 원만한 가정 생활을 영위할 수 없다는 믿음이 굳어지게 되었으므로 대부분의 사람들이 윤달에 결혼과 출산하는 것을 피하게 되었다.

근대에 들어서서 기피하는 또 하나의 이유로, 기념일과의 연관성을 무시할 수 없다. 여전히 음력 달력을 중시하였던 시대였으므로, 결혼 기념일이나 자녀의 생일이 윤달이 됨으로써 매년 그 날짜를 기념하지 못할 수밖에 없게 되는 것은 심각하게 생각하지 않을 수 없었을 것이다. 수십 년에 한 번 올까 말까하는 윤달을 선택하기에는 너무 부담스러울 수밖에 없었을 것이기 때문이다.

그렇지만, 예로부터 우리 조상들은 모든 신들이 1년 12달을 관장하지만, 윤달의 경우 열세 번째 달이기 때문에 인간의 일을 간섭하는 귀신이 없다고 믿었으며, 이사나 집수리, 이장, 산소 단장, 수의 마련 등 평소에 쉽게 하지 못했던 일들을 마음 놓고 할 수 있었다. 따라서 윤달은 원래 우리의 옛 전통에서는 두려워하거나 기피했던 달이 아니고, 해가 없고 손이 없는 좋은 기운이 가득찬 축복의 달로 여겼다는 것을 한번쯤 기억할 필요가 있을 것이다.

우리나라의 윤년 상황

중국의 19년7윤법에서는 19년 주기 중 7차례의 윤년이 추가되는 것을 원칙으로 하여, 2, 5, 7, 10, 13, 15, 18년째에 윤달이 들어간다. 이 규칙에 따르면, 1번째, 3번째, 6번째 윤년의 해는 2년 간격으로 윤년이 발생하고, 나머지 윤년의 해에서는 3년 간격으로 윤년이 발생한다. 즉 2,3/ 2,3,3/ 2,3 간격으로 윤년이 발생한다. 그리고 19년마다 이 간격을 계속 유지하며 주기가 반복된다.

우리나라의 음력 달력 역시 태음태양력에 해당하며, 중국의 역법을 기반으로 제정되고 있다. 그렇지만, 우리나라 조건에 맞는 역법으로 조정되는 과정에서 원래의 중국 역법과 차이가 나게 되었으며, 윤달이 들어 있는 해가 중국 역법과 같지 않게 되었다.

오른쪽 도표는 우리나라 음력 달력에서 윤년이 들어간 해와 윤달이 들어간 위치를 나타낸 것이며, 색으로 구분한 연도는 19년 주기 상에서 첫 번째 윤년이 나타나는 해를 표시한 것이다.

이 도표에서 1900년도부터 100년 동안 우리나라에서 윤년이 발생하는 간격을 파악해 보자.

윤년이 발생하는 간격이 3,3,3/ 2,3,3/ 2,3,3,3/ 2,3,3/ 2,3,3,3/ 2,3,3/ 2,3,3,3/ 2,3,3/ 2,3,3/ 2,3,3,3/ 2,3,3,3/ 2,3,3/ 2,3,3,3/ 2,3,3/ 2,3,3,3/ 2,3,3/ 2,3,3,3/ 2,3,3/ 2,3,3,3/ 2,3,3/ 2,3,3,3이라는 것을 알 수 있다.

연도(윤달)		
1900(8)	1968(7)	2036(6)
1903(5)	1971(5)	2039(5)
1906(4)	1974(4)	2042(2)
1909(2)	1976(8)	2044(7)
1911(6)	1979(6)	2047(5)
1914(5)	1982(4)	2050(3)
1917(2)	1984(10)	2052(8)
1919(7)	1987(6)	2055(6)
1922(5)	1990(5)	2058(4)
1925(4)	1993(3)	2061(3)
1928(2)	1995(8)	2063(7)
1930(6)	1998(5)	2066(5)
1933(5)	2001(4)	2069(4)
1936(3)	2004(2)	2071(8)
1938(7)	2006(7)	2074(6)
1941(6)	2009(5)	2077(4)
1944(4)	2012(3)	2080(3)
1947(2)	2014(9)	2082(7)
1949(7)	2017(5)	2085(5)
1952(5)	2020(4)	2088(4)
1955(3)	2023(2)	2090(8)
1957(8)	2025(6)	2093(6)
1960(6)	2028(5)	2096(4)
1963(4)	2031(3)	2099(3)
1966(3)	2033(11)	

이 결과를 정리하여 분석해 보면, 우리나라에서는 19년 한 주기 동안에 대체로 2,3,3,3/2,3,3년의 간격으로 7번의 윤년이 들어간다는 것을 알 수 있다. 따라서, 우리나라의 19년7윤법에 따른 윤년이 들어가는 해가 중국 역법의 원칙인 2, 5, 7, 10, 13, 15, 18년째에 들어가는 2,3/2,3,3/2,3년 간격의 원칙을 그대로 따르지 않고 있다는 것을 알 수 있다. 또한, 서양의 메톤 주기와 유대력에서 사용되고 있는 19년7윤법에서도 윤년이 들어있는 간격이 서로 같지 않고 다음과 같이 각각 다르다는 것을 알 수 있다.

　우리나라 주기 : 2,3,3,3/2,3,3
　중국 주기 : 2,3/2,3,3/2,3
　서양 메톤 주기 : 3,2/3,3/2,3,3
　유대력 주기 : 3,3/2,3,3/3,2
　컴퓨투스 주기 : 3,3/2,3,3/2,3
　＊컴퓨투스 : 부활절을 구하는데 사용되는 계산식

07
기시법

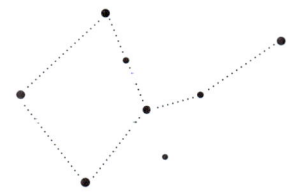

　지금까지 우리는 달력 제정시 고려해야 할 일반적 원칙들을 파악하며, 역원으로부터 세수, 큰 달과 작은 달, 24절기, 달의 명칭, 그리고 윤달에 이르기까지 각 요소들의 개념과 의미와 더불어 그 기능들에 대해서 살펴보면서, 이 요소들이 달력 구조 속에서 어떻게 적절하게 단계적으로 구성되었는지 자세히 살펴보았다. 이 과정을 거치면서 달력의 전체적인 형태가 거의 완성 단계에 이르렀으며, 마침내 우리의 여정도 마침내 마무리 단계에 도달할 수 있게 되었다.
　이제 남아있는 과정 중의 하나는 각각의 연도와 월과 날짜에 고유 이름을 부여하는 절차이다. 따라서 이번 장에서는 고대 중국에서 시간을 규정하는데 사용하였던 기시법에 대해서 알아보기로 하겠다. 중국 달력 체계에서는 모든 해와 달, 그리고 날과 시에 정해진 규칙에 따라 주기적으로 순환하는 이름을 개별적으로 부여하여 각각의 시간들을 구분하였다. 기시법이란 말 그대로 시간을 나누고 그 이름을 정의하는 규칙을 말한다.
　기시법에는 다음과 같이 해를 규정한 기년법, 월을 규정한 기월법, 하루를 나누고 그 이름을 규정한 기일법, 그리고 하루를 더 작은 시간 단위로 나누어 규정한 기시법이 있다.

1.기년법

   1) 유왕기사 기년법

   2) 즉위기년법

   3) 세성 기년법

   4) 태세 기년법 : 세양, 세음

   5) 간지기년법

2. 기월법

3. 기일법

4. 기시법 : 하루 시간의 구분

  그리고 이렇게 각각의 기시법에서 구분된 이름을 세차, 월건, 일진, 시진이라고 하였다. 여기에서 세차(歲次)란 60간지의 순서에 따라 매해마다 하나씩 배정되어지는 이름을 의미하며, 월건(月建)이란 달마다 60간지가 하나씩 배정되어지는 이름을, 일진(日辰)이란 나날에 60간지가 하나씩 배정되어지는 이름을, 시진(時辰)이란 시간마다 60간지가 하나씩 배정되어지는 이름을 의미한다.

  여기에서 언급되는 60간지, 10간, 12지 등과 같은 개념들은 일부 독자들에게는 익숙할지 모르겠지만, 일부 사람들에게는 다소 낯설게 느껴질 수도 있을 것이다. 그러므로 세차, 월건, 일진, 시진 등에 대한 설명을 하는 과정 중에 이들에 대한 기본적인 개념들에 대해서도 적절하게 설명을 추가할 것이다.

  이제 기시법 체계 전반에 걸친 탐구를 진행하도록 하겠다.

08
세차와 기년법

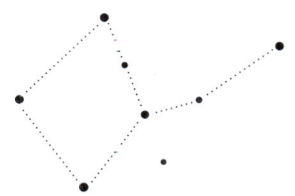

매해마다 그 이름을 배정해 주는 규칙을 기년법이라고 하는데, 고대 중국의 역법서를 통해 햇수의 이름을 갑자년, 을축년과 같은 간지 체계의 60 갑자 명칭으로 부르는 방식이 지금으로부터 약 2,000년 전인 한나라 시대 때부터 시작되었다는 사실을 확인할 수 있다. 그러므로, 한나라 시기 이전에 햇수를 기록했던 방법은 60 갑자가 아닌 다른 방식이었으며, 여러 방법들이 순차적으로 사용되었다.

또한, 한 해를 일컫는 명칭인 세명(歲名)도 시대에 따라 변하였는데, 당우(唐虞) 시대, 즉 요순 시대에는 한 해를 재(載)라고 하였고, 하(夏)왕조에서는 세(歲), 상(商)왕조에서는 사(祀)라고 하였으며, 주(周)왕조에 들어서면서 년(年)이라는 명칭을 사용하였다.

시대에 따라 바뀌며 사용된 기년법들을 정리해 보면 다음과 같다.

1. 유왕기사 기년법
2. 즉위기년법
3. 세성 기년법
4. 태세 기년법 : 세양,세음
5. 간지기년법

1. 유왕기사 기년법

간지기년법으로 햇수를 표기하기 이전에는 햇수(년)를 어떻게 세었고 표기하였을까? 현재 중국에서 정확하게 역사적 실체가 밝혀진 가장 오래된 나라는 상나라라고 할 수 있다. 상나라 시절에는 왕이 조상들에게 드리는 제사를 기준으로 삼아 해를 세었다고 하는데, 그 때 사용한 방법이 유왕기사 기년법이다.

상나라의 왕들이 조상들의 제사를 모두 지내는데 대체로 1년이 걸렸다고 한다. 그런 까닭에 상나라 사람들은 왕들이 모든 조상들에게 제사를 마치는 시점을 기준으로 삼아, '유왕 1사(祀)', '유왕 2사'라고 햇수를 세었으므로, 유왕기사 기년법이라고 부른다. 여기서 "유왕(遺王)"이란 "조상 왕"을 의미하며, "기사(祀祀)"는 "제사를 지내는 것"을 나타낸다.

2. 즉위기년법

상나라를 멸망시킨 주나라 시대에 들어와서 왕이 즉위한 해를 기준으로 하여 년(年)이라는 명칭으로 기년하는 방법이 등장하였다. 현재 우리도 햇수를 셀 때 이때 기원한 '년(年)'이라는 명칭을 사용하고 있다. '년(年)'이라는 말은 원래 '곡식의 익음'이라는 의미를 가지고 있다고 한다.

즉 '1년', '2년'이라는 말은 '제1차 곡식의 익음', '제2차 곡식의 익음'이라는 뜻으로서, '1년'이란 새로운 왕이 즉위한 후 곡식이 첫 번째로 익는 해라는 의미이다. 곡식의 익음을 기준으로 해를 세는 방법이나, 왕조의 제사를 기준으로 해를 세는 방법 모두 반복되는 현상을 기준으로 하였다는 것을 알 수 있다.

3. 세성 기년법

태양은 1년 동안 천구의 적도 상에 있는 28수 별자리를 따라 시계 반대 방향으로 연주 운동을 하고 있는데, 태양이 연주 운동을 하고 있는 천구의 적도를 균등하게 12구역으로 나누어 12차라 하고 각각에 이름을 부여하였다.

상나라 시대 갑골문을 판독해 보면 왕이 해와 달 뿐만 아니라 지금은 목성이라 불리는 세성에도 직접 제사를 올렸다는 기록이 자주 나온다. 대략 춘추시대(기원전 771~473) 이래로 오행성 중 목성은 관측을 통해 12년을 주기로 원래의 제자리로 돌아온다고 기록하고 있다. 오늘날 확인된 실제 목성의 공전 주기는 11.86년으로서 12태양년에 매우 가깝다. 그러므로 12년 주기로 공전하는 목성은 황도 상의 12차를 반시계 방향으로 운행하여 해마다 1차씩 옮겨가게 된다.

여기에 착안하여 목성이 해마다 머무는 위치를 기반으로 연도(해)를 기록하는 방안이 고안되었다. 각각의 차(次)는 1년에 해당하였으므로 목성이 머무는 성차의 이름에 따라 그 해의 이름이 붙여졌다. 즉 목성이 어느 해에 12차 중의 한 구역인 성기의 위치에 머물러 있으면, 그 해는 '목성이 성기의 자리에 있는 해'라고 하여 그 해의 이름을 '성기차'라고 명명하였고, 그 다음 해는 목성이 현효의 위치에 있기 때문에 '목성이 현효의 자리에 있는 해'라고 하여 그 해의 이름을 '현효차'라고 기록하였다.

이렇게 세성이 머무는 12차의 위치에 따른 기년법이 탄생하게 되었다. 그런 까닭에 목성은 해(연도)를 나타내는 별이라 하여 '세성'이라고 불렀으며, 세성의 위치를 기반으로 한 이와 같은 기년법을 '세성 기년법'이라고 하였다. 그리고 '세성이 머무는 성차'를 지칭하는 '세차'라는 단어는 해(연도)를 의미하는 동의어로 인식되어 사용되었다.

12차는 성기(星紀)차에서, 현효(玄枵), 추자(娵訾), 강루(降婁), 대량(大梁), 실침(實沉), 숙수(鶉首), 순화(鶉火), 순미(鶉尾), 수성(壽星), 대화(大火), 석목(析木)차 순으로 이름을 가졌으며, 12년을 1주기로 하여 계속 순환하였다. 세성은 그로부터 전국시대에 오행설이 등장하면서 나무의 기운을 가진 별이라고 규정되면서, '목성'으로도 불리게 되었다.

4. 태세 기년법

고대 중국인들에게는 12차라는 개념이 생기기 이전에 이미 12진이라는 개념이 널리 확립되어 있었다. 태양과 달이 천구상에서 1년에 12번 서로 만나서 합삭을 이루게 되는데, 천구의 황도 또는 적도 상에서 합삭이 이루어지는 이 12구역을 12진(辰)이라고 하였으며, 각각에 12지(支)의 명칭을 순서대로 부여하였다. 이 12진의 배열 방향과 순서는 시계 방향으로 진행되었다.

그런데 앞에서 언급하였던 세성은 시계 반대 방향으로 운행하였으므로 세성 기년법에서 세차가 진행되는 방향은 시계 반대 방향이었다. 따라서 12진과 세성 기년법에서의 세차는 똑같이 천구를 12등분으로 구분하였지만, 서로 반대 방향으로 진행되었으므로 두 체계를 연관지을 수가 없었다.

따라서 점성가들은 두 체계를 서로 연관지을 수 있는 방법을 고안하였다. 그 방법으로 세성과 대칭을 이루면서 시계 방향으로 운행하는 '가상의 세성'이라는 상상 속의 별을 별도로 상정한 다음, 이를 태세라고 칭하였다. 그리고 대칭의 경계

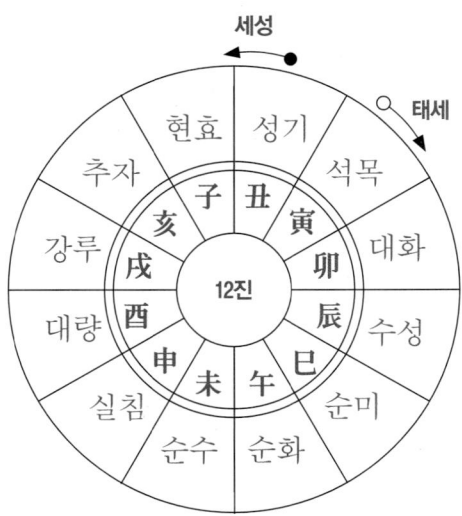

를 성기와 석목 사이로 정하였다. 그 결과, 태세는 세성과는 반대 방향으로 진행하였으므로 12진과 같은 시계 방향으로 운행하게 되었고, 12진의 방향과 조화를 이룰 수 있게 되었다. 이처럼 가상의 세성인 태세를 기준으로 햇수를 표기하는 방법을 '태세기년법'이라고 한다.

태세에 대한 개념은 대략 전국 시대(기원전 473~221)에 나타난 것으로 추정된다. 이 태세 기년법은 간지기년법보다 오래 전부터 햇수를 표기하는 기년법으로 사용되었다. 한나라보다 한참 앞선 상나라때까지 소급되어 3,000년이 넘는 기간 동안 사용되었다고도 유추하지만, 정확한 기원과 유래에 관해서는 확실히 알 수 없다.

태세 기년법을 확실하게 파악하기 위해서는 세성과 태세의 관계에 대해서 좀 더 확실한 이해가 필요하다고 생각되므로, 보충 설명을 추가하기로 하겠다. 예를 들어 어느 해에 세성이 성기의 위치에 있다고 가정해 보자. 이때 태세는 성기의 대칭에 해당하는 석목에 있게 된다. 그러므로 그 해는 '태세가 석목의 자리에 있는 해가 되고, 12진 순에서는 '인의 자리'에 있는 해'에 해당하게 된다. 따라서 그 해는 '태세가 인의 자리에 있는 해'가 된다. 그 다음 해에는 세성이 현효의 위치에 있게 되는데, 이때 태세는 현효와 대칭이 되는 위치인 대화에 있게 되므로 12진 상에서는 태세가 묘의 자리에 해당하여 '태세가 묘의 자리에 있는 해'가 된다.

이처럼, 태세기년법에서 12태세는 12지와 마찬가지로 시계방향으로 운행하면서, 12지와 짝을 이루게 된다. 이에 따라 연도에 따른 해의 이름은 각각의 12지에 해당하는 태세 년명으로 표기되었다. 섭제격세는 인, 선연세*(단알세單閼歲)는 묘, 집서세는 진, 대황락세는 사, 돈장세는 오, 협흡세는 미, 군탄세는 신, 작악세는 유, 엄무세는 술, 더연헌세는 해, 곤돈세는 자, 적분약세는 축에 해당하는 태세의 이름이다.

서로 대응 관계에 있는 세성과 태세의 위치와, 그리고 그에 해당하는 태세의 년명(年名)을 정리하면 다음 도표와 같다.

*單閼 : 선연
  單 : 오랑캐 임금 선, 고을 이름 선, 홀 단.
  閼 : 선우 왕비 연, 가로막을 알.

세성소재	성기(축)	현효(자)	추자(해)	강루(술)	대량(유)	실침(신)	순수(미)	순화(오)	순미(사)	수성(진)	대화(묘)	석목(인)
태세소재	인(석목)	묘(대화)	진(수성)	사(순미)	오(순화)	미(순수)	신(실침)	유(대량)	술(강루)	해(취자)	자(현효)	축(성기)
태세년명	섭제격(攝提格)	선연(單閼)	집서(執徐)	대황락(大荒落)	돈장(敦牂)	협흡(協洽)	군탄(涒灘)	작악(作噩)	엄무(閹茂)	대연헌(大淵獻)	곤돈(困敦)	적분약(赤奮若)

그러므로 세성이 성기의 위치에 머물러 있을 경우에 태세는 석목에 있게 되어 태세가 인에 있으므로, 그 해는 섭제격의 세(歲), 즉, 섭제격세가 되며, 묘에 있으면 선연의 세, 선연세, 진에 있으면 집서의 세, 집서세라고 하였다.

전국 시대에 들어서서 12년 주기의 태세를 고안하였던 점성가들은 12년 주기로 이루어진 태세 기년법과는 별도로 10년 주기로 하늘을 운행하는 또 하나의 가상의 '태세'를 추가로 만들었다. 그것은 12년 주기의 태세 기년법과 짝을 이루는 '10년 주기의 태세 기년법을 만들기 위한 것이었다. 그리고 12년 주기로 운행하는 태세는 '세음(歲陰)'이라고 하였고, 10년 주기로 운행하는 태세는 '세양(歲陽)'이라고 하였다. 이처럼 태세 기년법은 점성가들에 의해 만들어진 기년법이었다.

고갑자

그리고, 10년 주기의 세양과 12년 주기의 세음을 조합하여 60주기를 만들었는데, 이렇게 세양과 세음으로 만들어진 60주기를 '고갑자'라고 하였다. 고갑자에 대한 내용은 송나라 사마광 등이 편찬한 『통감외기』에 기록되어 있다. 이 기록에 따르면, 십간은 연봉(閼逢), 전몽(旃蒙), 유조(柔兆), 강어(彊圉), 저옹(著雍), 도유(屠維), 상장(上章), 중광(重光), 현익(玄黓), 소양(昭陽)으로 되어 있고, 12지는 곤돈(困敦), 적분약(赤奮若), 섭제격(攝提格), 단알(單閼), 집서(執徐), 대황락(大荒落), 돈장(敦牂), 협흡(協洽), 군탄(涒灘), 작악(作噩), 엄무(閹茂), 대연헌(大淵獻)으로 되어 있다.

이와 같은 배경 지식을 바탕으로, 60갑자로 표기되는 해를 고갑자로 명칭을 바꾸어 표기해 보기로 하자.

임진년의 해를 고갑자를 사용하여 표기하면 그 해의 이름이 '현익 집서세'에 해당하고, 무술년의 해는 '저옹 엄무세'에 해당한다.

임진년 = 현익 집서세

무술년 = 저옹 엄무세

다음은 이아 석천(爾雅釋天)과 사기 역서(史記曆書)에 기록된 세양, 세음의 고갑자 명칭을 비교한 내용으로, 서로 같지 않고 약간 차이를 보인다.

천간(天干)	세양(歲陽)		지지(地支)	세음(歲陰)		12차(次)
	이아『爾雅』	사기『史記』		이아『爾雅』	사기『史記』	
갑	연봉	언봉	자	곤돈	같음	헌효
을	전몽	단몽	축	적분약	같음	성기
병	유조	유조	인	섭제격	같음	석목
정	강어	강오	묘	선연	같음	대화
무	저옹	도유	진	집서	같음	수성
기	도유	축리	사	대황락	같음	순미
경	상장	상양	오	돈장	같음	순화
신	중광	소양	미	협흡	같음	순수
임	현익	횡애	신	군탄	같음	실침
계	소양	상장	유	작악	같음	대량
			술	엄무	엄무	강루
			해	대연헌	같음	취자

12진(辰)

앞에서 12진에 대해 잠시 언급하였는데, 12진에 대해 좀 더 자세히 알아보기로 하겠다. 천구상에서 해와 달은 동쪽에서 서쪽으로 시계 반대 방향으로 연주 운동을 하면서 1년에 12번 합삭을 이루며 만나게 된다. 이때 이루어지는 12번의 합삭이 이루어지는 위치는 시계 방향으로 진행된다. 이렇게 북극성을 중심으로 하여 천구의 황도 또는 적도 상에서 해와 달이 합삭을 이루며 만나는 12구역을 각각 12지에 대응시켜 12지의 명칭을 부여하였고, 이를 12진이라고 하였다.

그런데 왜 그 명칭을 12진(辰)이라고 하였을까?

해와 달이 합삭을 이루는 하늘의 위치를 특정하기 위해서는 하늘에 자리잡고 있는 절대적인 좌표가 필요하였는데, 그 기준 좌표의 역할을 한 것이 적도 주변에

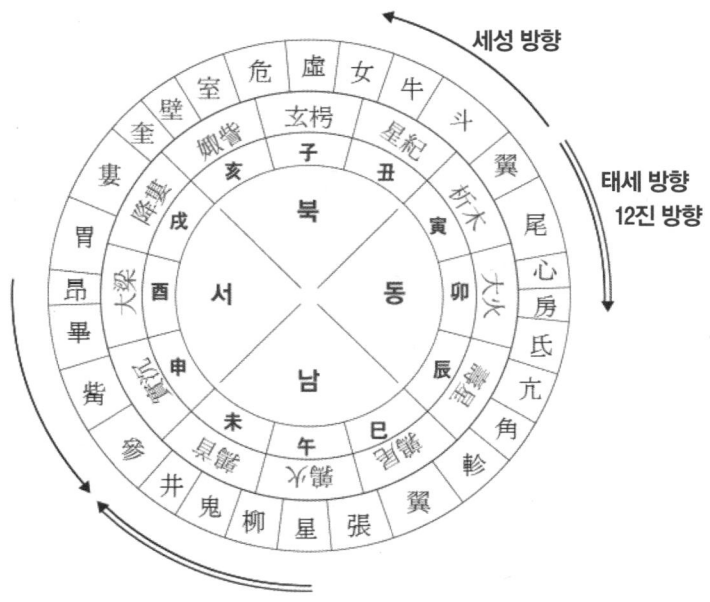

분포되어 있는 28수 별자리였다. 해와 달이 합삭을 이루는 12번의 지점 중에서, 첫 번째 합삭이 시작되는 지점으로 삼은 위치는 28수에서 동방 창룡의 각(角), 항(亢)에 해당하는 위치였고, 동방 창룡의 각, 항의 위치는 12지 상의 위치로는 진(辰)에 해당하는 지점이었다.

이를 근거로 삼아 해와 달이 합삭을 이루는 12구역들에 대한 명칭들의 집합을 '12진(辰)'이라고 하게 된 것이다. 12진이 진행하는 방향은 해와 달의 연주 운동과 반대 방향인 시계 방향이었다. 이렇게 1년 동안 발생하는 합삭을 근간으로 하여 12진이 고안되었으며, 예로부터 중국을 포함한 동아시아에서는 12진을 기준으로 삼아 일 년을 12달로 구분한 태음태양력을 사용하였다.

12차(次)

고대 중국과 한국의 혼천의(渾天儀)의 원주(圓周)를 살펴보면 각도가 총 365 1/4도로 표시되어 있는데, 이 각도는 1년 365 1/4일의 길이에 대응하는 각도로서, 당시의 천문학자들이 태양이 천구의 적도를 따라 정확히 한 바퀴 도는 주기가 1년 365 1/4일에 해당한다고 생각하였기 때문이었다.

한나라(기원전 206~서기 220) 이전의 고대 중국에서는 1년 중 낮이 가장 긴 날과 짧은 날인 하지와 동지에 태양의 좌표, 즉 태양의 위치를 측정하였다. 태양의 위치를 특정하기 위해서는 그 배경이 되는 하늘의 별들도 함께 관측해야 했다. 천구상에서 태양의 위치를 표현할 수 있는 객관적인 방법으로 그 배경에 있는 별들을 이용하는 방법 이외에는 다른 방법이 없기 때문이다. 그런데 태양이 밝게 떠 있는 동안에는 하늘의 별들을 관측할 수가 없었고, 밤이 되어 태양이 지고 난 다음에야 하늘의 별들을 관측할 수 있었는데, 그때에는 태양은 관측할 수 없었다.

그럼에도 불구하고 태양의 위치와 그 배경이 되는 하늘의 별들도 함께 파악할

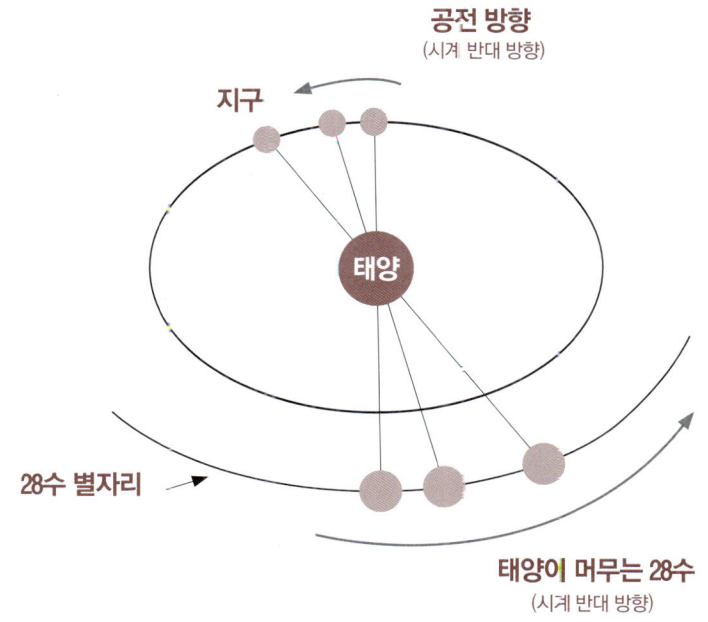

수 있는 방안을 모색한 결과, 결국에는 그 방법을 찾기에 이르렀다. 그 방법이란 정확히 자정이 되는 시점에 지구 상의 일정 지점에서 관측자가 남쪽에 떠 있는 별들을 관측하는 것이었다. 그렇게 되면 그 시점에 태양은 정확하게 자오선을 가로질러 관측자와는 정반대의 위치, 즉 180도 반대 방향에 있는 별자리를 배경으로 하고 있을 것이라고 추정할 수 있었기 때문이다.

이런 방식으로 계속해서 360도 전반에 해당하는 별자리를 구하여 전체적인 별자리의 도표를 만들게 되면, 이 도표를 기반으로 하여 남쪽에 떠 있는 별들을 관측함으로써 그 시점에 180도 정반대쪽에 위치하는 태양의 별자리 위치를 파악할 수 있다고 생각하였던 것이다. 이런 방법에 의해 고대 중국인들은 하지와 동지에 물시계가 자정을 나타낼 때, 남쪽 하늘에 떠있는 28수의 별들을 관측하여 반대 방향에 있는 태양의 적도 좌표를 28수의 별자리로 파악할 수 있었다.

12次	28宿	24절기
星紀 성기	斗 12度	大雪
	牛 0 度	冬至
玄枵 현효	女 8 度	小寒
	危 0 度	大寒
娵訾 추자	危 16 度	입춘
	虛 14 度	雨水
降婁 강루	奎 5 度	驚蟄
	婁 4 度	春分
大梁 대량	胃 7 度	淸明
	昴 8 度	穀雨
實沉 실침	畢 12 度	立夏
	井 0 度	小滿
鶉首 숙수	井 16 度	亡種
	井 31 度	夏至
鶉火 순화	柳 9 度	小暑
	張 3 度	大暑
	張 18 度	立秋
鶉尾 순미	翼 15 度	處暑
壽星 수성	軫 12 度	白露
	角 10 度	秋分
大火 대화	氐 5 度	寒露
	房 5 度	霜降
析木 석목	尾 10 度	立冬
	箕 7 度	小雪

그 결과, 1년 동안 태양이 적도를 따라 28수의 별자리를 운행하는 경로를 추정할 수 있게 되었으며, 태양이 1년에 걸쳐 28수를 시계 반대 방향으로 완전히 한 바퀴 돌아 원래의 자리에 되돌아온다는 것을 알아낼 수 있었다. 이에 따라 태양이 1년 동안 적도를 따라 시계 반대 방향으로 28수의 별자리를 운행하는 것에 근거하여 천구의 적도를 12구역으로 나누었으며, 이를 12차라고 한 것이다.

12차에 대응하는 28수와 24절기는 왼쪽 도표와 같다.

12차에 관한 내용이 전한 때의 『회남자』의 「천문훈」과 「시칙훈(時則訓)」, 『사기』의 「천관서」와 「역서」 등에서는 보이지 않다가 후한 때의 『한서』 「율력지」에서 보이는 것으로 보아, 12차의 개념이 전국 시대 중기 이전에 이미 만들어졌지만 12차와 28수의 배합은 후한 초에 완성된 것으로 추정된다. 12차가 기년의 용도로 사용된 경우에 대해서는 앞의 세성 기년법에서 자세히 설명한 바 있다.

5. 간지 기년법

이어서 간지 기년법에 대한 설명을 이어 가기로 하겠다. 매해마다 그 이름을 배정해주는 규칙을 기년법이라고 하는데, 그중 간지 기년법이란 매해마다 60개의 간지를 사용하여 연도 이름을 배정하는 규칙을 말한다. 그리고, 매해마다 순서에 따라 하나씩 배정되는 간지를 세차(歲次)라고 부른다.

이제 세차와 간지 기년법과의 관계를 본격적으로 탐구하기에 앞서 간지란 무엇이고, 육십갑자가 무엇인지 그 기본적인 개념부터 먼저 파악하고 이해하는 것이 중요할 것이다.

간지의 기원

간지(干支)란 중국의 전통적인 달력 체계에서 사용되는 개념이며, 십간(十干)과 십이지(十二支)를 조합한 것으로, 육십갑자(六十甲子)라고도 한다. 이 간지, 즉, 육십간자는 상나라의 갑골문에도 실려 있는 내용이므로 그 기원이 매우 오래되었음을 알 수 있는데, 언제 어느 시점부터 간지를 이용하여 날짜를 기록하였는지에 대해서는 정확한 내용이 전해지지 않고 있다. 중국 춘추시대 노(魯)나라 은공(隱公; 재위 기원전 722~712)으로부터 애공(哀公)에 이르기까지 242년간의 기록을 담고 있는 유교 경전 춘추(春秋)에는 37차례의 일식이 일어난 날짜를 간지로 기록하고 있는데, 이때부터 현재까지 이어지는 모든 날짜에 간지 기일 방식이 단절 없이 계속 적용되어 사용되고 있다.

이 체계는 아직도 중국과 다른 동아시아 국가들에서 여전히 날짜를 표기하는 용도로 사용되고 있다. 이 간지 체계가 처음 만들어졌던 당시에는 날짜를 표기하는 용도에만 국한되어 사용되었으므로, 날짜를 제외한 시간 체계에서는 나타나지 않았다. 그러므로 상나라 주나라 시대에 이르기까지 간지 체계가 햇수를 기록하는 방식에는 적용되지 않았었는데, 한나라에 들어오면서 햇수를 표기하는 데에도 마침내 간지가 적용되기 시작하였다.

간지의 기원과 관련된 내용들이 여러 문헌들에 소개되고 있는데, 크게 대요(大撓) 창제설, 천황씨(天皇氏) 창제설, 황제(黃帝) 시대 하강설 등이 있다. 대요는 황제(黃帝) 헌원(軒轅)의 스승이자 사관이고, 천황씨는 중국 고대 전설 상의 제왕으로 삼황(三皇) 중의 으뜸이며, 황제는 중국 고대 전설 상의 제왕으로 이름은 헌원(軒轅)이다.

첫 번째 기원설로, 황제 때의 사관인 대요가 간지를 창제했다는 내용에 대한 기록을 살펴보기로 하자. 사기의 역서에는 "황제가 대요에게 갑자(甲子)를 짓도록 하였다"라고 기록하고 있다. 또한, 수나라 초기 소길은 오행대의(五行大義)에서 "간지는 오행을 따라서 세운 것이니, 옛날에 황제 헌원이 나라를 다스릴 때 대요가 만든 것이다"라고 하였다. 그리고 송나라의 고승은 사물기원(事物紀原)에서 후한 때 채옹이 쓴 월령장구(月令章句)의 내용을 인용하면서 대요가 간지를 제정했다고 하였다. 월령장구에는 "대요가 오행의 이치를 탐구해서 북두칠성의 자루가 세워지는 바를 점쳤는데, 이에 처음으로 갑을(甲乙)을 만들어 해에 이름을 붙여서 이르기를 '간(幹)'이라 하고, 자축(子丑)을 만들어 달에 이름을 붙여서 이르기를 '지

(支)'라 했으며, 간지를 서로 배합하여 육순(육십갑자)을 완성했다"라는 기록이 있다. 여씨춘추 물궁 편 및 고대의 여러 서적들에서도 "황제의 신하인 대요가 갑자를 만들었다."고 전하고 있다.

삼명통회와 연해자평의 기록에 의하면, 만민영은 삼명통회에서 "황제가 명하여 대요에게 오행의 본질을 탐구하게 하고, 두강(斗綱, 북두칠성의 자루)이 세워지는 것을 점치게 했으니, 이로부터 갑자가 시작되었다"라고 하였다. 연해자평은 "황제로부터 간지가 유래한 후에 대요씨가 후세 사람을 위하여 … 마침내 십간과 십이지를 분배하여 육십갑자를 완성했다"라고 하였다. 그 외 진서 율력지와 송서 역지, 구당서 열전 등에서도 황제의 스승인 대요가 간지와 갑자(육갑)를 만들었다고 기록하고 있다. 대만의 명리학자 원수산도 명리탐원(1915)에서 "오행대의에서 이르기를 "간지는 오행을 따라서 세운 것이니, 옛날에 황제 헌원이 나라를 다스릴 때 대요가 만든 것이다"라고 하면서 소길의 견해를 따라 대요로부터 간지가 유래하였다고 본다."라고 언급하였다.

둘째는 천황씨가 간지를 창제했다는 설이다. 가장 대표적으로 명나라의 명리학자 만민영은 삼명통회(1578)에서 "천황 씨의 1성 13인 형제가 반고씨를 이어 천하를 다스리고 … 처음으로 간지의 이름을 제정하여 세성의 소재를 정하니… 그러므로 간지의 이름은 천황씨 때 비로소 만들어졌다"고 기록하고 있다. 그리고 청나라의 종연영이 펴낸 역대건원고에서도 이와 비슷한 경위로 천황씨가 처음 간지를 제정했다고 전한다. 명나라의 형운로는 고금율력고에서 세편(世編)의 내용을 인용하여 "천황씨가 간지를 제정했는데 간(干)은 간(幹)이고 모(母)라 이름하고, 지(支)는 지(枝)이고 자(子)라 이름하며 이로써 태세(太歲)의 소재를 정했다"고 하였다.

셋째는 황제 시대에 하늘에서 간지가 하강했다는 설이다. 가장 대표적으로 남송 말의 명리학자 서대승의 논술인 자평삼명통변 연원을 근간으로 하는 연해자평(1634)에서는 "이에 황제가 재계를 하고 단을 쌓아 하늘에 제사를 올리고 방구(方丘: 제왕이 신을 모시던 제단)에서 땅에 예를 드리자 하늘에서 십간과 십이지를 내려주셨다. 이어 황제가 십간을 둥글게 펴서 하늘 모양을 본뜨고, 십이지를 모나게 펴서 땅 모양을 본떠 처음으로 간을 하늘로 삼고 지를 땅으로 삼았다"고 하였다.

이처럼 간지의 기원에 대해서는 의견이 분분하지만 십간·십이지를 조합해서 만든 육십갑자에 대해서는 대부분의 문헌에서 황제 때 대요가 만들었다고 기술하고 있다.

지금까지 살펴본 간지의 기원과 관련된 설에 등장하는 인물들은 모두 신화와 전설상으로 전해지고 있으므로, 위 내용들은 역사적 사실이라 할 수 없다. 그러므로 현재로서는 지금까지 전해지고 있는 위의 간지 기원설 역시 신화와 전설상의 유래로 인식해야 할 것이다. 다만, 상나라 이전에 황제로 상징되는 고대 씨족 부족에서 대요로 상징되는 사관 집단이 그 당시 날짜를 기록하기 위해 날짜 표시 부호로서 십간과 십이지, 육십갑자를 고안하였을 것이라는 주장은 충분히 설득력이 있다고 생각된다.

10간과 12지는 역법에서 그 중심적인 역할을 하며, 이들을 조합한 60갑자 역시 중요한 위치를 차지하고 있다. 이제 역법상에서 10간과 12지가 담당하는 역할과 기능을 정확히 파악하기에 앞서, 10간 12지 자체에 대한 세부적인 내용과 의미를 먼저 탐구해보기로 하겠다.

10간(十干: 天干)

甲 乙 丙 丁 戊 己 庚 辛 壬 癸

간지 체계의 기원이 확실하지 않은 것처럼 10간 자체의 구체적 기원에 대해서도 명확한 자료는 없다. 그러나, 기원전 1600년경부터 기원전 1046년까지 존재하였던 중국의 상나라 시대에, 역대 왕들의 이름에서 태갑(太甲)·옥정(沃丁)·천을(天乙) 등과 같이 10간을 사용한 이름이 나타나는 것으로 미루어 볼 때, 10간은 상나라 때에 이미 사용되고 있었다고 볼 수 있다. 상나라 시대 사람들은 10이라는 수를 수의 기준으로 보았다. 이는 주나라 시대에도 마찬가지이고, 그보다 앞선 하나라 때부터 내려온 전통이었다. 사기 주본기(周本記)에 서주 말의 유왕때 백양보라는 인물이 주나라가 망할 것을 걱정하며 말하는 내용 중에 "만일 나라가 망하려 한다면 10년을 넘기지 못할 것이니, 이는 10이 수(數)의 기준이 되기 때문이다."라고 하는 내용이 나온다. 이처럼 상나라 시대부터 10일을 순(旬)이라고 하고 하나의 순환 주기로 보았으며, 한 달을 삼순(三旬)으로 구분하였다.

아울러 고대의 복희씨(伏羲氏)가 쓴 "하도(河圖)"에 10간이 나타나는 것을 보면 그 기원이 하나라 이전까지 거슬러 올라간다고 볼 수도 있지만, 10간이 완성된 시기는 일반적으로 한나라 때인 것으로 여겨지고 있다. 그러므로 10간은 어느 한 시대에 만들어졌다고 하기 보다는 고대의 주술적 점술과 철학적 사유 등이 종합되어 점차 완성되어진 고대 역법의 결정체라고 할 수 있다.

잠시 눈을 돌려 여기에서 10간과 관련된 신화에 대해 살펴보기로 하자. 고대에는 하늘에 10개의 해가 있으며, 10개의 해가 번갈아가면서 하늘에 뜬다는 신화가 있었다. 『산해경(山海經)』「해외동경(海外東經)」편에는 탕곡(湯谷)이라는 곳에 있는 전설상의 나무인 부상(扶桑)에 10개의 태양이 있는데, 그중에서 하나의 태양만이 매일 번갈아가면서 나무의 제일 위 가지로 올라가 머물고, 나머지 아홉 개의 태양은 아래 가지에서 대기하고 있다고 하였다.

또, 『산해경』「대황동경(大荒東經)」에도 아래와 같은 내용이 나온다. '대황지중에 산이 있는데 이름이 얼요군저이다. 산 위에 부목(扶木)이 있는데, 그 기둥이 삼백 리이고, 그 잎은 개(芥, 겨자)와 같다. 거기에 하나의 해가 이르면 다른 하나의 해가 나간다. 모두 새에 실려서 오고 간다.' 이 내용을 보면 그 당시 고대인들은 해가 뜨고 지는 것을 새가 실어 나른다고 상상하고 있었다는 것을 알 수 있다.

그런데 『회남자』「본경훈(本經訓)」에 보면 어느 날 하늘에 이 열 개의 해가 동시에 떠올라서 사람들이 고통 받았다는 다음과 같은 전설이 나온다. '요 임금 때에 이르러, 열 개의 태양이 동시에 뜨자 곡식이 마르고 초목이 죽어 백성은 먹을 것이 없었다. 알유, 착치, 구영, 대풍, 봉희, 수사 등이 모두 백성에게 해가 되었다. 요 임금은 예(羿)로 하여금 착치를 주화의 들에서 죽이게 하고, 구영을 흉수에서 죽이게 하였으며, 대풍은 청구의 못에서 붙잡게 했다. 예는 위로는 열 개의 태양을 쏘고, 아래로는 알유를 죽였으며, 동정에서 수사를 절단하고, 상림에서 봉희

를 잡았다. 만 백성이 모두 기뻐하였고 요(堯) 임금을 천자(天子)로 모셨다.'

이에 대해 초사장구 천문 편에서는 아래와 같은 내용으로 기록하고 있다. '요임금 시기에 10개의 태양이 함께 떠올라 초목이 말랐다. 요임금은 예에게 10개의 태양을 쏘도록 명령하였다. 예가 9개의 태양을 명중시키니 해 안에 있던 9마리의 새가 모두 죽어서 그 날개를 떨구었다. 이로서 하나의 태양은 남겨두었다.' 이 전설을 예(羿)가 태양을 쏘았다는 뜻에서 예사십일(羿射十日), 혹은 후예사일(后羿射日)이라고 부른다.

위 내용을 보면 갑자기 알유, 착치, 구영 등과 같은 이름들이 등장하면서 예가 이들을 무찔렀다고 하였는데, 여기서 열 개의 태양은 바로 알유, 착치, 구영 등의 부족들을 상징하는 것이다. 중국 학자 왕소순은 그의 저서에서 신화 속에 나오는 알유, 착치, 구영, 대풍, 봉희, 수사 등은 모두 당시에 예와 적대적 관계에 있던 주변 국가들의 토템이라고 설명하고 있다. 이를 고려하면 여러 개의 태양을 쏘아 떨어뜨린 것은 주변에 있는 적대적인 여러 부족들을 전쟁에서 물리친 것을 상징적으로 표현한 것이라고 해석할 수 있을 것이다.

왕소순은 예가 열 개의 태양을 쏜 것은 1년을 10개월로 보고 매일 하나씩 태양이 번갈아 떠오른다고 생각하였던 하나라 때의 전통적 개념을 없애고, 상 민족이 1년 12월의 태음태양력을 만든 것을 상징하는 것이라고도 풀이하였다. 더불어, 10개의 태양이 존재한다는 하나라 시대의 개념을 부정하고, 하나의 태양만이 순환한다는 개념을 심어주기 위해서 상 민족이 만들어낸 전설이라고 설명하고 있다. 정리하자면 열 개의 태양이란 당시 예와 대립 관계에 있던 여러 부족들을 상징하는 것이기도 하지만, 하나라가 기존에 사용하던 태양력을 의미하는 것이기도 하며, 10개의 태양설을 비유하는 것이기도 한 것이다.

학자들 역시 실제로 하나라 사람들이 10개의 태양이 번갈아 뜬다는 인식을 가지고 있었다고 보기도 하는데, 그러한 개념이 상나라 시대에 들어서면서 10개의 태양 중 아홉 개의 태양을 쏴서 떨어뜨렸다는 상징을 통해 하나의 태양이 순환하는 개념으로 바뀌었다는 것을 표현한 것이라고 할 수 있다. 그러면서도 역법(曆法)의 사용에 있어서는 기존에 사용하던 10이라는 주기와 그 상징 의미를 상나라 시대에도 여전히 계속 유지해 간 것이고, 육십갑자에도 여전히 천간(天干)의 이름을 사용한 것이다. 학자들은 하(夏)나라 시대에는 해의 운행을 기준으로 하는 태양력을 사용하였지만, 상나라에 들어서서 해와 달의 운행을 결합한 태음태양력을 만들어 사용한 것으로 보고 있다.

이제 신화와 관련된 내용을 뒤로 하고, 역법 속에서 10간이 실제로 사용되는 과정에 대해 살펴보기로 하자. 상나라 시대에는 10일을 하나의 순환 주기로 보고, 한 달을 3순(三旬)으로 구분하였다. 달의 위상 변화를 기준으로 하면 삭망월 한 달은 29일이나 30일이었으므로, 삭망월 한 달을 더 작은 단위인 10일 단위의 3개의 '순'으로 나누어 상순, 중순, 하순이라고 하였다. 갑골문과 금문에서는 순(旬)을 아래와 같이 하나의 순환을 상징하는 고리 형태로 나타내었다. 주 시대의 금문(金文)을 자세히 살펴보면 순(旬) 안에 일(日)자가 들어가 있다는 것을 알 수 있다.

〈갑골문의 순(旬)〉　　　금문의 순(旬)　　출처 : 이중호의 간지의 의미

하루(日)는 해가 뜨고 지는 과정이 반복되는 하나의 순환 주기에 해당한다. 이러한 자연의 주기성을 바탕으로, 고대인들은 10이라는 숫자를 해의 순환과 관련된 중요한 주기로 간주하였고, 이를 10간의 체계에 반영하여 해의 운행 기준으로 본 것이다. 금문(金文)이란 상나라 시대부터 춘추 전국 시기까지 약 1,200여 년간의 각종 청동 기물에 새겨져 있던 문자들을 가리킨다.

반면 뒤에 설명할 지지(地支)는 달의 운행을 기준으로 달이 1년에 12번 차고 기우는 것을 반영한 것이다. 해와 달을 음양의 관점에서 보게 되면 해는 양, 달은 음에 해당한다고 볼 수 있다. 또 천지(天地)의 경우에도 음양으로 구분하여 하늘(天)은 양, 땅(地)은 음에 속하므로, 해의 운행을 반영하여 날짜를 기록하는 것을 천간(天干), 달의 운행을 반영하여 날짜를 기록하는 것을 지지(地支)라고 부른 것이다.

그리고 10일로 이루어진 순(旬)에 각각 다음과 같이 10개의 명칭을 붙임으로써 10간 체계가 만들어지게 되었다.

갑(甲), 을(乙), 병(丙), 정(丁), 무(戊), 기(己), 경(庚), 신(辛), 임(壬), 계(癸)

처음에는 십간(十幹)이라는 명칭으로 불리다가, 십간(十干)으로 변화되었으며, 점술가들이 오행과 결부시키면서 천간(天干)으로 불리게 되었다.

십이지(十二支:地支)

중국 고대 사전인 이아(爾雅)와 사기(史記)의 기록에 의하면 십이지에 대한 개념이 사용된 것은 기원전 약 2700년경의 복희씨까지 거슬러 올라가기도 하는데, 중국 은나라 시대의 갑골문에 간지가 포함되어 있는 것을 보면 은나라 시대에 간지가 보편적으로 쓰였다는 것을 알 수 있다. 12지에서 12라는 숫자를 사용하게 된 것은 앞에서 언급한 것처럼 달의 운행과 연관되어 있으며, 1년이 12삭망월인 것에서 비롯된 것으로 보인다.

子 丑 寅 卯 辰 巳 午 未 申 酉 戌 亥

십간이 날짜를 표기하는 용도로 사용되었던 것처럼, 십이지는 12달을 의미하는 용도로 사용되었다. 이와 같이 달의 명칭으로 사용하였던 12지를 방위나 다른 시간 단위에도 적용한 것은 대체로 한나라 중기 이후로 볼 수 있다. 처음에는 십이진(十二辰), 십이지(十二枝) 등으로 쓰이다가 십이지(十二支)로 변화되었고, 역시 점술가들이 오행과 결부시키면서 12지지(地支)로 불리게 되었다.

십이지에 동물을 결합시켜 십이지수(十二支獸)로 표현하기도 하는데, 12지에 해당하는 쥐, 소, 호랑이, 토끼, 용, 뱀, 말, 양, 원숭이, 닭, 개, 돼지 등을 중국에서는 12생초(生肖)라고 한다. 일반적으로 십이지와 동물의 대응 관계는 음양설이나 불교사상 등의 영향으로 생겨난 것으로 보고 있으며, 그 시기는 전국 시대(기원전 476~221)경으로 추정하고 있다. 12지 동물에 대한 내용이 진시황(기원전

259~210) 시대의 유적에서 최근 발견되었다고 한다. 12지 동물에 관한 내용이 최초로 기록된 문헌은 후한 시대 왕충의 논형(論衡)이라고 한다.

60갑자(六十甲子)의 생성

날짜를 나타내는 십간과 달을 나타내는 십이지를 조합하여 60갑자(六十甲子)가 만들어졌다. 처음에는 60갑자는 날짜를 표기하는 시간 단위로서만 사용되었지만, 한나라 시대 이후에 사용 범위가 확장되어 햇수 표기와 더불어 달의 표기에도 60갑자를 적용하였다. 60갑자를 연대 표기법으로 햇수에 처음 사용하게 된 것은 한나라 때인 기원전 104년 정축년부터라고 알려져 있다.

간지 기년법

세차(歲次)란 해(연도)를 의미하는 명칭으로, 60간지의 순환 주기에 따라 해마다 하나씩 배정되는 간지를 의미한다. '세차(歲次)'라는 단어가 해(연도)를 의미하는 명칭으로 사용된 것은 앞에서 언급한 바 있다. 간략하게 다시 반복하자면, 세성 기년법에서 목성은 해(歲:연도)를 나타내는 별이라 하여 '세성(歲星)'이라고 불렸으며, 여기에서 '세성이 머무는 성차'를 의미하는 '세차(歲次)'라는 단어가 유래된 것이다. 따라서 세차는 해(연도)를 의미하는 명칭으로 인식되었고, 세성 기년법이 폐기된 이후에도 그 의미는 계속 유지되어 사용되었다.

그리고, 이처럼 60간지를 사용하여 각각의 해에 이름을 붙이는 방법을 간지기년법이라고 하였다. 문헌에 의하면 현재까지 사용되고 있는 간지 기년법의 실질적인 기원은 기원전 104년 한무제 때 제정된 중국 최초의 반포력인 태초력이다. 태초력에서는 전통에 따라 세성을 바탕으로 한 태세 기년법을 표준 기년법으로 계속 채택하여 고갑자를 기년의 주요 수단으로 여전히 사용하였지만, 보조적 수단으로 태세를 각각 대응시켜 변환한 간지 체계도 기년법으로 처음 도입하여 병기하였다. 예를 들어 고갑자로 그 해의 이름이 '현익 집서세'인 경우에는 간지로는

'임진년'에 해당하므로 보조적으로 '임진년'이라고 추가 병기하였고, '저옹 엄무세' 인 경우에는 간지로는 '무술년'에 해당하므로 보조적으로 '무술년'이라고 추가 병 기하였다.

  현익 집서세 = 임진년
  저옹 엄무세 = 무술년

한나라에 접어들면서 천문 관측 기술이 비약적으로 발전하였고, 유흠에 의해 세성의 일주 주기가 정확히 12년이 아니라는 사실이 밝혀지게 되었다. 따라서 1 태양년마다 정확하게 1차의 성차를 지나지 않는다는 것이 확인되었으므로, 세성 이나 태세의 운행을 기준으로 한 12년 주기 기년법인 태세 기년법이 실제 천상(天 像)을 정확히 반영하지 않는다는 것을 알게 되었다. 그 때까지 정확하게 12년 주 기로 운행하며 천상의 운행과 조화를 이루는 기년법이라고 믿어왔던 태세기년법 의 심각한 오류를 발견하게 되었으므로, 태세에 의한 기년법 체계는 폐기될 수밖 에 없는 상황에 봉착하게 되었다.

세성 초진법(歲星 超辰法)

이 문제를 해결하기 위한 수단을 강구하던 유흠은 초진법(超辰法)을 고안하였 다. 그런데 초진법에 따르면 144년마다 초진을 해야 했지만, 현대 천문학 계산에 따르면 초진을 통한 조정은 144년이 아니고 86년마다 이루어져야 했다. 따라서 초진법을 통해 태세기년법을 보완하려는 유흠의 노력에도 불구하고, 초진법을 적용해야 하는 시점이 도래하기도 전부터 이미 태세기년법에 따른 햇수가 실제 천문 관측 결과와 1년 이상 차이가 생기는 경우들이 지속적으로 발생하였다. 결 국 그 동안 전통적으로 햇수를 표기하는데 사용하였던 태세기년법이 더 이상 기 년법으로 마땅하지 않게 되었다.

서기 50년, 후한의 광무제 건무 26년에 이르러 실제로 초진법(超辰法)을 적용해야 할 시점이 도래하였으므로, 초진법(超辰法)을 적용하여 1개의 성차를 건너 뛰게 하는 조정이 이루어져야 했다. 그 시기에 사용되던 역법은 삼통력으로써, 주된 기년법으로 태세기년법을 사용하고 있었지만 태세를 간지로 변환한 간지기년법의 방식도 보조적인 기년법으로 함께 사용되고 있었다.

그러므로, 이때 초진을 적용하게 되면 간지기년법 상에서도 1년을 건너뛰어 신해년이 되어야 했다. 그렇지만 당시의 역법가들이 초진법을 적용하지 않았기 때문에 신해년이 되지 않고 경술년이 그대로 유지되었다. 그후 삼통력 이후에 시행되었던 사분력에서도 초진법을 사용하지 않게 되었는데, 이것은 더 이상 서성의 운행을 기준으로 해의 운행을 기록하지 않기로 하였기 때문이다.

목성과 토성의 회합과 60간지

당시 천문학자들은 천구상의 같은 위치에서 행성들이 만나는 회합(會合) 주기에 대해서도 많은 관심을 가지고 있었는데, 그중에서도 눈에 띄는 것은 목성과 토성의 근접 회합 주기였다. 지구를 중심으로 천구를 관찰하였을 때 목성과 토성이 지구 주위를 커다란 공전 궤도를 그리며 회전하면서 황도 상에서 같은 위치에 정확히 되돌아오는 주기가 60년에 가깝다는 것을 알게 되었다. 이는 목성의 공전 주기가 약 12년(11.86년)에 가깝고 토성 주기가 약 30년(29.46년)이어서, 12년과 30년의 최소 공배수는 60이 되기 때문이다. 따라서, 오행성 중 목성과 토성이 천구의 황도상에서 회합하는 주기가 60갑자의 주기와 똑같다는 것을 알게 되었다.

실제로 목성과 토성이 가깝게 만나는 근접 회합은 20년마다 발생하는 것으로 알려져 있으며, 첫 번째 회합 때와 거의 같은 황도대의 별자리 위치에서 회합이 일어나는 경우는 3번의 20년 주기가 지나고 네 번째 회합이 일어나는 60년 후에 나타난다. 그렇지만 회합이 이루어지는 그 위치는 첫 번째 회합 때와 정확하게 똑같은 위치는 아니다.

간지 기년법의 격상

후한 초기에 이르러 초진법에 따른 연도와 실제 연도간의 불일치에 따른 문제들을 해결하기 위해서 육십갑자로써 역년을 나타내는 간지기년법이 표준 기년법으로 부각되기 시작하였다. 이와 같은 간지기년법의 사용을 뒷받침해주는 배경으로 주목받게 된 것은 바로 위에서 언급한 60갑자의 주기와 똑같은 목성과 토성의 60년 대회합 주기라는 천문 현상이었다. 60갑자 주기를 기년법으로 받아들일 수 있는 천문학적 근거를 확보하게 된 것이다. 중국인들에 있어서 하늘의 현상만이 모든 인간사의 절대적인 지침으로 받아들여질 수 있었기 때문이다. 그리고, 실제로 후한의 장제(章帝) 원화 2년, 서기 85년에, 태초력이 폐지되고 사분력으로 개정 시행되면서 이와 같은 천문학적인 배경을 바탕으로 간지기년법이 표준 기년법으로 격상되었다. 그렇지만 간지기년법이 일반화되면서, 이 시점부터 고대 중국의 역법은 술수 분야와 결합되면서 그 복잡성이 점차 더 심해져 갔다.

새로운 사분력에서는 기존의 태세 기년법과 초진 방식이 전면 폐지되었으며, 태세 기년법에서 사용되던 고갑자 역시 당연히 함께 퇴출되고 말았다. 고갑자란 태세 기년법에서 연도를 나타내기 위해서 역술가들이 임의로 만들었던 연명(年名) 표기법이었기 때문이다. 그리고, 오직 보조적인 기년법에 불과하였던 간지기년법을 표준으로 채택한 사분력이 전격 시행되었다. 이로 인해서 간지 기년법에서는 세성과 태세의 운행과는 전혀 연관이 없는 60간지와 더불어 12지지가 그 자리를 대신하게 되었다.

그리고, 세차란 원래 '세성이 머무는 성차'를 의미하는 말로서 태세 기년법에서 햇수를 표기하는 의미로 사용되어 왔으므로 세차와 간지기년법은 전혀 관련이 없는 용어에 불과하였지만, 간지기년법에서도 60간지로 표현한 햇수의 명칭을 여전히 '세차'라고 불렀다. 따라서, 이때부터 세차라는 명칭 역시 세성과 전혀 관련성이 없어지고, 단순히 해(연도)를 의미하는 단어로만 인식되었다.

오늘날에도 연도의 의미로 사용되는 세차의 흔적을 찾아 볼 수 있다. "유세차 갑자 구월(維歲次甲子九月)……"하면서 시작되는 제사의 축문을 간혹 경험할 수 있을 것이다. 여기서 유(維)는 단순히 발어사(發語詞)로서 특별한 의미가 없이 말을 시작하려 할 때 듣는 사람들로 하여금 들을 준비를 하도록 하는 운을 떼는 말일 뿐이고 세차는 연도를 뜻하므르, 세차 갑자 구월(歲次甲子九月)이란 '갑자년 9월'을 의미하는 것이다.

09
월건과 북두칠성

월건(月建)과 기월법

월건(月建)

월건(月建)이란 60간지를 순서에 의해 다달에 하나씩 부여하여 배당한 이름을 말한다. 그렇다면 달마다 60간지 하나씩을 부여하여 배당하는 이름을 왜 월건이라고 하였을까?

월명과 관련된 기록을 살펴보면, 후기 상나라 시대에는 숫자를 이용하여 1, 2, 3,…12 그리고 13월과 같이 월명을 부여하였다. 그후 서주 시대에 들어서면서 12지를 사용한 기월법이 나타났다. 그리고 세월이 흘러 한나라 시대에 들어서면서 상나라 시대 이전부터 사용되었던 간지 체계가 기일법으로부터 적용 범위가 확대되어 간지 기년법으로 사용되었으며, 이어서 60간지는 월명에까지 적용됨으로써 간지 기월법으로도 사용되었다. 이에 따라 간지 기월법에서는 60간지를 순서에 의해 다달에 하나씩 부여하였는데, 이렇게 달마다 배당한 이름을 월건(月建)이라고 하였다.

이제 월건이라는 명칭이 어떻게 유래되었는지 살펴보도록 하겠다. 고대 중국인들은 방위를 표현하는 방법으로 동서남북법, 팔괘법 등을 사용하였는데, 또 하나의 방법으로 12지(支)법도 사용하였다. 12지법에서는 정북을 자(子)로 정하고, 시계 방향으로 30° 간격으로 축(丑), 인(寅), 묘(卯) 순으로 12지를 대응시켰다. 그러므로, '자'는 정북 방향을, '묘'는 정동 방향을, '오'는 정남 방향을, '유'는 정서 방향에 해당하였다.

북두칠성은 1년을 주기로 북극성을 중심축으로 하여 천구를 정확히 360도 일주하여, 1년 전의 원래 자리에 되돌아온다. 그런데 북두칠성의 자루 부분에 해당하는 두건(=두병, 두표)의 방향이 북극성을 향해 대체로 일직선을 이루었으므로, 시계 바늘이 시계의 중심축을 따라 360도 회전하는 것처럼 북두칠성의 두건도 시계 바늘처럼 1년 12달 동안 정확히 북극성을 중심축으로 시계 방향으로 360도 회전하였다.

이를 바탕으로 12지 방위에 대응하여 북두칠성의 두건이 향하는 방향을 기준으로 월명을 부여하는 방법이 고안되었다. 예를 들어, 북두칠성의 두건(斗建)이 정북 방향을 향해 머물고 있는 달은, '두건이 자(子)의 방위를 향하고 있는 달'이라고 하여 건자지월(建子之月), 건자월, 또는 자월이라고 하였다. 마찬가지로, '두건이 축(丑)의 방위를 향해 머물고 있으면 건축지월(建丑之月), 건축월, 또는 축월이라고 하였다. 이처럼 북두칠성의 두건이 향하는 방향을 기준으로 월명이 정해졌으므로, 두건(斗建)에 의해 정해진 월명이라 하여 월건(月建)이라고 하게 된 것이다. 이와 같은 12지법과 두건의 운행 방향을 연관시켜 세수를 정한 방식은 서주 이후의 역법으로부터 시작된 것으로 여겨진다.

그런데 북두칠성의 두건의 방향이 정북 방향인 자의 위치에 머물러 있는 자월의 시점이 바로 동지 시점이었다. 따라서 동지가 들어 있는 동짓달을 건자지월(建子之月), 건자월, 자월이라고 하게 된 것이다. 그리고, 계속되는 다음 달 12월의 중기에는 두건의 방향은 축의 위치에 있게 되며, 정월의 중기에는 인의 위치에 있게 되고, 2월의 중기인 춘분에는 정동 방향에 해당하는 묘에 위치하게 된다. 그리고, 5월의 중기인 하지에는 남쪽 방향인 '오'의 방향을 가리키고, 8월의 중기인 추분에는 서쪽 방향인 '유'의 방향을 가리킨다. 이처럼 1년 동안 북두칠성이 시계 방향으로 360도 회전하기 때문에 두건의 방향은 매년 같은 달에는 항상 같은 방향을 가리키게 된다. 그러므로 초저녁에 두건이 가리키는 방위만을 확인함으로써, 달력을 보지 않고도 그 시점이 1년 12달 중 어느 달에 해당하며, 어느 절기이며, 세수로부터 몇 달이 지났는지 정확히 파악할 수 있었다.

12지지는 후에 천간까지 포함되어 60간지로서 달을 표시하게 되었으므로, 매월의 월건은 60개월, 즉 5년을 주기로 순환하게 되었다. 이처럼 간지로서 월건을 표현하는 방법을 간지 기월법이라고 한다.

그런데, 월건이 60개월, 즉 5년을 주기로 순환하기 때문에, 간지로 기월(紀月)할 때 부여되는 그해 정월의 간지 명칭은 다음과 같이 그 해 간지기년에 따라 변함없이 고정적으로 정해지게 된다.

甲己년은 丙寅頭月(갑년과 기년은 丙寅이 정월),
乙庚년은 戊寅頭月(을년과 경년은 戊寅이 정월),
丙辛년은 庚寅頭月(병년과 신년은 庚寅이 정월),
丁壬년은 壬寅頭月(정년과 임년은 壬寅이 정월),
戊癸년은 甲寅頭月(무년과 계년은 甲寅이 정월)한다고 하였다.

이것을 풀이하면,
갑년과 기년의 첫 달(정월)은 丙寅(병인)이고,
을년과 경년의 첫 달(정월)은 戊寅(무인)이고,
병년과 신년의 첫 달(정월)은 庚寅(경인)이고,
정년과 임년의 첫 달(정월)은 壬寅(임인)이고,
무년과 계년의 첫 달(정월)은 甲寅(갑인)이다.

따라서,
2024년, 갑진년(甲辰年)의 정월은 丙寅(병인)월,

2025년, 을사년(乙巳年)의 정월은 戊寅(무인)월,
2026년, 병오년(丙午年)의 정월은 庚寅(경인)월,
2027년, 정미년(丁未年)의 정월은 壬寅(임인)월,
2028년, 무신년(戊申年)의 정월은 甲寅(갑인)월이 된다.

북극성과 북두칠성

북극성

북극성은 고대로부터 하늘에 떠 있는 수 많은 모든 별들 중에서 유일하게 항상 똑같은 위치에 자리잡은 채, 가장 밝게 빛나는 별로 알려져 있다. 날짜가 바뀌고 계절이 바뀔지라도 원운동을 하는 다른 별들과 달리 전혀 이동하지 않고 모든 별들의 중심점에 자리하여 원래의 위치를 지키고 있다고 생각하였으므로, 옛 사람들이 보기에 천체의 중심이며, 우주의 중심이라고 생각하였다. 논어에 '북신거기소 이중성공지'(北辰居其所 而衆星拱之)라는 말이 있다. 그것은 '북신(북극성)은 그 자리를 지키고 있고, 모든 별들이 공수하고 있다'라는 뜻이다. 공수란 왼손을 오른손 위에 올려 공손히 맞잡고 예를 표하는 동양 전통의 인사법으로, 모든 별들이 북극성을 향해 공손히 예를 표한다고 함으로서, 모든 별 위에 군림하는 북극성의 위상을 단적으로 표현하고 있다. 실제로 고대 중국인들은 북극성을 천제라고도 불렀다.

고대 중국에서 가장 중요한 별자리는 28수이다. 이 28거의 별자리가 1년 동안 원운동을 하는데, 그 중심에 북극성이 있다. 28수의 별자리는 동서남북에 7수씩 배열되어, 동방칠수는 창용(蒼龍, 푸른 용)의 형상을, 서방칠수는 백호(白虎, 흰 호랑이)의 형상을, 남방칠수는 주작(朱雀, 붉은 봉황)의 형상을, 북방칠수는 현무(玄武, 검은 거북뱀)의 형상을 하고 있다고 하였다. 이들 동물들은 상상속의 동물로서 각각 동서남북을 지배하는 신으로 여겨졌으며, 이들 동물의 색깔 역시 동서남북을 상징하는 색깔이 되었다. 하늘의 황제인 북극성의 색깔은 황색이었다. 따라서 황색은 황제의 색이었으며, 중앙의 색이었다. 이런 연유로 동서남북을 상징하는 4가지 색깔과 중앙을 상징하는 황색을 합하여 다섯 가지 색을 오방색(五方色)이라고 하였다. 이처럼 북극성은 하늘의 중심이며, 천제의 상징으로 여겼기 때문에 황제의 별로 받들어졌다.

북극성은 북극점에 자리잡고 있는 특정 별을 일컫는 명칭으로 알려져 있지만, 실제로 그렇게 특별한 고유의 별이 존재하는 것은 아니다. 단지 북극점에 가장 근접해 있는 별을 북극성이라 부르고 있을 뿐이다. 그런데 북극점이 세차 운동으로 인해서 천구상에서 아주 조금씩 움직이는 것으로 관측되었다. 이로 인해 한나라 때에는 자미궁 내의 북극오성 중 제성(帝星)이 북극성에 해당하였지만 세월이 흐르면서 북극점에서 점점 멀어지고, 당나라 무렵에는 천추성(天樞星)이 북극점에 가까워져 새로운 북극성 역할을 하였다. 그러다 13세기 원나라 무렵에 이르면 5.3등성으로 어두운 천추성보다 더욱 밝은 2.1등성의 구진대성이 북극점에 가까워지면서, 북극성을 지칭하는 별자리 이름으로 구진대성이 천추성과 대립하였다.

현재는 구진대성을 북극성으로 인정하고 있다. 구진(句陳) 별자리는 북극오성과 함께 자미궁 안에 있는 별자리로서 6개의 별로 이루어져 있는데, 별자리 형태가 갈고리 모양으로 굽어진 데서 구진이라는 별자리 이름이 붙여졌고, 구진 1번, 2번, 3번, 4번 별은 서양의 작은곰자리 일부에 해당한다. 이 별자리 중 가장 밝은 별이 구진대성이며, 서양식 별자리로는 작은곰자리의 α별에 대응된다.

그러므로, 동아시아의 고대인들이 북극성이라고 불렀던 별은 현대인들이 북극성이라고 알고 있는 별과 같은 별이 아니다. 지금으로부터 다시 많은 시간이 흐르고 나면 또 다른 별을 북극성이라고 부르게 될 것이다.

북극오성

북극오성은 자미원 중앙에 있는 5개로 이루어진 별자리를 말하는데, 천극성(天

極星) 또는 북진(北辰)이라고도 한다. 북극 오성은 천제의 가족별이라고 하며, 태자, 제왕, 서자, 후궁, 천추라는 이름의 다섯 별로 이루어져 있다.

첫 번째 태자성은 달을 주관하고, 두 번째 별은 북극오성 중 가장 밝은 제왕성으로 태일성이라고도 한다. 세 번째 별은 서자성으로 목, 금, 화, 수, 토의 오행성을 주관한다. 네 번째 별은 후궁성이고, 다섯 번째 별은 천추성으로 하늘의 회전축이라는 의미를 가지고 있는 별이다. 이 천추성이 바로 고대 중국에서 북극성으로 삼았던 별이다.

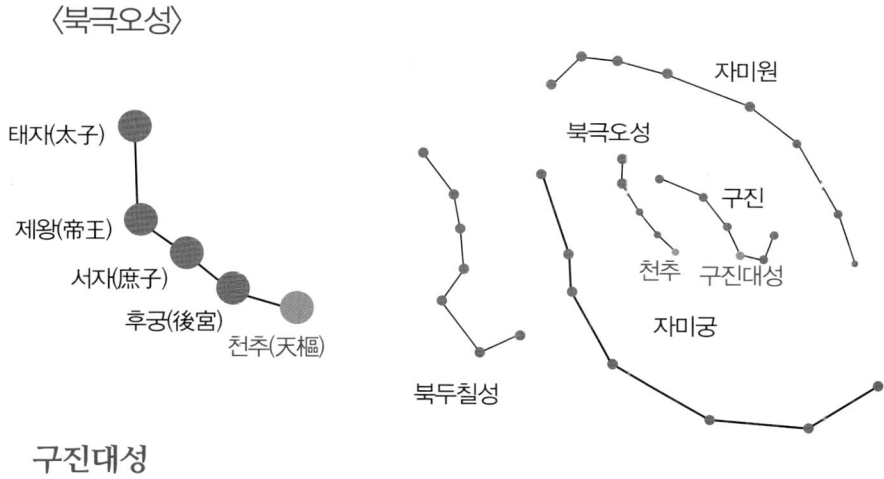

〈북극오성〉

구진대성

서양 천문학에서도 구진대성은 작은곰자리 α별로 알려져 있으며, 북극성(Polaris)으로 불린다. 이별은 작은곰자리 별 중에서 가장 밝고 밤하늘 전체에서는 50번째로 밝은 별에 해당한다. 항해 시대에는 육분의(sextant) 등을 사용하여 태양, 달, 항성, 행성 등 이미 위치가 알려져 있는 천체의 관측을 바탕으로 항해하는 배의 위치를 추정하는 천측 항법을 활용하였는데, 특히 북극성은 매우 중요한 지표로 사용되었기 때문에 많은 이름으로 불려왔다.

고대 북극성 이름 중 하나로 '사이노슈라'(Cynosūra)가 있는데 이는 그리스어로 "κυνόσουρα"(개 꼬리)에서 온 말이다. 이는 작은곰자리가 당시에는 개 모양을 닮은 별자리라고 생각하여 개를 상징하는 별자리로 인식되었기 때문이다. 영국에서는 북극성을 "pole star"(극성) 또는 "north star"(북쪽 별)로 불렀다. 이보다 오래되고 14세기부터 쓰인 호칭으로 "lodestar"(인도하는 별)가 있다. 북극성은 또 다른 라틴어 이름으로 "stella maris"(바다별)로도 불리웠다.

현재 서구권에서 불리는 이름인 북극성은 르네상스 이후 보편화된 명칭으로 그 어원은 라틴어로 "polaris"(북극 근처)이다. 영국에서 "Polaris"를 사용한 시기는 17세기 경으로, 그 어원은 라틴어로 "stella polaris"(북쪽 별)였지만, stella를 생략한 채 사용하였다. 인도 천문학에서는 이 별을 산스크리트어로 "dhruva tāra"(붙박이 별)라고 불렀다. 중세 이슬람권에서는 여러 이름으로 불렸는데 대표적인 명칭으로는 "알-쿠트브 알-샤말리이"(북쪽의 축), "알-카우카브 알-샤말리이"(북쪽 별), "미스마르"(바늘, 손톱) 등이 있다.

이처럼 북극성은 지구의 일주 운동 과정에서 다른 별들과 달리 거의 움직이지 않고 항상 중심을 유지하는 중요성 때문에 동서양을 막론하고 항상 북쪽을 표지하는 유일무이한 별로 인식되었다.

북두칠성

북두칠성은 북극성과 뗄 수 없는 관계에 있는 별자리다. 북두칠성은 대부분의 사람들에게 가장 잘 알려져 있는 친숙한 별자리 중의 하나이다. 북두칠성이라는 별자리 이름은 고대 중국 천문에서 붙여진 것으로서 '북쪽에 있는 국자 모양의 7별'이라는 의미인데, 칠정(七政)이라고도 하였다. 서양 별자리에서는 큰곰자리의 꼬리와 엉덩이 부분에 해당하는 별 무리이다. 이 북두칠성은 북극성을 모시고, 북극성 주위를 24시간 동안 한 바퀴 돌면서 하늘의 뭇 별들을 다스린다. 북두칠성은 자미원에 흩어져 있는 별들뿐만 아니라, 자미원 밖의 28수의 별들과 5위(五緯: 목, 화, 토, 금, 수성)를 다스린다.

북두칠성은 전체적인 모양이 국자 모양을 하고 있으므로, 크게 국자의 자루 부분에 해당하는 3별과 물을 담는 국자 머리 부분에 해당하는 4별로 나누어 구분한다. 국자의 자루 부분에 해당하는 3별은 자루라는 뜻의 표(杓)라고 하고, 국자의

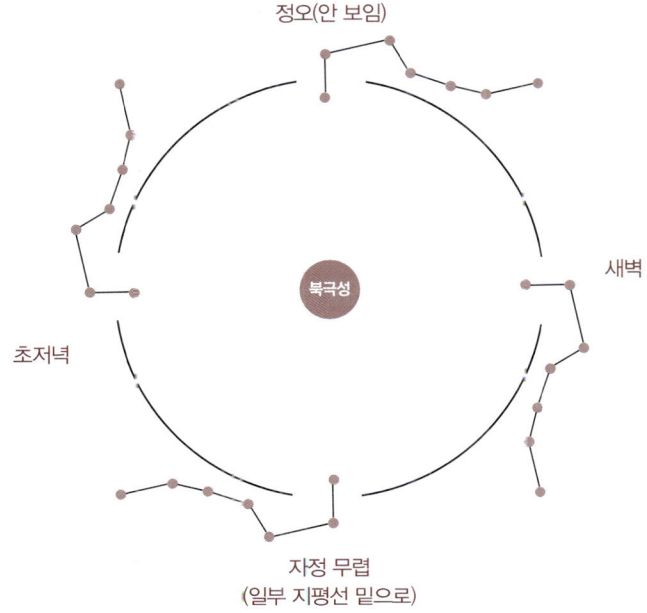

머리 부분에 해당하는 4별은 으뜸이라는 뜻의 괴(魁)라고 부른다. 또한 국자 머리에 해당하는 괴를 선기라고도 하였으며, 자루 부분인 표를 옥형이라고도 하여, 북두칠성을 선기옥형이라고도 불렀다. 선기란 별을 관측하는 틀을 뜻하고, 옥형은 옥을 저울질한다는 뜻을 가지는 단어로서, 선기옥형(璇機玉衡)이란 밤하늘에 옥과 같이 반짝이는 별들을 관측하고 저울질한다는 의미로써, 북두칠성이 하늘의 질서를 바로잡고, 조율하는 역할을 담당한다고 생각하였기 때문에 붙여진 이름이다. 고대 중국 천문학에서 천체의 운행과 그 위치를 측정하는 천문 시계의 구실을 하는 기구가 만들어졌는데, 이와 같은 개념이 반영되어 그 기구의 이름도 선기옥형이라고 하였다.

　이 북두칠성의 7별 중 국자 모양의 앞 부분에 위치하는 두 별의 거리를 5배 연장하면, 그 위치에서 북극성을 발견할 수 있다. 이 두 별은 북극성을 가리킨다고 하여 지극성이라고 불린다. 고대 중국인들이 북두칠성이 천제의 명을 받아 모든 일을 주관한다고 생각하였기 때문에 북극성과 더불어 북두칠성을 중시하였다. 북두칠성은 천제가 타는 마차가 되어 하늘 중앙에서 운행하면서 사방을 내려다 보며 모든 것을 제어한다고 생각하였다. 궁극적으로 음양을 나누고, 4계절을 세우고, 오행을 고르게 하고, 절기를 변화시키고, 시간의 근간을 정하는 모든 것들이 북두칠성에 달려 있다고 믿었다.

북두칠성의 두건(斗建)은 두표(斗杓 : 북두칠성의 표, 자루), 두병(斗柄) 과 같이 여러 이름으로 불리는데, 이 두건의 방향은 계절을 파악하는데 사용하였다. 북두칠성은 1년에 걸쳐 북극성을 중심에 두고 정확하게 360도 일 회전을 하였으므로, 계절이 바뀔 때마다 북극성을 중심에 두고 하늘에서 돌고 있는 북두칠성의 위치도 달라졌다. 이런 이유로 옛 사람들은 북두칠성의 위치를 관측하여 계절을 확정지었다. 갈관자에서는 '두표가 동쪽을 가리키면 천하가 봄이고, 남쪽을 가리키면 여름, 서쪽을 가리키면 가을, 북쪽을 가리키면 겨울이다.'라고 하였다.

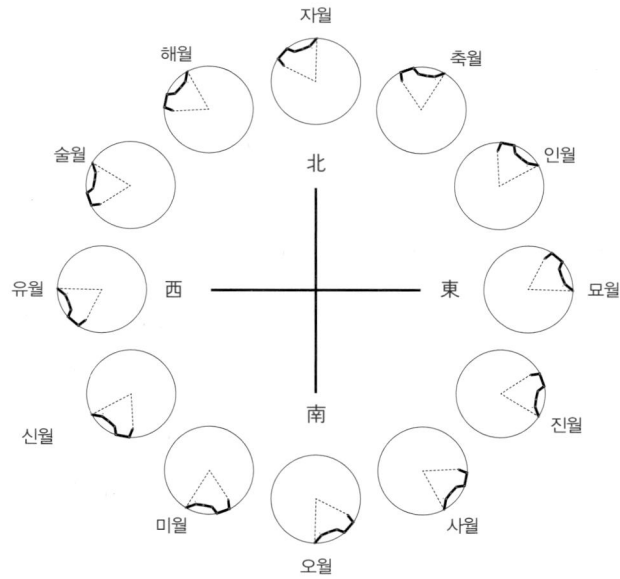

고대 중국인들은 북극성이 천제의 상징이며, 북두칠성은 천제가 천하를 순시할 때 타는 천제의 마차, 제거(帝車)로 여겼다. 그리고, 봄이 시작되는 입춘을 한 해의 시작 시점이라고 생각하였으므로, 입춘 시점에 천제의 제거인 북두칠성의 자루가 동쪽에 있었으므로, 황제는 새해가 되면 동방을 시작으로 하여 순시를 시작하였다. 계사전에 나오는 제출호진(帝出乎震)이란 황제가 동방으로부터 순시를 시작한다는 이런 의미를 담고 있다. 여기에서 나오는 진(震)이란 동방을 상징하는 괘에 해당한다. 전국 시대의 천문 지리서인 『감석성경』(甘石星經: 기원전 4서기)에서도 북두칠성을 제거, 또는 천제를 섬기는 하늘의 제후라고 표현하였다.

이제 북두칠성의 7별에 대한 고대 중국인들이 가지고 있던 생각에 대해서 자세히 살펴보기로 하겠다.

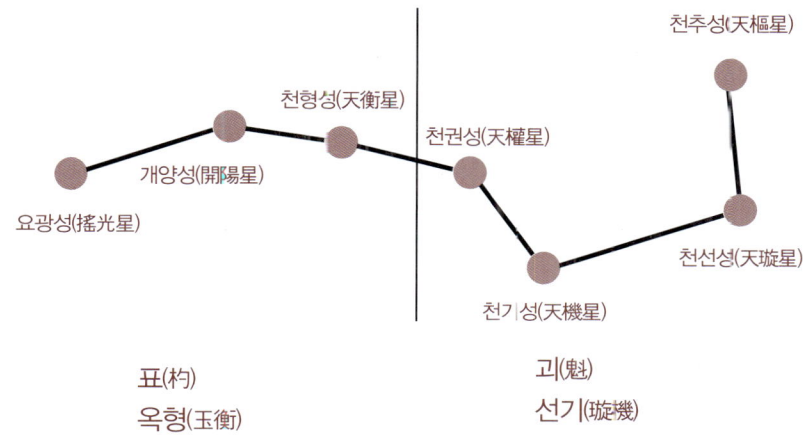

북두칠성은 일곱 별로 이루어져 있으며, 모두 밝게 빛나고 있다. 이 별들은 국자의 자루 부분인 3개의 별과 국자의 머리 부분인 4개의 별로 구성되어 있으며, 국자의 자루 부분은 표(杓)라고 부르고 머리 부분은 괴(魁)라고 부른다고 하였다. 괴에 속한 첫 번째 별부터 시작하여 각각의 별에는 다음과 같은 이름과 역할이 부여되어 있다.

제 1성의 이름은 천추성(天樞星), 또는 정성(政星)이라고 한다. 추성(樞星)의 정기(精氣)라는 의미로 추정(樞精)이라고도 하였으며, 천제(天帝)의 일을 주관하는 별이라고 하였다.

제 2성은 천선성(天璇星)이라는 이름으로 여주(女主)의 지위이며, 음형(陰刑(간음죄에 대한 형벌))을 주관한다.

제 3성은 천기성(天機星)이라는 이름으로 영성(令星)이라 하여, 화해(禍害(뜻밖에 당하는 불행한 일이나 어려운 일))를 주관한다.

제 4성은 천권성(天權星)이며, 주벌(誅伐(죄를 다스림))을 주관한다.
제 5성은 천형성(天衡星)이며, 주살(誅殺(죄를 물어 죽임))을 주관한다.
제 6성은 개양성(開陽星), 또는 위성(危星)이라 하여, 천창(天倉)의 오곡을 주관한다.
제 7성은 요광성(搖光星), 또는 응성(應星)이라 하여 병란을 주관한다.

또 제 1성은 탐랑성(貪狼星), 제 2성은 거문성(巨門星), 제 3성은 녹존성(祿存星), 제 4성은 문곡성(文曲星), 제 5성은 염정성(廉貞星), 제 6성은 무곡성(武曲星), 제 7성은 파군성(破軍星)이라고도 불렀다. 진(晋)『천문지』에서 추성은 하늘이고, 선성은 땅이며, 기성은 사람이며, 권성은 시간, 형성은 음(音), 개양성은 율(律), 요광성은 별이라고 하였으며, 제 1성은 하늘을, 제 2성은 땅을, 제 3성은 화를, 제 4성은 수를, 제 5성은 토를, 제 6성은 목을, 제 7성은 금을 주관한다고도 하였다.

3원(垣) 28수(宿)

중국 별자리 체계는 북극성과 3원, 그리고 28수라고 불리는 28개의 성수(별들의 집단)가 핵심이다. 고대 중국인들은 하늘을 북극성을 중심으로 중앙 부위를 3개의 경계로 나누어 3원, 즉 자미원, 태미원, 천시원으로 구분하였고, 3원의 바깥 부위를 달의 운행 경로를 기준으로 28수(宿)의 별자리로 구분하였다.

3원(垣)

3원이란 '세 개의 울타리'라는 의미로써, 이들 울타리 안에 포함되어 있는 별자리 집단을 말한다. 이들 3원은 모두 황도 안쪽에 위치하고 있다. 자미원(紫微垣)은 하늘의 중심 되는 별자리로서, 북극성을 중심으로 하늘나라의 궁궐인 자미궁(紫微宮)이 있는데, 이 자미궁의 울타리를 자미원이라고 한다. 자미궁은 하늘의 중심으로서 상제가 거처하는 곳이며, 제후격인 28수의 호위를 받는다. 그리고, 태미원(太微垣)은 28수 중에서 25~28번째 수인 성수(星宿), 장수(張宿), 익수(翼宿), 진수

(軫宿)의 안쪽에 있는 구역으로, 나라 일을 다스리는 조정에 해당한다. 천시원(天市垣)은 28수 중에서 4~8번째 수인 방수(房宿), 심수(心宿), 미수(尾宿), 기수(箕宿), 두수(斗宿)의 안쪽에 있는 구역이며, 하늘의 시장으로서 백성들이 모여 사는 도성에 해당한다.

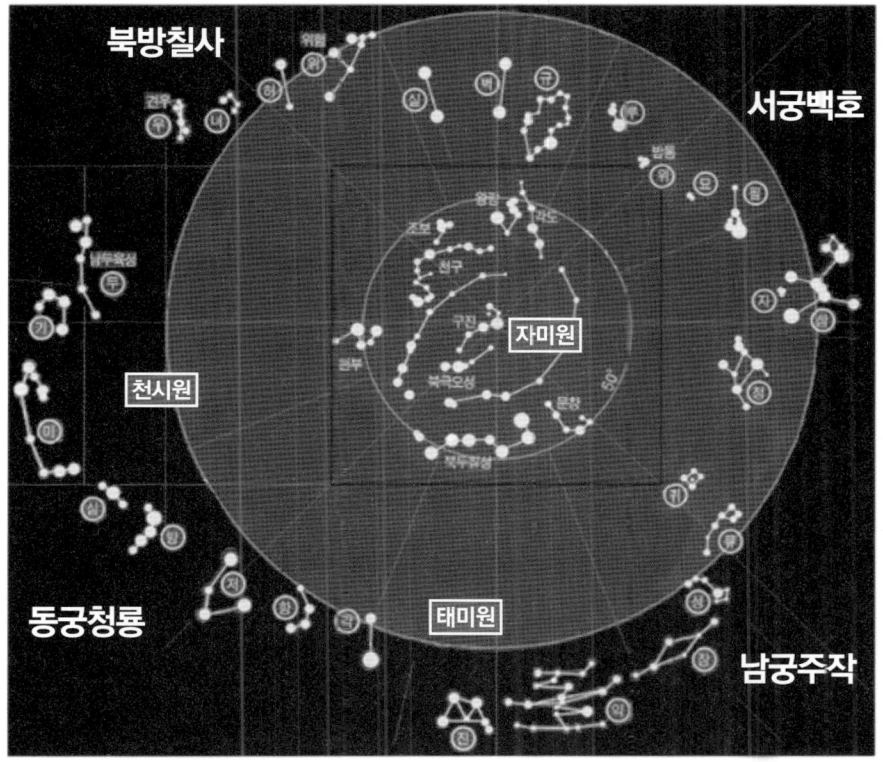

적도 좌표계와 28수(宿)(= 28사(舍))

동양과 서양의 천문학에서 주로 사용되는 좌표계는 각기 다르다. 서양 천문학에서는 황도 좌표계가 주로 사용된 반면, 동양 천문학에서는 적도 좌표계가 중심이 되었다. 왜냐하면 서양에서는 황도를 따라 배치된 12개의 별자리인 황도12궁이 매우 중요한 기준점이 되었지만, 동양에서는 적도를 따라 28개의 별자리로 구분한 28수가 중요한 기준점이 되었기 때문이다.

황도란 지구에서 보기에 태양이 하늘을 1년에 걸쳐 이동하는 경로를 이은 것으로 천구상에 고정된 선으로 나타낼 수 있으며, 황도 좌표계의 기준이다. 적도란 지구의 중심을 통과하는 지구의 자전축에 수직인 평면을 말한다. 따라서 적도는 북극점과 남극점에서 같은 거리에 있는 곳으로, 위도의 기준이 되며, 적도의 위도는 0°이다. 지구의 자전축은 공전축에 대해서 23.5° 기울어져 있다. 천구의 적도는 자전축의 회전 면에 해당하고, 황도는 지구의 공전축의 회전 면이므로, 천구의 적도는 황도를 기준으로 23.5° 기울어져 있다. 이를 황도 경사각이라고 한다.

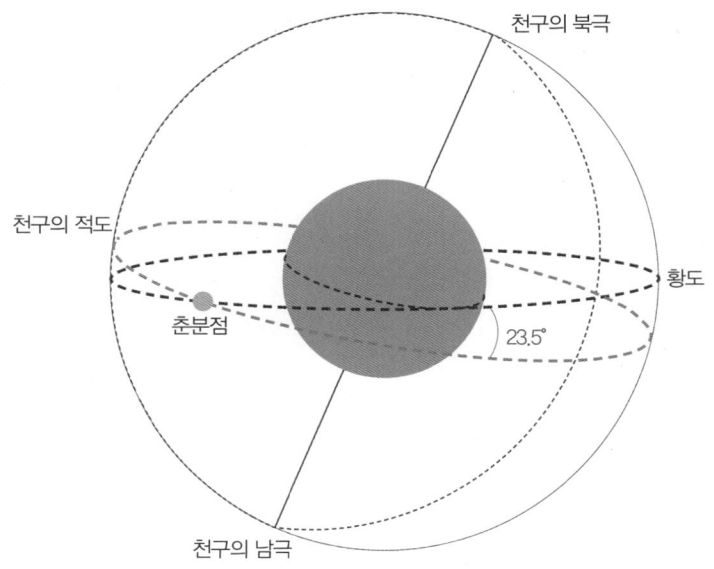

중국 고대인들은 달이 지구를 한 바퀴 공전하는 과정에서 달의 배경이 되는 하늘의 별자리가 매일 달라지며, 28일이 지나면 달이 28일 전의 원래 별자리로 다시 돌아온다는 것을 알았다. 이렇게 매일 달라지는 28개의 특정한 별자리들을 28수라고 하였고, 하늘의 근본적인 지표로 삼았다. 대략 기원전 5세기 후반의 춘추 전국 시기의 유물에서 28수의 이름들이 나타나는 것으로 보아, 이 시기에 이미 점성술과 밀접한 연관을 맺고 있는 28수 체계가 성립되어 있었다는 것을 알 수 있다.

고대 중국인들은 달이 28일이 지나면 원래 별자리로 다시 돌아온다고 생각하여 28수 체계를 만들었다고 하였다. 그렇다면 우리는 여기에서 의문이 생긴다. 우리가 알고 있는 달의 삭망 주기는 29.53일인데, 왜 고대 중국인들은 달의 주기에 따라 만들어진 배경 별자리를 28수라고 정하였을까? 어떤 근거로 28수를 기반으로 한 체계가 확립되었는지 알아보기로 하자.

항성월, 27.3일

매일 밤 같은 시각에 밤하늘의 달을 자세히 살펴보면 그 모양과 위치가 조금씩 달라진다는 사실을 알 수 있다. 이와 같은 현상은 달이 지구를 중심으로 공전 운동을 하기 때문에 나타나게 되는 것인데, 이렇게 달의 모양과 위치가 계속 변하면서 원래의 상태로 돌아오면 달의 한 달이 완성된다. 그런데 달의 공전으로 이루어지는 한 달은 그 기준에 따라 항성월과 삭망월로 구분된다.

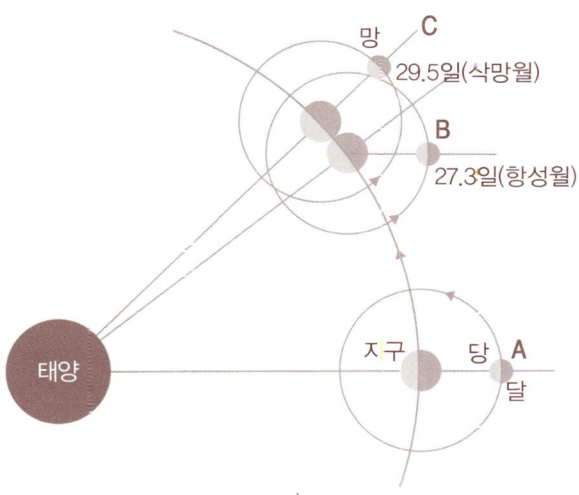

항성월이란 천구상에 있는 임의의 항성을 기준으로 달의 주기를 측정한 것으로, 지구가 가만히 정지해 있다고 가정했을 때 달이 지구 주위를 한 바퀴 공전하

는 데 걸리는 시간을 말한다. 위의 그림에서 보면, 달이 A 위치에서 출발하여 지구를 360도 한 바퀴 돌아 다시 그 자리인 B 위치에 돌아올 때까지 걸리는 시간을 의미한다. 이처럼 별자리를 기준으로 하여 달이 일 회전하는 공전 주기를 항성월이라고 하며, 그 시간은 약 27.3일이 걸린다. 그러므로 지구에서 본 달의 배경에 있는 별자리는 달이 A 위치에 있을 때나 1항성월이 지난 후 B 위치에 있을 때나 똑같게 된다.

좀 더 전문적인 용어를 사용하여 정의하자면, 달이 천구상의 춘분점과 같은 황경을 통과한 뒤 지구 주위를 1 공전하여 다시 그 황경에 도달하기까지 걸리는 시간을 말한다. 달은 하루에 지구의 둘레를 약 13도씩(360도 / 27.3일 = 약 13도) 돌기 때문에 지구를 한 바퀴를 도는 데 27.3일(360도 ÷ 13도 ≒ 27.3일), 좀 더 정확히 표현하자면 27.32166일이 걸린다. 엄밀한 의미에서 항성월은 실제적인 달의 공전 주기가 된다. 따라서 이처럼 달의 배경이 되는 별자리는 삭망월이 아닌 항성일에 해당하는 27.3일, 약 28일을 주기로 반복된다는 것을 알았기 때문에, 고대 중국인들은 달의 공전 궤도 상에 있는 배경 별자리를 28구역으로 구분하여 28수를 만들고, 하늘의 근본적인 지표로 삼았던 것이다. 28수의 별자리는 달 뿐만 아니라 태양과 5행성의 운행을 관측하는 데에도 기준 좌표로 활용되었다.

그런데, 최근의 연구 결과에 따르면, 지구의 에너지가 줄어들면서 지구와 달 사이의 평균 거리도 1년에 3.8cm씩 멀어지고, 따라서 멀어진 만큼 달의 공전 주기도 아주 미세하지만 계속 길어지고 있는 것으로 나타났다. 소네트(C.P. Sonett)가 화석 기록을 분석하여 발표한 논문에서 현재의 항성월 및 삭망월 주기가 과거에 비해 길어졌다고 하였는데, 이는 과거보다는 현재가, 현재보다는 미래에 항성월의 주기가 길어진다는 것을 의미하는 것이다.

삭망월, 29.5일

그러면 삭망월이란 무엇인가? 삭망월이란 달의 위상을 바탕으로 정의한 공전 주기로서, 달의 위상이 같아지는데 걸리는 시간을 말한다. 실제 우리가 태음력 달력 상에서 한 달로 사용하고 있는 달을 말한다. 다시 말해서, 삭망월이란 지구를 도는 달의 공전 주기와 관계없이, 지구와 달과의 관계 뿐만 아니라 태양과의 관계까지 포함하여 만든 개념으로, 이들의 배치로 인해 생기는 달의 위상 변화를 기준으로 정해지는 주기를 말한다. 즉, 그믐달(삭, 朔)에서 다음 그믐달, 또는 보름달(망, 望)에서 다음 보름달까지의 시간을 1삭망월로 정의한 것으로, 인위적이고 주관적인 개념이다.

199페이지의 그림에서 달이 A의 위치에 있을 때, 지구에서 보는 달의 모양은 보름달이 된다. 보름달은 태양과 지구와 달이 일직선 상에 있을 때 나타나는 현상이다. 그런데 27.3일의 항성월이 지나고 나면, 달은 B의 위치가 된다. 그림에서 보는 것처럼 B의 위치는 달이 360도 1회전한 후의 위치이지만, 태양과 지구와 달이 일직선을 이루고 있는 상태가 아니다. 그 이유는 달이 1공전하는 27.3일 동안 지구도 태양 주위를 공전하면서 27.3일 만큼, 즉 27도(27.3/365.25×360= 27) 정도 이동하였기 때문이다. 따라서 보름달이 되려면 태양과 지구와 달이 일직선이 되는 C 위치에 달이 도달해야 되는데, 2일 정도가 더 지나야 그 위치에 도달하게 된다. 그러므로 보름달에서 다음 보름달까지로 정의한 1삭망월은 A의 위치로부터 C의 위치까지이며 그 기간은 29.5일에 해당한다. 당연히 27.3일의 항성월에 해당하는 B 위치에 있을 때의 달 위상은 보름달이 되기 전의 모습을 보이게 된다. 또한, 1삭망월에 해당하는 C 위치에서의 달의 위상은 출발시의 망 위상과 같게 되지만, C 위치에서의 배경이 되는 별자리는 A 위치 별자리와는 달라지게 된다.

이처럼 우리가 달의 위상을 바탕으로 도입한 개념인 삭망월은 천문학적인 개념의 항성월과는 시간적으로 차이가 날 수밖에 없다. 달의 위상을 바탕으로 만든 달력이 태음력이고, 태음태양력도 일종의 태음력이기 때문에, 우리가 현재 사용하고 있는 태음태양력인 음력 달력에서는 당연히 29.5일의 삭망월 주기를 사용한다.

이에 근거하여 실제 생활에서 항상 경험하는 주기가 29.53일의 삭망월 주기임에도 불구하고, 매일 매일 달라지는 달의 배경 별자리와 관련하여 적용해야 하는 공전 주기는 삭망월이 아닌 항성월이라는 천문 지식을 고대 중국인들은 가지고 있었다. 따라서 삭망월인 29.53일이 아닌 항성월에 해당하는 27.3일, 약 28일을 주기로 달의 공전 궤도 상에 있는 배경 별자리들을 28부분으로 나눈 28수 체계를 수립하였고, 각각의 부분을 '수(宿)' 또는 '사(舍)'라고 이름 지었다. 28수의 별자리는 달 뿐만 아니라 태양과 5행성의 운행을 관측하는 데에도 기준 좌표로 활용되었다.

28수宿(28 사舍)

28수는 동, 서, 남, 북의 사궁(四宮)으로 다시 구분하여 각 궁에 7수(宿)가 배정되었으며, 달의 운행 방향은 동궁(東宮)으로부터 북궁(北宮), 서궁(西宮), 남궁(南宮) 순으로 시계 반대 방향으로 진행되었다. 『한서』 「율력지」에서는 도수를 동방수 75도, 북방수 98도, 서방수 80도, 남방수 112도로 표시하여, 주천을 365도로 하였다. 도(度)란 태양이 황도(黃道)상에서 "하룻밤 동안 움직인 거리"를 말한다.

예컨데 천문도에 써 있는 '각(角) 12도'라는 것은 28수 별자리 중 각수(角宿)의 별자리 구역을 태양이 12일 만에 지나간다는 것을 의미한다. 그런데 다음 표에 정리된 것처럼 28수 별자리 구역은 그 도수가 똑같지 않았다.

	동방7수							남방7수							서방7수							북방7수							
28수	箕	尾	心	房	氐	亢	角	軫	翼	張	星	柳	鬼	井	參	觜	畢	昂	胃	婁	奎	壁	室	危	虛	女	牛	斗
도수	11	18	5	5	15	9	12	17	18	17	7	15	4	33	9	2	16	11	14	12	16	9	16	17	10	12	8	26

28수 각각의 수(宿)에는 서쪽에 위치하며 그 수를 대표하는 밝은 별인 거성(距星)이 있다. 이 거성은 28수의 위치를 판별하거나 찾는 데 도움을 주는 기준점 역할을 한다. 28수는 해와 달 그리고, 목, 화, 토, 금, 수, 7정의 호위를 받는다. 28수는 일곱 개씩 묶어 4개의 7사(舍)로 나뉘며 각각은 봄·여름·가을·겨울고 동·서·남·북에 배정되는데, 봄은 동쪽의 청룡(靑龍), 여름은 북쪽의 현무(玄武), 가을은 서쪽의 백호(白虎), 겨울은 남쪽의 주작(朱雀)이 주관하였다. 이 사방신인 청룡과 백호, 주작, 현무는 상상 속의 동물을 형상화한 것으로, '4상(四象)'으로도 불리웠다.

28수는 계절에 따라 다음과 같은 변화를 보인다.

동방7수는 봄과 관련이 있으며, 춘분날 초저녁 동쪽 지평선 위로 떠오르는 각(角)을 시작으로 항(亢)·저(氐)·방(房)·심(心)·미(尾)·기(箕)의 별자리가 차례로 떠오른다.

북방7수는 여름과 관련이 있으며, 하지날 초저녁 동쪽 지평선 위로 두(斗)가 떠오르고 우(牛)·여(女)·허(虛)·위(危)·실(室)·벽(壁)의 별자리가 차례로 떠오른다.

서방7수는 가을과 관련이 있으며, 추분날 초저녁 동쪽 지평선 위로 규(奎)가 떠오르고 누(婁)·위(胃)·묘(昴)·필(畢)·자(觜)·삼(參)의 별자리가 차례로 떠오른다.

남방7수는 겨울과 관련이 있으며, 동짓날 초저녁 동쪽 지평선 위로 떠오르는 정(井)을 시작으로 귀(鬼)·유(柳)·성(星)·장(張)·익(翼)·진(軫)의 별자리가 차례로 떠오른다.

그러므로, 이를 바탕으로 28수를 4계(四季)나 세시(歲時)를 파악하는 기준으로도 활용하였다. 세시(歲時)란 '설'과 같이 매년 돌아오는 한 해 중의 특정한 때를 일컫는 명칭이다. 초혼(初昏; 해가 지고 땅거미가 어슴푸레하게 깔리기 시작할 무렵) 때, 서방 백호의 삼수가 정남방에 있으면 곧 봄이 시작되었고, 동방 청룡의 심수가 정남방에 있으면 그 달은 5월이었다.

(1) 동궁 청룡 칠수(東宮 靑龍 七宿)
- 각수(角宿)는 2개의 별로 이루어졌으며, '하늘의 관문에 해당한다.

- 항수(亢宿)는 4개의 별로 이루어졌으며, 천자의 집무실이다.
- 저수(氐宿)는 4개의 별로 이루어졌으며,
  왕과 왕비가 사는 곳으로서 휴식처이다.
- 방수(房宿)는 4개의 별로 이루어졌으며, 천자가 정치를 펴는 궁이다.
- 심수(心宿)는 4개의 별로 이루어졌으며, 천왕(天王)의 자리이다.
- 미수(尾宿)는 9개의 별로 이루어졌으며, 왕의 정실과 첩의 거처이며,
  아홉 자식을 나타낸다.
- 기수(箕宿)는 4개의 별로 이루어졌으며, 왕의 정실과 첩들이 있는 곳이다.

(2) 북궁 현무 칠수(北宮 玄武 七宿)
- 두수(斗宿)는 6개의 별로 이루어졌으며, '하늘의 종묘'이고
  재상과 대신이 모이는 조당(朝堂)이다.
  남두육성(南斗六星)으로 국자 모양을 하고 있어 '남쪽의 국자'라고도 한다.
- 우수(牛宿)는 6개의 별로 이루어졌으며, '하늘의 관문과 교량'이다.
  우수는 '소를 끌다'라는 뜻의 견우(牽牛)라는 별명도 가지고 있다.
  '견우와 직녀'라는 전설을 통해 우리는 이 별에 대해 잘 알고 있다.
- 여수(女宿)는 4개의 별로 이루어졌으며, 하급 관청이다.
- 허수(虛宿)는 2개의 별로 이루어졌으며, '하늘의 묘당'이라 불린다.
- 위수(危宿)는 3개의 별로 이루어졌으며,
  천부(天府), 천실(天室)이며 궁실과 가옥의 축조를 주관한다.
- 실수(室宿)는 2개의 별로 이루어졌으며, 천자의 궁이다.
- 벽수(壁宿)는 2개의 별로 이루어졌으며, 문장을 주관하며,
  천하의 책들을 소장하는 장소로서 하늘의 규장각이다.

(3) 서궁 백호 칠수(西宮 白虎 七宿)
- 규수(奎宿)는 16개의 별로 이루어졌으며, 하늘의 무기고이다.
  군대와 관련된 문제들을 주관한다.

- 누수(婁宿)는 3개의 별로 이루어졌으며, 하늘의 정원과 감옥이다.
- 위수(胃宿)는 3개의 별로 이루어졌으며,
  하늘의 창고이고 오곡이 있는 곳이다.
- 묘수(昴宿)는 7개의 별로 이루어졌으며,
  하늘의 귀와 눈으로 서방(西方)을 관장한다.
- 필수(畢宿)는 8개의 별로 이루어졌으며, '빈 수레'라고 불리는데,
  국경의 군사를 주관하고 사냥을 주관한다.
- 자수(觜宿)는 3개의 별로 이루어졌으며,
  삼군의 파수꾼으로 군수 창고와 군수 물자의 수송을 보호한다.
- 삼수(參宿)는 10개의 별로 이루어졌으며, 사형과 변방 도시를 주관한다.

(4) 남궁 주작 칠수(南宮 朱雀 七宿)
- 정수(井宿)는 8개의 별로 이루어졌으며, 하늘의 남쪽 문이다.
- 귀수(鬼宿)는 5개의 별로 이루어졌으며,
  하늘의 눈으로서 보는 것을 주관한다.
- 유수(柳宿)는 8개의 별로 이루어졌으며, 초목을 관장한다.
- 성수(星宿)는 7개의 별로 이루어졌으며, 하늘의 도읍이다.
- 장수(張宿)는 8개의 별로 이루어졌으며, 하늘의 귀한 보배이다.
- 익수(翼宿)는 22개의 별로 이루어졌으며,
  하늘의 악부(樂府)로서 연극과 음악을 주관한다.
- 진수(軫宿)는 4개의 별로 이루어졌으며,
  총재와 보좌하는 신하, 군용 수레, 바람, 죽음을 주관한다.

다음 그림 〈순우 천문도〉는 중국 소주시에 있는 동양의 별자리 체계를 보여주는 현존하는 가장 오래된 석각 천문도로서, 1193년 송나라 때 작성되었는데, 1247년에 영구 보전을 위해 돌에 새겨졌다. 천문도 안에는 1,440여 개의 별들이 새겨져 있고, 중앙의 북극을 중심으로 한 적도와 중심에서 약간 벗어난 황도가 그

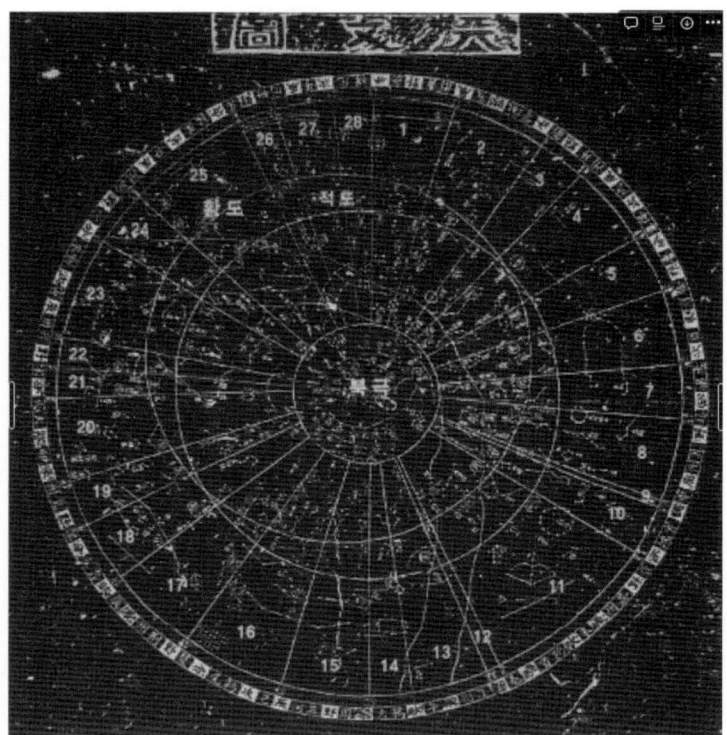

순우천문도의 탁본

려져 있으며, 28수는 고르지 않은 간격으로 분할되어 있는 것을 볼 수 있다.

참고로, 별자리는 동·서양, 민족, 지방에 따라 다르게 이해되고, 그 경계가 명확하지 않아 논란이 되어 왔다. 이를 해결하기 위해 1930년 국제천문학연합에서 1875년의 춘분점을 기준으로 적경과 적위를 정하고 별자리의 경계를 정하여, 황도상에 12개, 황도 북쪽에 28개, 황도 남쪽에 48개로 전체 하늘을 88개의 별자리로 확정하였다.

10
일진(日辰)과 기일법

일진(日辰)

　일진이란 날짜를 60간지로써 표기한 것을 말하는데, 매일 매일에 60갑자를 순차적으로 이어서 배정하는 방법이다. 가령 어느 날의 일진이 갑자라고 한다면, 그 다음날부터 을축, 병인, 정묘의 순으로 일진의 명칭이 부여된다. 이러한 기일 방법은 멀리 은나라 시대의 갑골문자에서도 발견될 정도로 오래된 것이다. 오늘날에도 '일진이 나쁘다'와 같은 표현을 통해 그 의미가 전해지고 있다. 이 기일법도 처음에는 10개로 이루어진 천간만으로 날을 표기하였지만, 후대에 들어서면서 지지를 결합한 60간지 방식으로 발전하게 된 것이다.

　일진 중에서도 특히 '매월 초하루'인 삭의 일진이 중요시되었는데, 그 이유는 '매월 초하루'의 일진을 근거로 하여 그 달의 일진을 모두 알 수 있었으며, 큰 달과 작은 달을 구분할 수 있었기 때문이다. 더욱이 정삭법을 채택한 이후에는 매월 초하루를 실제 달의 위상이 삭인 날로 정하였으므로, '매월 초하루'의 일진은 삭의 일진과 같게 되었다. 수 천 년에 걸쳐 일진에 따른 날짜 표기는 60간지의 순서로 계속 이어져 내려왔기 때문에 귀중한 역사적 지표로서의 의미 또한 매우 크다 하지 않을 수 없다.

기일법

고대 중국인들은 기일을 할 때 60간지 체계를 적용하여 표기하였지만, 처음에는 지지를 사용하지 않고 천간만을 사용하여 기일하였다. 비교적 후대에 이르러서 특별한 날에 한 해 지지를 함께 사용하여 기일하였는데, 상나라의 갑골문에서 60갑자 기일법을 확인할 수 있다. 상나라 시기에 이와 같이 뛰어난 천문 지식 체계를 갖게 된 것은 농경문화가 일찍부터 발달한 결과로 인한 것이다.

이처럼 날짜에 붙는 간지는 중국 상나라 시대부터 지금까지 단절 없이 계속 이어지고 있기 때문에, 중국에서 어떤 역사 기록이 완전히 소실되어 연대를 측정할 수 없는 문헌이 나온다 하더라도 연관된 간지를 알 수 있다면, 간지를 통해 역산하여 연대의 추정이 가능하였으므로 역사를 연구하는 입장에서는 매우 중요한 단서가 된다. 60간지 체계의 기시법은 기일법에서 처음으로 사용되었으며, 한나라 이후에 이르러 연도와 월, 그리고 시간 등 모든 시간들에 확대 적용되어 기시법의 표준으로 자리잡았다.

매월 음력 1일은 해와 달, 지구가 일직선이 되는 합삭이 발생하는 날로 정하였는데, 합삭이 하루 중 어느 시각에 이루어지는지는 전혀 상관이 없다. 참고로 서양에서는 초승달이 뜨는 날을 삭망월의 1일(초하루)로 정하였고, 삭망월 14일째 되는 날을 보름달로 정하였다. 동양과 서양 모두 초승달 전날인 삭에 해당하는 날을 삭망월의 첫날로 정한 것에는 차이가 없었지만, 동양에서는 그 날을 초하루(1)라고 하였고, 서양에서는 그 날의 월령을 0이라고 하였다. 보름달에 있어서 동양에서는 15일째 날로 정하였지만, 서양에서도 삭으로부터 15일째 날인 월령 14일의 날로 정하였으므로, 동서양의 삭망월 개념은 큰 틀에서 차이는 없다.

간지 기일법과는 별도로, 삭망월 1달을 기록할 때 매월 첫째 날은 삭(朔; 초하루), 마지막 날은 회(晦; 그믐날), 초사흘은 비(朏; 초승달), 15일을 망(望; 보름)이라고 하였다. 그리고 보름 다음 날을 기망(旣望)이라고 하였다. 고대의 기록에는 간지에 의한 기일과 더불어 춘하추동의 절기들이 추가로 기입되어 있었기 때문에 기록의 역사적 사실 관계를 신뢰할 수 있었다.

중국에서 최초로 역이 제작된 것은 상나라 이전부터라고 추정되지만 실체를 확인할 수 있는 가장 오래된 역은 상(은)나라의 일력(日曆)인 은력(殷曆)으로 알려져 있다. 갑골문에 새겨진 은력은 태음태양력으로서, 60갑자를 사용하여 점복을 행한 날짜를 기록하였다. 역사적 사료를 바탕으로 하면 간지기일법은 최소한 상나라를 이어받은 주나라의 제후 국가였던 노나라 은공(隱公) 3년(기원전 720) 2월 기사(己巳)일부터 시작되어 청나라 선통(宣統) 3년(1911)까지 단절 없이 계속 사용된, 세계에서 가장 오래된 기일법으로 평가된다.

11
시진과 기시법

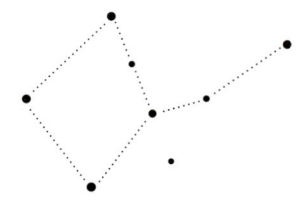

기시법 : 하루 시간의 구분

백각제(百刻制)

'백각제'는 고대 중국의 시간 구분 방법 중 하나로, 하루를 100각(刻)으로 나눈 것을 의미한다. 백각제의 기원은 정확히 알려져 있지 않지만, 물시계와 연관되어 사용되기 시작하였으며, 그 기원은 상나라 시기로 추정된다. 서기 2세기에 작성된 『수경』이라는 책에 백각제에 대한 설명이 나온다. '각'은 고대 중국의 시간 단위로서, 현대의 시간 단위와 비교해 보면 약 14.4분에 해당하며, 10개의 각을 모아서 한 개의 시(時)로 삼았다. 그리고, 하루는 10시간으로 나누어졌고, 각 시간은 100분으로 구성되었다.

다시 말해서 우리가 쓰는 분은 60분이 1시간이고, 1분은 60초이지만, 백각제에서 하루는 10시간이고, 1시간은 10각, 100분, 1각은 10분에 해당하므로, 백각제에서의 하루의 시간은 10시간, 100각, 1000분으로 정리할 수 있다. 따라서, 백각제에서의 분은 우리가 쓰는 분과 다르다는 것을 알 수 있다. 실제로 백각제에서의 1각은 약 14.4분에 해당하고, 백각제에서의 1분은 약 86.4초에 해당한다.

백각제의 시간 구분은 물시계나 해와 그림자의 움직임을 바탕으로 이루어졌다. 물시계는 물이 일정한 속도로 흐르게 하여 시간을 측정하는 장치로서 고대 중국에서 널리 사용되었다. 또한 해와 그림자의 움직임을 통해 시간을 알아내는 방법은 일명 '해시계'라고도 불리며, 이는 막대기의 그림자의 길이나 위치 변화를 통해 시간을 판단하였다. 태양이 동쪽에서 떠오르면 첫 번째 각이 시작되고, 태양이 서쪽에서 지면 마지막 각이 끝난다. 백각제는 주로 천문학적인 연구나 관측에 사용되었으며, 일상생활에서는 12시간제나 24시간제가 더 많이 쓰였다.

백각제는 고대 중국의 천문학과 시계학에 큰 영향을 미쳤다. 백각제를 기반으로 한 다양한 종류의 시계가 만들어졌으며, 백각제를 적용한 천문도가 작성되었다. 한나라 때에는 하루를 120각으로 하였고, 남조의 양나라에서는 96각을 하기도 하였고, 108각으로 하기도 하였다. 명나라 말에 서양의 천문 지식이 유입되면서 96각제로 개혁이 이루어졌으며, 청나라 초기에 96각제가 확정되었다. 이로써 1각은 약 15분에 해당하여, 24시진을 더 작은 시간으로 나누는 시간 단위로 자리잡았다. 백각제는 중국뿐만 아니라 조선이나 일본 등 인근 국가들에도 전파되었으며, 근대까지 사용되었다.

10 시진제

진나라 이전에는 낮과 밤을 각각 다섯 시진으로 구분하였다. 『수서』「천문지」에 따르면, 낮은 조(朝), 우(隅), 중(中), 포(哺), 석(夕)의 다섯 시진으로 나누고, 밤은 갑, 을, 병, 정, 무의 다섯 시진으로 나누었다. 밤은 나중에 경으로 표기하였는데, 술시를 일경으로 하고 해시를 이경, 자시를 삼경, 축시를 사경, 인시를 오경으로 하였다. 그리고 1경은 다시 5점으로 구분하였다. 현대의 시간으로 1경은 2시간 24분, 144분에 해당하며, 1점은 28.8분에 해당한다. 그러므로 오경삼점이라고 하면, 오경은 144분×5= 720분으로 12시에 해당하며, 3점은 28.8×3= 86.4분으로 1시간 26.4분에 해당하므로, 오후 1시 26분에 해당한다.

12시진제와 간지 기시법

12시진제는 서주(西周) 시대 때부터 사용되었는데, 한나라 때에 사용된 12시진의 명칭은 야반(夜半), 계명(鷄明), 평단(平旦), 일출(日出), 식시(食時), 우중(隅中), 일중(日中), 일실(日失), 포시(哺時), 일입(日入), 황혼(黃昏), 인정(人定)이었다. 한나라 때에는 여기에 12지지를 이용한 12지 기시법을 함께 사용하였는데, 12지 기시법이란 하루의 시간을 12구간으로 나누고 12지지로서 표기한 것을 말한다. 이후에 12시진에 적용되었던 12지 명칭은 60간지 체계로 확대 적용되었다. 이와 같이 시진마다 60갑자를 순차적으로 이어서 배정하는 방법을 간지 기시법이라고 한다. 기존에 사용되었던 12시진법과 12지 기시법에 의한 관계는 다음과 같다.

자	축	인	묘	진	사	오	미	신	유	술	해
23시	1시	3시	5시	7시	9시	11시	13시	15시	17시	19시	21시	23시

자시(23시~1시) : 야반(夜半)에 해당하며, 자야(子夜), 중야(中夜)라고도 한다.

축시(1시~3시) : 계명(鷄明)에 해당하며, 황계(荒鷄)라고도 한다.

인시(3시~5시) : 평단(平旦)에 해당하며, 여명(黎明), 조신(早晨), 매단(昧旦), 매상(昧爽), 또는 일단(日旦)이라고도 한다.
　　　　　　　이 시간은 밤과 낮이 교차되는 시간으로 인식되었다.

묘시(5시~7시) : 일출(日出)에 해당하며, 일시(日始), 파효(破曉), 욱일(旭日)이라고도 한다. 해가 막 떠오르는 시간이다.

진시(7시~9시) : 식시(食時)에 해당하며, 조식(早食)이라고도 한다. 아침 식사 시간이다.

사시(9시~11시) : 우중(隅中)에 해당하며, 일우(日禺)라고도 한다. 정오가 되기 전의 시간이다.

오시(11시~13시) : 일중(日中)에 해당하며, 일정(日正), 중오(中午)라고도 한다.

미시(13시~15시) : 일실(日失)에 해당하며, 일질(日跌), 일앙(日央)이라고도 한다. 해가 서쪽으로 기울어 가는 때를 말한다.

신시(15시~17시) : 포시(哺時)에 해당하며, 일포(日舗), 석식(夕食)이라고도 한다.
유시(17시~19시) : 일입(日入)에 해당하며, 일락(日落), 일침(日沈), 방만(傍晚)이라고도 한다. 해가 서산으로 지는 때를 말한다.
술시(19시~21시) : 황혼(黃昏)에 해당하며, 일석(日夕), 일모(日暮), 일만(日晚)이라고도 한다. 해가 지고 어두워졌지만, 완전히 깜깜해지지 않은 때를 말한다.
해시(21시~23시) : 인정(人定)에 해당하며, 인정(人靜), 정혼(定昏)이라고도 한다. 밤이 깊어 사람들이 활동을 마치고 편안하게 잠든 때를 말한다.

12시진제에서는 하루를 다음과 같이 3개의 시점으로 단순하게 구분하기도 하였다.
아침 : 묘시
낮 : 오시를 중심으로 진, 사, 오, 미, 신
저녁 : 유시
밤 : 자시를 중심으로 술, 해, 자, 축, 인

해가 지고 난 다음부터 다음날 해가 뜰 때까지 밤에 해당하는 술, 해, 자, 축, 인시를 오경이라 하여, 각각 초경(일경), 이경, 삼경, 사경, 오경이라고 하였다. 그 중 삼경, 즉 자시는 오경 중의 한가운데였으므로 한밤중을 의미하는 시간이었다.

이와 같은 내용을 시간과 관련된 표현들을 살펴보면, 고대 중국인들은 주로 해를 기준으로 삼아 대처적인 시간들을 나타내었다는 것을 알 수 있다. 해가 뜰 때를 단(旦), 조(朝), 조(早), 신(晨)이라고 했으며, 해가 질 때를 석(夕), 모(暮), 혼(昏), 만(晚)이라고 하였다. 그래서 고서에서는 조와 석, 단과 모, 신과 혼, 그리고 혼과 단을 조합하여 하루를 조석, 단모, 신혼, 혼단으로 표현하였다.

해가 정중(正中)에 있을 때를 일중(日中)이라 하였고, 일중에 아직 미치지 않은 일중에 가까운 시간을 우중(隅中, 오전 10시경. 隅; 모퉁이 우)이라 하였고, 해가 서쪽으로 기울어지면 일측(日昃)이라고 하였다. 당나라 공영달은 『좌전』에서 다음과 같이 설명하였다. "우는 동남쪽 모퉁이를 말한다. 동남쪽 모퉁이를 지났지만, 아직 남중하지 않았기 때문에 우중이라고 한다."

고대 중국인들은 하루에 2번 식사를 하였다고 한다. 조식은 해가 뜬 후부터 우중 이전에 하였는데, 이 시간대를 식시, 또는 조식이라고 하였다. 석식은 일측(日昃) 이후 해가 지는 일입 전에 하였는데, 이 시간대를 포시라고 하였다. 해가 진 이후는 황혼, 황혼 이후는 인정이라고 하였다. 인정 다음에 오는 시간을 야반이라고 하였다. 24시(0시)를 뜻하는 야반 12시는 곧 자시에 해당한다. 그래서 자야라고도 하였다. 계명은 계명축시라고 하여 첫닭이 울 때쯤인 새벽 1시에서 3시 사이를 말하였고, 평단(平旦)은 멀리서 동이 어슴프레 뜰 때쯤인 새벽 3시에서 5시 사이를 말하였다. 또 평명이 있는데, 새벽 5시에서 7시 사이로 날이 샌 이후의 시간을 말한다.

후대 송나라 이후에는 12지로 이루어진 12시진을 다시 초와 정으로 나누어 24시진으로 구분하였다. 따라서 자초는 23시, 자정은 24시가 되었고, 오초는 낮 11시, 오정은 낮 12시가 되었다. 현재 우리가 사용하는 12시를 뜻하는 정오는 오정에서 비롯된 말이다.

12 명절과 잡절(기타 절기)

1. 설날

　한국 민족문화백과사전에 따르면, 설날은 음력으로 1월 1일로, 새해 첫날이다. 구정(舊正), 정월(正月) 초하루, 음력설이라고도 부르는 우리나라 최고의 전통 명절이다. 삼국 시대 문헌에서도 설 명절에 대한 기록이 보인다. 설날에는 조상에 차례를 지냈으며, 차례를 마치고 가까운 집안 친척들끼리 모여 성묘를 하며, 친척이나 이웃 어른들께 세배를 하는 것이 고유의 풍습이다. 정초에 집안의 평안을 위해 안택을 한다. 안택이란 무당과 같은 전문적인 사제를 불러 평소 집에서 하는 고사보다는 규모가 큰 굿을 하는 것을 말한다.

　설은 사실상 섣달그믐부터 시작된다고 할 만큼 그믐날 밤과 초하루는 분리된 것이 아니다. 그런 연유로, 섣달그믐날 밤에는 잠을 자지 않는다. 잠을 자면 눈썹이 센다는 속신이 있다. 설날 새벽에 밖에 나가 까치 소리를 들으면 길조이고, 까마귀 소리를 들으면 불길하다고 여겼다. 정초에 여자들은 널을 뛴다. 널을 뛰면 그 해에 발에 좀(무좀)에 걸리지 않는다고 하였다. 연날리기도 하였는데, 섣달그믐 무렵부터 정월 대보름까지 한다. 그 밖에, 설날 무렵에 윷놀이도 하는데, 윷놀이는 남녀노소 구별 없이 모든 사람이 집안에서도 하고, 밖에서 마을 사람들이 어울려 하기도 하는 정초의 가장 보편적인 놀이다.

설날에 입는 옷을 설빔이라 한다. 설날에 색깔이 있는 옷을 입는데 특히 여자 어린이들은 색동저고리를 입는다. 노랑이나 녹색 저고리에 붉은 치마는 오늘날까지도 설에 어린이들이 입는 가장 보편적인 옷이다. 설 음식을 세찬이라고 하는데, 세찬의 대표적인 음식은 떡국으로, 떡국을 먹어야 나이 한 살을 먹는다고 하였고, 떡국을 먹지 않으면 나이를 먹을 수 없다고 하였다. 떡국의 기본 재료는 쌀로 만든 가래떡인데, 요즘에는 방앗간에 가서 가래떡을 해오지만 예전에는 집에서 직접 만들었다. 그런데 조선 시대에도 떡국을 시장에서 팔았다는 내용이 『동국세시기』 기록에 나타난다. 떡국에는 만두를 빚어 넣기도 하였다. 이 밖에도 인절미, 빈대떡, 강정류, 식혜, 수정과 등도 세찬으로 장만하였다.

2. 추석

음력 8월 15일로 한가위, 중추절(仲秋節), 팔월 대보름, 가배일(嘉俳日)이라고도 부르며, 음력 설과 더불어 우리나라 최고의 전통 명절이다. 삼국 시대 초기부터 전해져 내려오던 명절로서 그 연원이 깊다. 한가위라는 말의 '한'이란 '크다'라는 뜻이고 '가위'란 '가운데'를 나타내는데, 이 가위라는 단어는 신라 시대 때 여인들이 실을 짜던 길쌈을 '가배(嘉排)'라 부르다가 이 말이 변해서 '가위'가 된 것이라고 한다. 추석 날은 가을 추수를 마치기 전이지만 덜 익은 햅쌀로 만든 송편을 빚고 햅쌀로 밥을 짓고 햅쌀로 술을 빚어, 햇과일과 함께 조상에게 차례를 지냈다. 차례가 끝나면 차례에 올렸던 음식으로 온 가족이 음복(飮福)을 하였다. 그리고 조상님들의 은혜에 보답하여 조상의 무덤을 찾아 여름 동안 무성하게 자란 잡초를 베어 주는 벌초를 하고 성묘를 하는 전통이 있다.

추석날의 일기를 보아 여러 가지로 점을 쳤다. 추석날은 일기가 청명하고 맑아야 좋다. 비가 내리면 흉년이 든다고 해서 불길한 징조로 여겼다. 추석날 밤에 흰 구름이 많이 떠서 여름에 보리를 베어서 늘어놓은 것처럼 벌어져 있으면 농작물이 풍년이 들지만, 구름 덩이가 많거나 구름이 한 점도 없으면 그 해의 보리 농사는 흉년이 들 징조라고 해석을 하였다.

동네 사람들끼리 음식을 서로 교환하며 후한 인심을 나누었으며, 농사를 마감한 한가한 시기에 다음 해의 풍년을 기원하며 소놀이·거북놀이·줄다리기·씨름·활쏘기 등 세시풍속을 함께하며 공동체 의식을 다졌다. 거북놀이는 두 사람이 둥근 멍석을 쓰고 앉아 머리와 꼬리를 만들어 거북이 시늉을 하고 느린 걸음으로 움직인다. 사람들이 거북이를 앞세우고 큰 집을 찾아가 "바다에서 거북이가 왔는데 목이 마르다."고 하면서 음식을 청하면 주인은 음식을 내어 일행을 대접하였다. 줄다리기는 한 마을에서 편을 가르거나 몇 개 마을이 편을 짜서 하거나 또는 남녀로 편을 갈라서 하는 경우도 있었다. 편의 규모는 일정하지 않고 많을 때에는 수백 명에서 작을 때에는 수십 명에 이르렀으며, 줄의 크기는 줄 위에 올라앉으면 발이 땅에 닿지 않을 정도로 큰 경우도 있었다고 한다. 전라남도 서남해안 지방에서는 부녀자들이 강강술래 놀이를 즐겼다. 추석날 저녁 설거지를 마치고 달이 솟을 무렵 젊은 부녀자들이 넓은 마당이나 잔디밭에 모여 손에 손을 잡고 둥글게 원을 그리면서 노래를 부르고 뛰고 춤을 추었다.

추석의 대표적인 음식으로는 송편을 빼놓을 수가 없다. 송편 속에는 콩·팥·밤·대추 등을 넣는데, 모두 햇것으로 하였다. 또한, 추석 전날 저녁에는 가족들이 모여 송편을 만든다. 송편을 예쁘게 만들면 예쁜 배우자를 만나게 되고, 잘못 만들면 못생긴 배우자를 만나게 된다고 하였으므로 처녀 총각들은 송편을 예쁘게 만들려고 솜씨를 겨루었다.

3. 단오(端午)

단오의 '단(端)'자는 처음 즉, 첫 번째를 뜻하고, '오(午)'자는 오(五), 곧 다섯의 뜻으로 통하므로 단오는 '초닷새(初五日)'라는 뜻이 된다. 음력 5월 5일에 해당하며, 설날, 추석과 더불어 우리나라의 3대 명절에 속한다. 수릿날 또는 천중절이라고 부르기도 한다. 단오는 1년 중에서 양기가 가장 왕성한 날에 해당한다. 더운 여름을 맞기 전인 초여름에 지내는 명절로서 단오의 여러 행사로는 벽사(辟邪; 귀신을 물리침) 및 더위를 막는 신앙적인 관습이 많으며, 모내기를 끝내고 대추나무 시집보내기와 같은 풍년을 기원하는 행위가 주가 된다. 관련 풍습으로는 여자들이 창포잎과 뿌리를 삶아 창포탕을 만들어, 창포탕에 머리를 감고, 얼굴을 씻고, 목욕을 하였다. 창포의 특이한 향기가 나쁜 귀신을 쫓으며 창포물로 머리를 감으면 머리에 윤기가 나고 머리카락이 빠지지 않는다고 믿었다. 그리고, 쑥과 익모초 뜯기, 부적 만들어 붙이기, 대추나무 시집보내기, 단오 비녀꽂기 등의 풍속과 함께, 더운 여름에 신체를 단련하는 그네 뛰기, 씨름, 활 쏘기 등과 같은 민속놀이도 행해졌다. 집단적인 민간행사로는 마을의 수호신에게 제사지내는 단오제(端午祭)가 있으며, 단오굿을 하기도 하였다.

일 년 중에서 가장 양기가 왕성한 날인 단오날 중에서도 특히 오시(午時)는 가장 양기가 왕성한 시각이므로, 단오날 오시를 기해서 농가에서는 익모초와 쑥을 뜯는다. 여름철 식욕이 없을 때에는 익모초 즙이 식욕을 돋구고 몸을 보호하는 데 효과가 있다고 알려져 있기 때문이다. 쑥은 뜯어서 떡을 하기도 하고 또 창포탕에 함께 넣어 삶기도 하는데, 벽사에 효과가 있다고 전해졌다.

4. 한식(寒食)

동지(冬至)로부터 105일 째의 날로서, 음력 2월 또는 3월에, 양력으로는 4월 5일 또는 6일에 들어 있다. 설날, 추석, 단오와 함께 우리나라 4대 명절에 해당하며 조상에게 성묘를 하는 풍습과 찬 음식을 먹는 풍습이 있다. '한식에 죽으나 청명에 죽으나'라는 말이 있다. 한식과 24절기 중의 하나인 청명(淸明)은 날짜가 같거나 하루 차이가 난다. 결국 '하루 먼저 죽으나 하루 뒤에 죽으나' 마찬가지라는 말로, 어떻게 일을 처리하든지 상관없다는 의미로 해석된다.

고대의 종교적 의미로 매년 봄에 나라에서 새 불(新火)을 만들어 쓸 때 그에 앞서 어느 기간 동안 묵은 불(舊火)을 일절 금지시켰던 전통에서 유래한 것으로 보기도 하고, 중국의 옛 풍속으로 이날은 풍우가 심하여 불을 금하고 찬 밥을 먹었던 습관에서 그 유래를 찾기도 한다.

또한, 개자추(介子推)에 관한 다음과 같은 전설이 있다. 중국 진(晉)나라의 문공이 국란(國亂)을 당하여 개자추 등 여러 신하들과 함께 국외로 탈출하여 방랑할 때, 배가 고파서 거의 죽게 된 문공을 개자추가 자기 넓적다리 살을 베어 구워 먹여 살린 일이 있었다. 뒤에 왕위에 오른 문공이 개자추의 공로를 생각하여 높은 벼슬을 시키려 하였다. 그러나 개자추는 벼슬을 마다하고 면산(緜山)에 숨어 버렸다고 한다. 일설에는 19년을 섬겼는데 봉록(俸祿)을 주지 않았으므로 서운하게 생각하고 숨었다고도 전한다. 아무리 불러도 나오지 않으므로 개자추를 나오게 할 목적으로 면산에 불을 질렀다. 그러나 그는 끝까지 나오지 않고 홀어머니와 함께 버드나무 밑에서 불이 타죽고 말았다. 그 뒤 그를 애도하는 뜻에서, 또 타 죽은 사람에게 더운 밥을 주는 것은 드의에 어긋난다 하여 불을 금하고 찬 음식을 먹는 풍속이 생겼다고도 한다. 중국에서는 이날 문에 버드나무를 꽂기도 하고 들에서 잡신제(雜神祭)인 야제(野祭)를 지내 그 영혼을 위로하기도 한다. 특히, 개자추의 넋을 위로하기 위하여 비가 내리는 한식을 '물한식'이라고 하였으며, 한식날 비가 오면 그 해에는 풍년이 든다는 속설이 있다.

이날 나라에서는 종묘와 각 능원(陵園)에서 제사를 지내고, 민간에서는 술·과일·포·식혜·떡·국수·탕·적 등의 음식으로 제사를 지낸다. 조선 시대 내병조(內兵曹)에서는 버드나무를 뚫어 불을 만들어 임금에게 올리면 임금은 그 불씨를 궁전 안에 있는 모든 관청과 대신들 집에 나누어 주었다. 한식날부터 농가에서는 채소 씨를 뿌리는 등 본격적인 농사철로 접어든다. 흔히, 이날 천둥이 치면 흉년이 들 뿐만 아니라 국가에 불상사가 일어난다고 믿어 매우 불길하게 생각하였다.

5. 정월 대보름

음력 1월 15일로, 음력으로 설날이 지나고, 첫 코름달이 뜨는 날이다. 한자어로는 '상원(上元)'이라고 한다. 상원이란 중원(中元 : 음력 7월 15일, 백중날)과 하원(下元 : 음력 10월 15일)에 대비가 되는 말로서 이것들은 다 도교적인 명칭에 해당한다.

이날은 우리 세시풍속에서는 가장 중요한 날로서 설날만큼 비중이 크다. 정월 보름은 첫 보름이라는 점에서 보다 중시되어 대보름 명절이라고도 한다.

최상수(崔常壽)의 『한국의 세시풍속』을 보면, 12개월 동안 세시풍속과 관련된 행사의 총 건수는 189건이다. 그중 정월 한 달에 세배, 설빔 등 78건이 몰려 있어 전체의 거의 절반이 되므로, 1년의 세시풍속 중에서 정월이 차지하는 비중이 그만큼 크다는 것을 보여준다. 정월 78건 중에서 대보름날 하루에 관계된 세시풍속 항목이 40여건으로 정월 전체의 반수를 넘을 뿐만 아니라, 1년 365일 중에서도 이 하루의 행사가 5분의 1이 넘을 만큼 대단히 큰 비중을 차지하고 있다는 것을 알 수 있다.

이러한 경향은 1월 1일이 1년이 시작하는 날로서 큰 의미가 있는 날이지만, 달의 위상을 주된 지표로 삼는 음력을 사용하는 사회에서 첫 보름달이 뜨는 대보름날이 보다 더 중요한 의미를 가졌다는 것을 보여준다. 우리나라의 세시풍속에서는 보름달이 가지는 뜻이 아주 강하다. 정월 대보름이 우선 그렇고, 설날 다음의 큰 명절이라고 할 수 있는 추석도 보름날이라는 점이 또한 그렇다. 그것은 달과 여신, 그리고, 대지의 음성원리(陰性原理) 또는 풍요 원리를 기본으로 하였던 것이라 할 수 있다. 태양이 양이며 남성으로 인격화되는 데 반해서 달은 음이며 여성으로 인격화된다. 그래서 달의 상징 구조는 여성, 출산력, 물, 식물들과 연결된다. 그리고 여신은 대지와 결합되며, 만물을 낳는 지모신(地母神)으로서의 역할을 담당한다. 이와 같은 개념을 바탕으로 새해 첫 보름달이 뜨는 시점에 여신에게 대지의 풍요를 기원하는 관습이 형성된 것으로, 대보름은 한마디로 풍요의 출발점으로서의 의미를 담고 있다. 정월은 한 해를 처음 시작하는 달로서 그 해를 설계하는 달로서, 대보름날에는 대부분 점을 쳤다.

대보름에는 오곡밥을 지어 먹으며, 아침 일찍 부럼이라고 하는 껍질이 단단한 과일을 깨물어서 마당에 버리는데, 이렇게 하면 1년 내내 부스럼이 생기지 않는다고 하였다(부럼깨기). 그리고, 귀밝이 술을 마시고, 약밥, 오곡밥을 먹었다. 밤에는 뒷동산에 올라가 달맞이를 하며 소원 성취를 빌고 1년 농사를 점치기도 하였는데, 달빛이 희면 많은 비가 내리고 붉으면 가뭄이 들며, 달빛이 진하면 풍년이

오고 흐리면 흉년이 든다고 하였다. 보름 새기, 더위 팔기, 달맞이, 달집 태우기, 다리 밟기, 지신 밟기 같은 풍습이 있었다.

중국에서도 한나라 때부터 8대 축일(八大祝日)의 하나로 중요하게 여겼던 명절이었다. 특히 일본에서는 대보름을 '소정월(小正月)'이라 부르고, 음력 행사가 거의 사라져 버린 지금도 이날을 국가공휴일로 지정하여 기념하고 있다고 한다.

6. 칠석

음력 7월 7일에 해당하며, 이날은 은하수 동쪽에 있는 견우와 서쪽에 있는 직녀가 까마귀와 까치들이 만들어 놓은 오작교에서 1년에 한 번 만나는 날이라는 중국의 고대 설화가 우리나라에 전해져 내려오고 있다. 칠석은 양수인 홀수 7이 겹치는 날이어서 길일로 여겨 진다.

칠석 때가 되면, 동쪽에 직녀성이, 서쪽에는 견우성이 천장 부근에서 서로 마주 보는 것처럼 보인다. 마치 일 년에 한 번씩 만나는 것처럼 보인다. 이러한 별자리를 보고 '견우와 직녀' 설화를 만들어냈으리라 짐작할 수 있다.

이 전설은 중국의 두 별, 즉 "직녀"와 "남극성"의 사랑 이야기로, 직녀는 천계에서 바느질을 하던 공주이고 남극성은 땅에서 소를 치는 목동이었다. 두 사람은 사랑에 빠져 결혼하였지만, 천계의 여왕은 이를 용납하지 않아 두 사람을 강물로 분리해버렸다. 하지만 매년 음력 7월 7일에는 강 위에 나타나는 까막까치(까마귀와 까치를 함께 부르는 말)가 만들어 주는 다리, 오작교를 통해 만나게 되었다고 한다. 그래서, 칠석이 지나면 까막까치가 다리를 놓느라고 머리가 모두 벗겨져 돌아온다고 하였다.

이날 양귀비의 혼이 재생하여 장생전(長生殿)에서 자나깨나 그리워하던 당명황(唐明皇)을 만나 "하늘에서는 원컨대 비익조(比翼鳥 : 암수의 눈과 날개가 하나씩이라 짝을 짓지 않으면 날지 못한다는 전설상의 새)가 되고 땅에서는 원컨대 연리지(連理枝 : 한 나무의 가지가 다른 나무의 가지와 맞닿아 결이 서로 통한 것. 화목한 부부나 남녀 사이를 일컫는 말)가 되자"고 했다는 내용도 전해진다. 우리나라 춘향전에서 춘향과 이도령의 가약을 맺어주던 광한루의 다리도 견우와 직녀가 만나는 다리와 같은 이름의 오작교였다.

칠석날은 별자리를 각별히 생각하는 날이어서 수명신(壽命神)으로 알려진 북두칠성에게 수명 장수를 기원하였다. 이날 각 가정에서는 아낙네가 밀 전병과 햇과일 등 제물을 차려 놓고 고사를 지내거나 장독대 위에 정화수를 떠놓고 가족의 무병장수와 가족들의 평안을 기원하였다.

옛날에는 직물이나 바느질이 실생활에서 대단히 중요하게 여겨졌고 바느질 솜씨가 큰 관심을 받게 되었으므로, 전통적으로 처녀들은 장독대 위에다 정화수를 떠 놓고, 그 위에 고운 재를 평평하게 담은 쟁반을 올려놓고 바느질 솜씨를 좋게 해 달라고 기원하였다고 한다. 이처럼 처녀들이 직녀 별을 향해 바느질을 잘 하기를 기원하는 것을 걸교(乞巧)라고 하였는데, 직녀라는 별 이름 자체가 직물이나 바느질과 연관되어 있기 때문이었다. 근래까지 우리나라에서도 칠석날 바느질 솜씨를 겨루는 풍속이 행해졌다고 한다.

또한, 가정에 따라서는 무당을 찾아가 칠성맞이 굿을 하였고, 밭작물의 풍작을 위해 밭에 나가서 밭제를 지내기도 하였다. 칠석날 처녀들은 별을 보며 바느질 솜씨의 향상을 기원했지만, 서당에서는 학문을 배우는 학동들이 별을 보며 자신의 글쓰기나 학문적 성취를 위한 기원을 했다고 한다. 이날 민간에서는 명절 음식으로 밀국수, 밀전병, 호박부침, 백설기 등을 만들어 먹었다.

7. 삼복(三伏)

"삼복(三伏)"은 동아시아의 전통적인 여름의 혹서기를 지칭하는 용어로, 초복(初伏), 중복(中伏), 그리고 말복(末伏)을 의미한다. 삼복은 잡절 중의 하나로 명절에 포함되지는 않는다. "복(伏)"자는 사람이 개처럼 엎드려 있는 모습을 형상화한 한자로, 여름은 불(火)에 속하고, 가을은 쇠(金)에 속하는데, "여름 불기운에 가을의 쇠 기운이 세 번 굴복한다."라는 의미를 담고 있으며, 극심한 여름 더위에 인간이 굴복한다는 것을 상징적으로 표현한 것이다.

각 복날은 일정한 기간 간격을 두고 들어있다. 첫 번째 복날인 초복은 하지 이후에 오는 세 번째 경일(庚日)에 해당하며, 이어서 중복은 그로부터 10일 뒤인 네 번째 경일에 해당한다. 이와는 달리, 말복은 하지가 아닌 입추 이후에 오는 첫 번째 경일에 해당한다. 이렇게 세 복이 모두 경일에 해당하기 때문에, 삼복을 '삼경(三庚)'이라고 부르기도 한다.

초복과 중복은 하지를 기준으로 연속되는 경일에 들어 있어서 10일 간격으로 오는 반면에, 말복은 입추를 기준으로 하기 때문에 중복으로부터 10일 뒤에 올 수도 있고, 20일 뒤에 올 수도 있다. 20일 뒤에 말복이 오는 경우는 특별히 월복(越伏)이라고 부르기도 한다. 일반적으로 초복과 중복은 음력 6월에 들어 있는 반면, 말복은 7월에 들어 있다.

삼복 기간은 여름철 중에서도 가장 더운 시기로 몹시 더운 날씨를 보이는 기간이기 때문에 이 시기의 더위를 '삼복더위'라고 표현하기도 한다. 삼복은 음력 개념이 아니고, 24절기와 일진을 기준으로 정해지기 때문에 소서(양력 7월 7일 무렵)에서 처서(양력 8월 23일 무렵) 사이에 들게 되며, 어떤 해의 복날은 이듬해 같은 복날과 365일 간격을 보이지만, 월복으로 인해서 375일이나 355일 간격을 보이기도 한다.

복날에 냇가나 강에서 목욕을 하면 몸이 야윈다고 한다. 이러한 속설 때문에 복날에는 아무리 더워도 목욕을 하지 않는다. 그렇지만 초복 날에 목욕을 하였다면, 중복 날과 말복 날에도 목욕을 해야 한다. 그래야만 몸이 야위지 않는다고 믿었다.

복날에는 벼가 나이를 한 살씩 먹는다고 하였다. 벼는 줄기마다 마디가 셋 있는데 복날마다 하나씩 생기며, 이것이 벼의 나이를 나타낸다고 하였다. 벼가 이렇게 마디가 셋이 되어야 비로소 이삭이 패게 된다고 하였다.

삼복에는 더위로 인해 기운을 보충하기 위해 삼계탕, 보신탕, 육개장 등 각종 보양식을 먹는 풍습이 있었으며, 현대에는 닭백숙을 즐겨 먹는다. 또한, 팥죽을 쑤어 먹으면 더위를 먹지 않고 질병에도 걸리지 않는다고 하여 팥죽을 먹기도 한다.

초복(初伏)

초복은 삼복 중의 하나로, 24절기상 소서(小暑)와 대서(大暑) 사이에 위치하며, 하지로부터 세 번째 경일에 해당한다. 초복은 여름의 시초를 의미하며 더위가 본격적으로 시작되는 시기이다.

중복(中伏)

중복은 삼복 중의 하나로, 더위가 절정으로 최고조에 달하는 시기이다. 하지로부터 네 번째 경일에 해당한다.

말복(末伏)

말복은 삼복 중의 하나로, 24절기상 입추와 처서 사이에 위치한다. 더위의 끝이라는 뜻을 담고 있다. 입추로부터 첫 번째 경일에 해당한다. 복날은 열흘 간격으로 오기 때문에 초복과 말복까지는 20일이 걸린다. 그러나 해에 따라서는 중복과 말복 사이가 20일 간격이 되기도 한다. 이런 경우에는 월복(越伏)이라고 한다.

그렇다면, 왜 중복과 말복 사이는 10일 간격으로 오기도 하고, 20일 간격으로 오기도 하는 것일까? 삼복은 24절기와 일진을 기준으로 정해진다고 하였다. 그런데, 초복은 하지(6월 21일, 또는 22일)로부터 세 번째 경일에 해당하고, 중복은 하지로부터 네 번째 경일에 해당한다. 그리고, 경일(庚日)은 10간 중 하나이기 때문에 10일 간격으로 돌아오게 된다. 따라서 초복과 중복은 10일 간격으로 나타나게 되는 것이다. 그렇지만 이와는 달리, 말복의 기준은 하지로부터 다섯 번째 경일이 아니라, 다음 절기인 입추로부터 첫 번째 경일로 정해져 있다. 만약 말복이 하지로부터 다섯 번째 경일로 정해져 있었다면 당연히 중복과 말복 사이도 10일 간격이 되었을 것이지만, 입추로부터 첫 번째 경일로 정해지면서 변수가 발생하게 된 것이다.

입추는 양력으로 8월 7일이나 8일 사이에 대체로 일정한 날짜에 들어 있다. 그러나 음력 상에서 입추가 들어있는 날짜는 매해마다 조금씩 변동을 보이기 때문에, 음력 날짜에 연동되어 기술되는 간지일의 명칭이 항상 같지 않게 된다. 따라서, 입추 후의 첫 번째 경일인 말복이 중복으로부터 10일 간격이 되기도 하고, 20일 간격이 될 수도 있는 것이다.

2024년 6월

Sun(日)	Mon(月)	Tue(火)	Wed(水)	Thu(木)	Fri(金)	Sat(土)
						1 (4·25) 丙申日
2 (4·26) 丁酉日	3 (4·27) 戊戌日	4 (4·28) 己亥日	5 (4·29) 庚子日 망종(03:09)	6 (5·1) 辛丑日	7 (5·2) 壬寅日	8 (5·3) 癸卯日
9 (5·4) 甲辰日	10 (5·5) 乙巳日	11 (5·6) 丙午日	12 (5·7) 丁未日	13 (5·8) 戊申日	14 (5·9) 己酉日	15 (5·10) 庚戌日
16 (5·11) 辛亥日	17 (5·12) 壬子日	18 (5·13) 癸丑日	19 (5·14) 甲寅日	20 (5·15) 乙卯日 하지(19:50)	21 (5·16) 丙辰日	22 (5·17) 丁巳日
23 (5·18) 戊午日	24 (5·19) 己未日	25 (5·20) 庚申日	26 (5·21) 辛酉日	27 (5·22) 壬戌日	28 (5·23) 癸亥日	29 (5·24) 甲子日
30 (5·25) 乙丑日						

2024년 7월

Sun(日)	Mon(月)	Tue(火)	Wed(水)	Thu(木)	Fri(金)	Sat(土)
	1 (5·26) 丙寅日	2 (5·27) 丁卯日	3 (5·28) 戊辰日	4 (5·29) 己巳日	5 (5·30) 庚午日	6 (6·1) 辛未日 소서(13:19)
7 (6·2) 壬申日	8 (6·3) 癸酉日	9 (6·4) 甲戌日	10 (6·5) 乙亥日	11 (6·6) 丙子日	12 (6·7) 丁丑日	13 (6·8) 戊寅日
14 (6·9) 己卯日	15 (6·10) 庚辰日 초복	16 (6·11) 辛巳日	17 (6·12) 壬午日	18 (6·13) 癸未日	19 (6·14) 甲申日	20 (6·15) 乙酉日
21 (6·16) 丙戌日	22 (6·17) 丁亥日 대서(06:44)	23 (6·18) 戊子日	24 (6·19) 己丑日	25 (6·20) 庚寅日 중복	26 (6·21) 辛卯日	27 (6·22) 壬辰日
28 (6·23) 癸巳日	29 (6·24) 甲午日	30 (6·25) 乙未日	31 (6·26) 丙申日			

2024년 8월

Sun(日)	Mon(月)	Tue(火)	Wed(水)	Thu(木)	Fri(金)	Sat(土)
				1 (6·27) 丁酉日	2 (6·28) 戊戌日	3 (6·29) 己亥日
4 (7·1) 庚子日	5 (7·2) 辛丑日	6 (7·3) 壬寅日 입추(23:08)	7 (7·4) 癸卯日	8 (7·5) 甲辰日	9 (7·6) 乙巳日	10 (7·7) 丙午日
11 (7·8) 丁未日	12 (7·9) 戊申日	13 (7·10) 己酉日	14 (7·11) 庚戌日 말복	15 (7·12) 辛亥日	16 (7·13) 壬子日	17 (7·14) 癸丑日
18 (7·15) 甲寅日	19 (7·16) 乙卯日	20 (7·17) 丙辰日	21 (7·18) 丁巳日	22 (7·19) 戊午日 처서(13:54)	23 (7·20) 己未日	24 (7·21) 庚申日
25 (7·22) 辛酉日	26 (7·23) 壬戌日	27 (7·24) 癸亥日	28 (7·25) 甲子日	29 (7·26) 乙丑日	30 (7·27) 丙寅日	31 (7·28) 丁卯日

예를 들어 확인해 보기로 하자.

2024년 삼복 날짜에 대해 알아보자. 위 달력은 2024년도의 만세력이다.

위의 2024년도 달력에서 하지는 양력으로 6월 20일이고, 간지는 을묘일이다. 그날로부터 첫 번째 경일은 6월 25일 경신일이고, 두번째 경일은 7월 5일 경오일이고, 세 번째 경일은 7월 15일 경진일이고, 네 번째 경일은 7월 25일 경인일이고, 다섯 번째 경일은 8월 4일 경자일이다. 따라서, 초복은 세 번째 경일인 7월 15일 경진일이고, 중복은 네 번째 경일인 7월 25일 경인일이 된다.

그런데, 다음 말복은 중복으로부터 10일 후에 해당하는 다섯 번째 경일인 8월 4일 경자일에 오지 않는다. 말복은 입추 후에 오는 경일이라고 하였고 입추가 8월 7일이므로, 8월 4일 경자일은 입추 전에 해당하여, 입추 후 첫 번째 경일에 해당되지 않기 때문이다. 입추 후 첫 번째 경일은 중복으로부터 20일 후인 8월 14일 경술일에 오게 되므로, 이날이 말복이 된다.

이제 2025년 삼복 날짜에 대해 알아보자.

다음 2025년도 달력에서 하지는 2024년도와 하루 차이를 보이는 양력으로 6월 21일이지만, 간지 상에서는 2024년도에는 을묘일이고, 2025년도에는 신유일이다. 그리고 하지로부터 첫 번째 경일은 2024년도처럼 경신일이 아니고, 6월 30일로 경오일이다. 그리고 두번째 경일은 7월 10일로 경진일이고, 세 번째 경일은 7월 20일로 경인일, 네 번째 경일은 7월 30일로 경자일이다. 이어서 다섯 번째 경일인 8월 9일은 경술일이 된다. 따라서, 초복은 세 번째 경일인 7월 20일 경인일이고, 중복은 네 번째 경일인 7월 30일 경자일이라는 것을 알 수 있다.

그런데, 입추가 8월 7일이고 입추로부터 첫 번째 경일은 8월 9일이다. 그러므로 입추로부터 첫 번째 경일인 8월 9일이 말복이 된다. 따라서 입추로부터 첫 번째 경일인 8월 9일이 하지로부터도 다섯 번째 경일에 해당하게 되므로, 네 번째 경일인 중복으로부터 10일 후에 해당한다. 그러므로 2025년도의 경우에는 월복이 되지 않아, 초복, 중복, 말복 사이의 기간이 모두 10일 간격이 된다.

이처럼 월복이 발생하는 원인을 살펴보면, 하지로부터 세 번째, 네 번째 경일

2025년 6월

Sun(日)	Mon(月)	Tue(火)	Wed(水)	Thu(木)	Fri(金)	Sat(土)
1 (5·6) 辛丑日	2 (5·7) 壬寅日	3 (5·8) 癸卯日	4 (5·9) 甲辰日	5 (5·10) 乙巳日 망종(08:56)	6 (5·11) 丙午日	7 (5·12) 丁未日
8 (5·13) 戊申日	9 (5·14) 己酉日	10 (5·15) 庚戌日	11 (5·16) 辛亥日	12 (5·17) 壬子日	13 (5·18) 癸丑日	14 (5·19) 甲寅日
15 (5·20) 乙卯日	16 (5·21) 丙辰日	17 (5·22) 丁巳日	18 (5·23) 戊午日	19 (5·24) 己未日	20 (5·25) 庚申日	21 (5·26) 辛酉日 하지(01:41)
22 (5·27) 壬戌日	23 (5·28) 癸亥日	24 (5·29) 甲子日	25 (6·1) 乙丑日	26 (6·2) 丙寅日	27 (6·3) 丁卯日	28 (6·4) 戊辰日
29 (6·5) 己巳日	30 (6·6) 庚午日					

2025년 7월

Sun(日)	Mon(月)	Tue(火)	Wed(水)	Thu(木)	Fri(金)	Sat(土)
		1 (6·7) 辛未日	2 (6·8) 壬申日	3 (6·9) 癸酉日	4 (6·10) 甲戌日	5 (6·11) 乙亥日
6 (6·12) 丙子日 소서(19:04)	7 (6·13) 丁丑日	8 (6·14) 戊寅日	9 (6·15) 己卯日	10 (6·16) 庚辰日	11 (6·17) 辛巳日	12 (6·18) 壬午日
13 (6·19) 癸未日	14 (6·20) 甲申日	15 (6·21) 乙酉日	16 (6·22) 丙戌日	17 (6·23) 丁亥日	18 (6·24) 戊子日	19 (6·25) 己丑日
20 (6·26) 庚寅日 초복	21 (6·27) 辛卯日	22 (6·28) 壬辰日 대서(12:29)	23 (6·29) 癸巳日	24 (6·30) 甲午日	25 (6·1윤달) 乙未日	26 (6·2윤달) 丙申日
27 (6·3윤달) 丁酉日	28 (6·4윤달) 戊戌日	29 (6·5윤달) 己亥日	30 (6·6윤달) 庚子日 중복	31 (6·7윤달) 辛丑日		

2025년 8월

Sun(日)	Mon(月)	Tue(火)	Wed(水)	Thu(木)	Fri(金)	Sat(土)
					1 (6·8윤달) 壬寅日	2 (6·9윤달) 癸卯日
3 (6·10윤달) 甲辰日	4 (6·11윤달) 乙巳日	5 (6·12윤달) 丙午日	6 (6·13윤달) 丁未日	7 (6·14윤달) 戊申日 입추(04:51)	8 (6·15윤달) 己酉日	9 (6·16윤달) 庚戌日 말복
10 (6·17윤달) 辛亥日	11 (6·18윤달) 壬子日	12 (6·19윤달) 癸丑日	13 (6·20윤달) 甲寅日	14 (6·21윤달) 乙卯日	15 (6·22윤달) 丙辰日	16 (6·23윤달) 丁巳日
17 (6·24윤달) 戊午日	18 (6·25윤달) 己未日	19 (6·26윤달) 庚申日	20 (6·27윤달) 辛酉日	21 (6·28윤달) 壬戌日	22 (6·29윤달) 癸亥日 처서(19:33)	23 (7·1) 甲子日
24 (7·2) 乙丑日	25 (7·3) 丙寅日	26 (7·4) 丁卯日	27 (7·5) 戊辰日	28 (7·6) 己巳日	29 (7·7) 庚午日	30 (7·8) 辛未日
31 (7·9) 壬申日						

을 초복, 중복으로 정한 반면에, 말복의 경우에도 기준 시점을 하지로 그대로 유지하여 하지로부터 다섯 번째 경일로 정하지 않고, 새롭게 입추를 기준 시점으로 하여 입추로부터 첫 번째 경일로 변경하였기 때문이라는 것을 알 수 있다.

손 없는 날

전통적으로 대부분의 우리나라 사람들은 이사하는 경우에 특별히 '손(損) 없는 날'을 택일하여 이사를 하는 경향이 있다. 여기에서 손(損)이란 우리 민속 신앙에서 온 개념으로, 동서남북 4방위로 돌아다니면서 사람들의 활동을 방해하고 해코지 하는 귀신을 말한다. 그러므로 손 없는 날이란 나쁜 귀신들이 돌아다니지 않아 사람들에게 해를 끼치지 않는 길한 날을 의미한다. 음력 날짜로 9와 0으로 끝나는 날들인, 9, 10, 19, 20, 29, 30일들이 손 없는 날에 해당하며, 이날은 동, 서, 남, 북 4개의 모든 방향 어디에서도 귀신이 활동하지 않는 길일에 해당한다. 따라서 손 없는 이날에 이사나, 수리, 혼례, 개업 등을 하면 일이 잘된다고 믿었으므로 중요한 행사에서 날짜를 정하는 기준으로 삼았다.

손 없는 날이 음력 날짜로 9와 0으로 끝나는 9, 10, 19, 20, 29, 30일이라고 한 반면에, 손 있는 날은 방위에 따라 날짜 별로 다르다. 음력 날짜로 1과 2로 끝나는 1, 2, 11, 12, 21, 22일은 동쪽에 손이 있으며, 3과 4로 끝나는 3, 4, 13, 14, 23, 24일에는 남쪽에, 5와 6으로 끝나는 5, 6, 15, 16, 25, 26일에는 서쪽에, 7과 8로 끝나는 7, 8, 17, 18, 27, 28일에는 북쪽에 손이 있다고 하였다.

손 있는 날의 경우에는 날짜와 방위를 기준으로 손이 있는지의 여부를 판단한다. 방위를 판단할 때, 현재 위치로부터 움직이고자 하는 방향이 어느 방향인지가 중요하다. 예를 들어, 이사하려는 방향이 동쪽이라면 동쪽에 손이 있는 날만 피하면 되므로, 음력 날짜로 1과 2로 끝나는 1, 2, 11, 12, 21, 22일만 피하면 된다. 대부분 이렇게 날짜와 방향을 따지는 것이 귀찮다고 생각하기 때문에 모든 방향에서 손 없는 날인 9일, 10일, 19일, 20일, 29일, 30일을 선호한다.

구분	방향	날짜(음력으로 끝수)
손 있는 날	동쪽	1, 2, 11, 12, 21, 22
	서쪽	5, 6, 15, 16, 25, 26
	남쪽	3, 4, 13, 14, 23, 24
	북쪽	7, 8, 17, 18, 27, 28
손 없는 날	움직이는 방향	손 있는 날 제외한 날
	모든 방향	9, 10, 19, 20, 29, 30

사주 팔자

우리는 앞에서 세차, 월건, 일진, 시진과 관련된 내용에 대해 모두 살펴보았다. 세차, 월건, 일진, 시진이란 모두 60갑자로 표현된 시간들을 의미하여, 이들은 각각 연주, 월주, 일주, 시주로 표현된다. 때문에 연주, 월주, 일주, 시주를 도두 합하여 사주라고 부른다. 사람을 하나의 집으로 비유하면 생년·생월·생일·생시를 집의 네 기둥이라고 보아 기둥 주(柱)자를 붙여 년주(年柱), 월주(月柱), 일주(日柱), 시주(時柱)의 사주라고 한 것이다. 생년, 월, 일, 시에 해당하는 10간과 12지의 두 글자씩을 모두 합하면 모두 여덟 자가 되므로, 사주와 팔자라는 말을 조합하여 사주팔자(四柱八字)라는 용어가 만들어지게 된 것이다. 이런 배경을 감안하면, 사주팔자란 용어는 같은 뜻을 가진 사주(四柱)와 팔자(八字)라는 단어가 중첩되어 구성된 말임을 알 수 있다. 그러므로 어떤 개인의 사주란 출생한 연·월·일·시의 간지를 의미하는 것으로서, 이는 그 사람의 길흉화복을 점치기 위한 용도로 활용된다.

이렇게 세워진 사주가 그 사람의 운명을 결정한다고 보는 것을 명리라 하고, 사주의 구조를 분석 종합하여 그 사람의 길흉 화복을 추리하는 것을 추명이라고 한다.

13
달의 운행

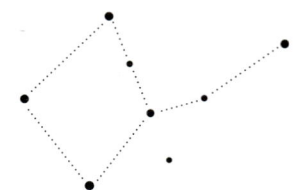

　우리가 탐구하고 있는 태음태양력은 달의 월령을 기반으로 하여 고안된 달력이다. 태음태양력 체계를 본격적으로 탐구하는 과정에서 그 근본이 되는 달에 대한 기본적인 지식들이 어렴풋하여 쉽게 이해되지 않는 부분들이 있을 수 있을 것이다. 이제 대부분 알고 있는 지식들일 수 있지만, 전체적으로 태음태양력을 더 분명하게 이해하기 위해서 그 개념들을 확실하게 파악해야 될 필요가 있기 때문에, 상식적인 범위에 속하여 우리가 알고 있는 내용들이지만 확실히 복습하여 정리한다는 의미에서 달과 관련된 내용들에 대해 간략하게 더듬어 보기로 하겠다.

　달은 지구로부터 평균 384,399Km 거리에 있는 궤도를 돌고 있다. 가장 멀리 떨어져 있을 때에는 405,696Km, 가장 가까이 있을 때에는 363,104Km 거리에 있으며, 0.054의 궤도 이심률*을 보이는 약간의 타원형 궤도 상을 공전한다. 정확한 달의 공전 주기는 27.322일로서, 1초에 1,022Km의 속도로 지구를 돌고 있다. 평균 반지름은 지구의 27.3% 정도로, 1,737Km 이며, 부피는 지구의 2%, 질량은 지구의 1.2% 정도에 해당한다.

＊궤도 이심률(軌道 離心率 : orbital eccentricity)은 물체의 궤도가 완벽한 원에서 벗어나 있는 정도를 수치화한 정도이다. 0은 완벽한 원을 가리키며, 타원 궤도의 경우에는 0보다 큰 값을 갖는다. 값이 클수록 원 모양에서 더 길쭉한 타원형의 모습이 된다.

달이 뜨고 지는 방향

해가 항상 아침에 동쪽에서 떠오르고 저녁에 서쪽으로 지며, 여름에는 비교적 빨리 뜨고 늦게 지며 겨울에는 늦게 뜨고 일찍 진다는 것은 초등학생도 다 아는 내용이다. 그러나 달이 어느 쪽에서 뜨고 어느 쪽으로 지는지, 언제 뜨고 언제 지는지, 밤에만 뜨는지, 낮에도 뜨는지, 또 얼마 동안 떠 있는지 확실하게 알고 있는 사람은 드물다.

이 많은 궁금증 중에서도 가장 먼저 어느 방향에서 달이 떠오르고, 어느 방향으로 달이 지는지 살펴보기로 하자. 달이 떠오르는 현상은 태양이 떠오르는 현상과 똑같은 원리에 의해서 이루어진다. 태양이 동쪽에서 떠오르고 서쪽으로 지는 현상은 지구의 자전으로 인한 것이라는 것을 우리는 알고 있다. 지구는 하루에 한 번씩 서쪽에서 동쪽으로 시계 반대 방향으로 360도 자전을 한다. 이로 인해 지구상에 있는 관찰자의 입장에서 보았을 때, 태양이 동쪽에서 떠서 시계 방향으로 진행하여 남쪽을 지나 서쪽으로 지는 것처럼 보이는 것이다.

이와 같이 지구의 자전으로 인해서 생기는 현상은 태양이 뜨고 지는 현상에만 한정된 것이 아니고, 태양을 비롯한 모든 천체에 적용된다. 즉 태양뿐만 아니라 달을 포함하여 천구상에 있는 모든 별들에게도 적용되기 때문에, 태양과, 달, 그리고 천구상의 별들 모두 동쪽에서 떠올라서 시계 방향으로 남쪽을 거쳐 서쪽으로 지는 현상을 보인다.

다만 지구는 자전 뿐만 아니라 태양 주위를 도는 공전도 하기 때문에 시간이 흘러 계절이 바뀌게 되면 해가 떠오르는 동쪽의 별자리 배경이 달라질 뿐이다. 그리고 달라진 별자리 역시 시계 방향을 따라 남쪽을 지나 서쪽 방향으로 이동하게 된다. 우리는 모든 천체가 지구의 자전 현상으로 인해서 동에서 떠서 시계 방향으로 이동하며, 서쪽으로 진다는 사실을 기억해야 할 것이다.

달이 뜨고 지는 시각

달이 뜨는 시간을 조사해 보면 뜨는 시간이 매일 50분씩 늦어진다는 것을 알 수가 있다. 왜 달이 뜨는 시각은 하루에 50분씩 늦어지는 것일까?

다음은 태양과 지구, 그리고 달의 운행을 보여 주는 그림이다. 지구는 태양 주위를 하루에 약 1도씩 공전을 하고 있으며, 달 역시 지구 둘레를 하루에 약 12.2도씩 공전을 한다. 그러므로 이 그림을 자세히 살펴보면, 지구가 태양을 하루 동안 1도 공전하는 사이에, 달도 지구 둘레를 하루에 약 12.2도 공전을 하여 원래의 위치로부터 12.2도 이동하였다는 사실을 알 수 있을 것이다.

더 자세한 그림들을 참조하며 설명을 이어 가기로 하겠다.

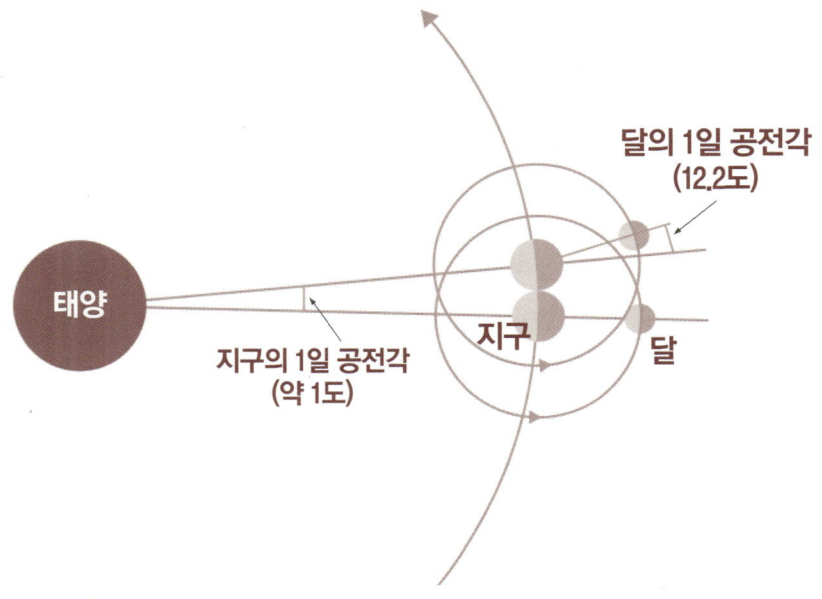

다음 〈그림 1〉은 천구의 북극에서 내려다 본 태양, 지구, 달, 그리고 달의 궤도를 나타낸 것이다. 달이 지구 둘레를 일정한 속력으로 원운동한다고 가정해 보자. 이 그림에서 지구에 있는 관측자는 동쪽 지평선에서 달이 막 떠오르는 것을 볼 수 있다.

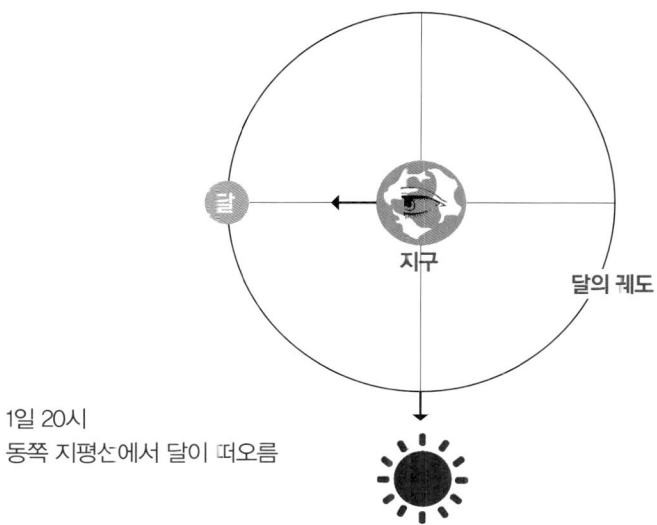

그림 1. 지구상에 있는 어느 관측자의 동쪽 지평선에서 달이 떠오르는 순간의 상황.

달이 동쪽 지평선에서 떠올랐던 1일 20시로부터 정확히 24시간이 지나면, 지구는 반시계 방향으로 360도 자전을 하여 24시간 전과 똑같은 위치에 돌아온다. 그 시간에 달도 지구 주위를 반시계 방향으로 공전하기 때문에, 달은 전날보다 12.2도 가량 이동한 위치에 있게 된다.

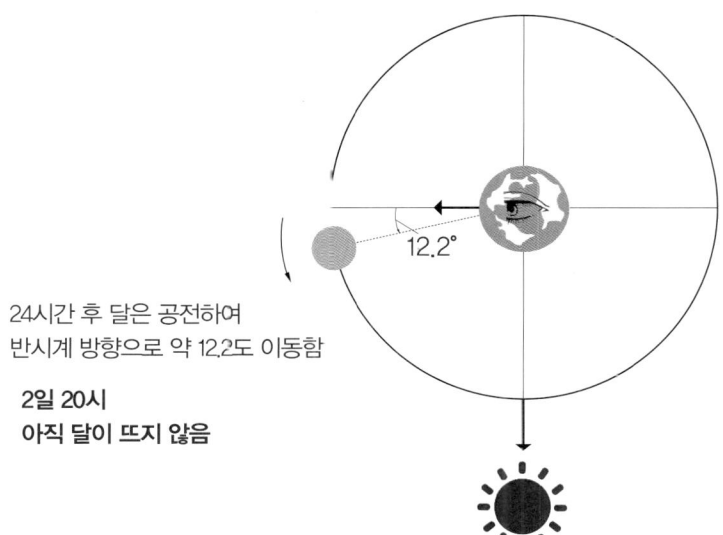

그림 2. 지구가 24시간에 걸쳐 자전하는 동안 달은 지구 둘레를 반시계 방향으로 12.2도 공전한다. 따라서 관측자는 아직 달이 떠오르는 것을 볼 수 없다.

13 달의 운행

이 위치에서 지구의 관측자는 달이 떠오르는 모습을 아직 볼 수 없다. 이때 달은 아직 동쪽 지평선 아래에 있기 때문이다. 이 관측자가 달이 떠오르는 모습을 보려면 지구가 다음 〈그림 3〉에서와 같이 12.2도를 더 자전해야 한다.

달이 하루에 공전하는 각도를 계산해 보기로 하자. 달이 1자전, 1공전을 마치는데 걸리는 시간은 삭망월에 해당하는 29.5일이다. 360도를 29.5일로 나누면 하루에 해당하는 달의 공전 각도를 구할 수 있는데, 그 값은 12.2도가 된다.

360 / 29.5 = 12.2

12.2도를 공전하는 데에는 다음 계산과 같이 약 48.8분이 소요된다.

24×60 = 1,440, 1,440분

1,440분 / 360×12.2 = 48.8, 48.8분

지금까지 설명한 내용에 따르면, 24시간이 지나고 48.8분이 더 지나면 달이 다시 동쪽 지평선에서 떠오르는 것을 볼 수 있어야 한다. 그러나, 지구가 12.2도를 더 자전하는 동안 달도 반 시계 방향으로 계속해서 더 공전을 하게 된다. 따라서 〈그림 3〉과 같이 지구가 추가로 12.2도를 더 자전한다고 하더라도 달은 아직 떠오르는 모습이 보이지 않는다.

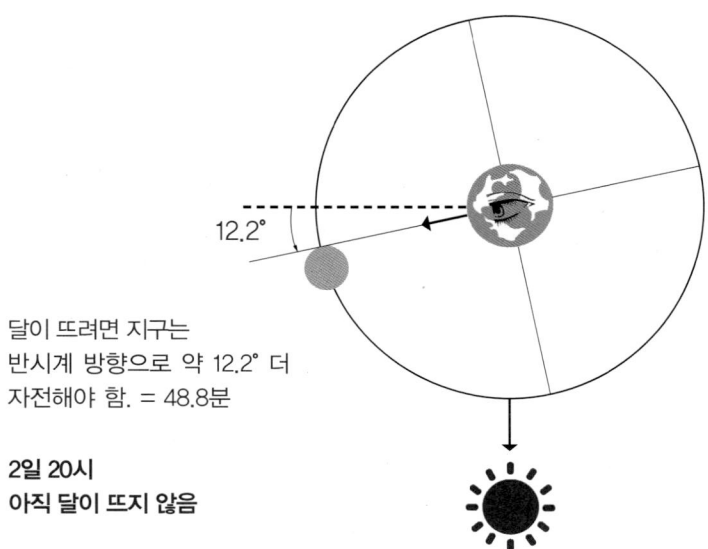

그림 3. 지구가 12.2°를 추가로 자전하는 동안 달도 여전히 공전을 계속한다.

지구가 12.2도를 더 자전하는 동안 달이 추가로 움직여 간 각도는 약 0.4도 가량이다. 따라서, 관측자가 달이 떠오르는 모습을 보려면 〈그림 4〉와 같이 지구는 12.2도 회전한 다음 0.4도를 더 회전해야 한다. 다시 말해서, 24시간에 걸쳐 자전한 후 추가로 48.8시간이 더 경과하고도 0.4도 추가 회전에 소요되는 약 1.6분이 더 지나야 달이 떠오르는 모습을 볼 수 있게 된다. 따라서, 달이 날마다 늦게 떠오르는 시간은 평균적으로 약 50.4분이 된다.

이렇게 계산에 의하면 달이 평균적으로는 하루에 약 50분씩 늦게 뜨게 되지만, 실제로 달 뜨는 시각이 늦어지는 정도는 약 30분에서 약 65분까지 매우 크게 변한다. 그것은 첫째, 지구의 적도와 달의 공전 궤도인 백도의 궤도 면이 일치하지 않기 때문이며, 둘째, 달이 일정한 원운동을 하는 것이 아니라 타원 궤도를 따라 운동하기 때문이다.

달이 뜨는 시각은 매일 50분씩 늦어지기 때문에 삭으로부터, 상현달, 보름달, 하현달로 갈수록 달이 뜨는 시각이 점점 더 늦어지게 된다. 월령 8일의 상현달의 경우라면, 삭으로부터 7일이 경과한 시점이므로 7일 × 50분 = 350분, 즉 달이

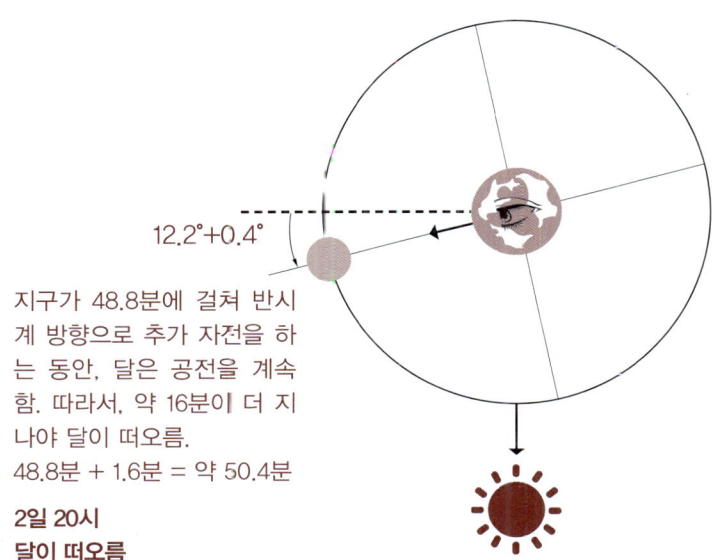

그림 4. 지구가 다시 떠오르는 모습을 보려면 하루가 지난 뒤 약 50.4분이 더 지나야 한다.

뜨는 시간이 약 6시간 정도 늦어지게 되어서 대략 낮 12시경에 달이 뜨고 밤 12시경에 달이 진다. 월령 15일의 보름달의 경우에는 마찬가지로 상현달 보다 6시간 정도 더 늦어지게 되므로 오후 6시경에 달이 뜨고 새벽 6시경에 달이 진다. 하현달의 경우에는 밤 12시에 떠서 낮 12시에 지게 되며, 하현달이 점점 그믐달로 위상이 변화하는 시기에는 해가 뜨기 직전 새벽에 떠오르게 된다. 이처럼 달이 뜨는 시각은 달의 모습(위상)과 밀접한 관련이 있다.

이제 다른 관점에서 달이 뜨고 지는 상황에 대해 접근해 보기로 하자. 아래 그림에서 달이 (가)에 위치하여 태양과 달과 지구가 일직선을 이루고 있을 때, 관측자가 지구 상의 A 위치에 있을 경우를 생각해보자.

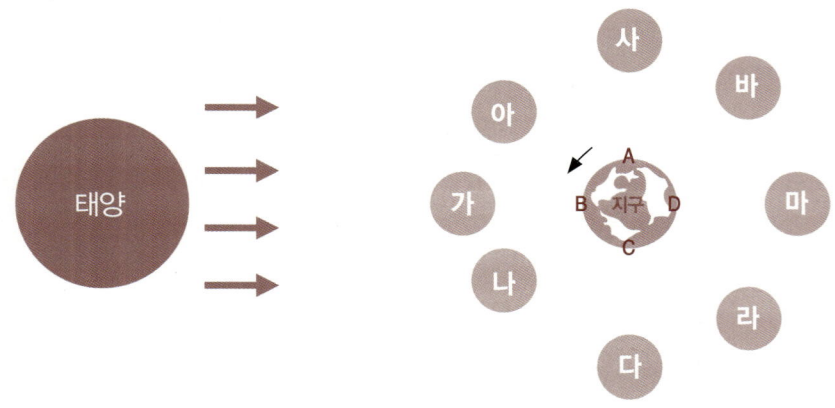

이 시점에 지구 상의 A 위치에 있는 관측자는 태양이 막 떠오르는 것을 관측할 수 있다. 그렇지만 그 관측자는 달을 볼 수 없다. 태양이 비치는 달의 표면이 지구의 관측자로부터 완전히 달의 반대 쪽에 위치하여 태양빛이 반사되는 달의 표면을 볼 수가 없기 때문이다. 이 시점의 달의 위상을 삭이라고 한다.

삭으로부터 하루나 이틀 정도 지나면 달이 지구 주위를 공전을 하기 때문에 달은 (가)위치에서 (나)의 방향을 향해 이동하게 된다. (가)위치에서 (나)의 방향으로 약간 이동하게 되면 태양이 비치는 달의 표면이 일부 보일 수 있는 위치가 되는데, 삭을 지나 처음으로 볼 수 있는 달을 초승달이라고 한다. 이 초승달은 태양과 거의 같은 방향이지만, 태양과 지구가 이루는 일직선보다 약간 아래 있기 때문에 태양이 뜨는 시점보다 약간 늦게 뜨게 되며, 태양이 지는 시점보다 약간 늦게 지게 된다. 따라서 달은 태양이 떠 있는 낮 동안에 태양과 같이 계속 떠 있는 것이다. 그러므로 태양빛의 영향으로 인해서 초승달은 떠오르는 시점부터 낮 동안에는 관찰할 수 없다. 단지 저녁 해가 질 석양 무렵에 잠깐 동안 관측할 수 있으며, 그 관측 가능한 시간도 매우 짧다. 그 이후의 저녁과 한밤중에는 지구의 자전으로 지구의 관측자의 위치가 C의 위치를 지나 달을 관측할 수 없는 반대 면으로 이동하기 때문에 초승달의 관측이 불가능하게 된다.

달이 공전을 계속하여 (다)의 위치에 올 경우를 생각해 보자. 이때는 달이 삭의 상태에서 1/4 공전을 한 상태이며 삭으로부터 약 7일이 경과한 날로서, 상현달(반달)의 모습을 보인다. 이때 A 위치에 있는 관측자는 태양이 막 떠오르는 것을 관측할 수 있지만, (다) 위치에 있는 상현달을 관측하려면 지구가 자전하여 B 위치에 도달해야 가능하게 된다. 즉 지구가 1/4 공전, 즉 해가 뜬 후 약 6시간이 지나 A 위치에 있던 관측자가 B의 위치에 오게 되었을 때 비로소 상현달을 관찰할 수 있는 위치에 들어오게 된다. 그리고 그후 지구가 1/2 공전을 더하여 관측자가 D의 위치를 지나면, 관측자가 달을 관측할 수 없는 지구의 반대면으로 이동하기 때문에 상현달을 관측할 수 없게 된다.

이제 달이 공전을 더하여 (마)의 위치에 올 경우를 생각해 보자. 이때는 달이 삭의 상태에서 1/2 공전을 한 상태이며 삭으로부터 약 15일이 경과한 날로서, 보름달(만월)의 모습을 보인다. 이때 태양이 떠오르기 시작하는 것을 관측할 수 있는 A 위치의 관측자가 (마) 위치에 있는 보름달을 관측하려면 지구가 자전하여 C 위치에 도달해야 가능하다. 즉 지구가 1/2 공전, 즉 해가 뜬 후 약 12시간이 지나 A 위치에 있던 관측자가 C의 위치에 오게 되었을 때에 비로소 보름달을 관찰할 수 있는 위치에 들어오게 되는 것이다. 그리고 그후 지구가 1/2 자전을 더하여 관측자가 A의 위치에 올 때까지 보름달을 관측할 수 있으며, A의 위치를 지나면, 달을 관측할 수 없는 반대면으로 관측자가 이동하기 때문에 보름달을 관측할 수 없게 된다.

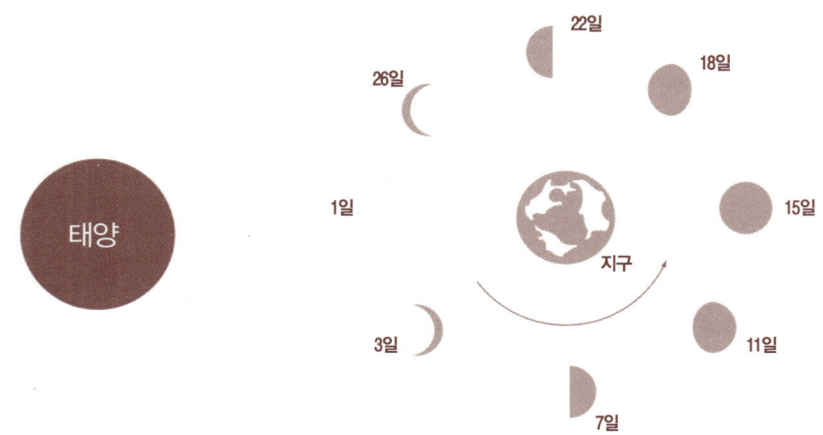

이처럼 달이 뜨는 시각과 지는 시각이 위상에 따라 변한다는 것을 알 수 있다. 달이 뜨고 지는 현상은 지구의 자전으로 인한 것이기 때문에, 이로 인해 달이 떠 있는 시간은 계절에 관계없이 365일 내내 12시간으로 고정되어 있다. 그리고 초승달로부터 시작하여, 상현달을 거쳐, 보름달, 하현달, 그믐달, 그리고 삭까지 위상 변화가 일어나는 것은 달의 공전 현상으로 인한 것인데, 달이 그 위상에 따라 뜨고 지는 시간이 계속 변하는 것도 달이 공전으로 인해 그 위치가 이동하기 때문이다.

달의 위상과 위치, 그리고 뜨고 지는 시각을 종합 요약하면 다음과 같다.

달의 이름	초승달	상현달	보름달(망)	하현달	그믐달	삭
달의 모양	나	다	마	사	아	가
뜨는 시각	해가 뜬 직후	정오	해가 질 때	자정	해가 뜨기 직전	해가 뜰 때
남중시각	정오	해가 질 때	자정	해가 뜰 때	정오	정오
지는 시각	해가 진 직후	자정	해가 뜰 때	정오	해가 지기 직전	해가 질 때
음력 날짜	3–4일	7–8일	15일	22–23일	26–27일	29–30일

달의 위상에 따라 달이 떠오르는 시간이 달라진다는 것을 알았으므로, 달의 위상별로 실제 관찰 가능한 때가 언제인가에 대해서 구체적으로 다시 한번 알아보자. 초승달은 해가 뜨고 난 직후에 동쪽에서 떠서 남쪽을 지나, 해가 진 직후에

서쪽으로 지기 때문이 실제로 해가 떠 있는 12시간 동안 하늘에 떠 있는 상태이다. 그렇지만 초승달은 떠오르고 난 직후부터 낮 동안에는 태양빛에 의해 가려지기 때문에 떠 있어서도 보이지 않으며, 태양이 지고 난 후 비로소 석양에 서쪽에서 잠시 보였다가 바로 지게 된다. 그래서 우리는 초승달을 해질 무렵에 서쪽에서 잠깐 볼 수 있을 뿐이다. 상현달은 정오에 동쪽 지평선에서 떠오르고 남쪽을 지나 자정에 서쪽으로 진다. 상현달 역시 태양빛에 의해 가려지기 때문에 낮에는 아주 희미하게 보이거나 관찰할 수 없으며, 해 질 무렵부터 남쪽 하늘에 떠 있는 것이 보이기 시작하는데, 서쪽으로 지는 자정 무렵까지 관찰할 수 있다.

보름달은 해가 질 때 동쪽 지평선에서 떠오르고 남쪽을 지나 해가 뜰 때 서쪽으로 진다. 보름달은 태양빛의 간섭을 받지 않으므로 동쪽에서 떠올라 남쪽을 지나 서쪽으로 질 때까지 떠 있는 12시간 동안 저녁부터 새벽까지 계속 관찰할 수 있다. 하현달은 상현달과 정반대로 자정에 동쪽에서 떠올라 남쪽을 지나 정오에 서쪽으로 진다. 그러므로 하현달은 자정에 동쪽에서 떠오를 때부터 보이기 시작하는데, 하현달이 남쪽 하늘에 있을 때 태양이 뜨기 시작하므로 이때부터는 태양빛의 간섭으로 하현달의 관측이 불가능하게 되며 하현달이 서쪽으로 질때까지 계속 관측이 불가능하게 된다. 그믐달은 초승달과 반대로 해가 뜨기 직전에 동쪽에서 떠서 남쪽을 지나, 해가 뜨기 직전에 서쪽으로 진다. 그러므로 그믐달은 초승달과 반대로 해가 뜨기 직전에 동쪽에서 잠깐 볼 수 있을 뿐이다.

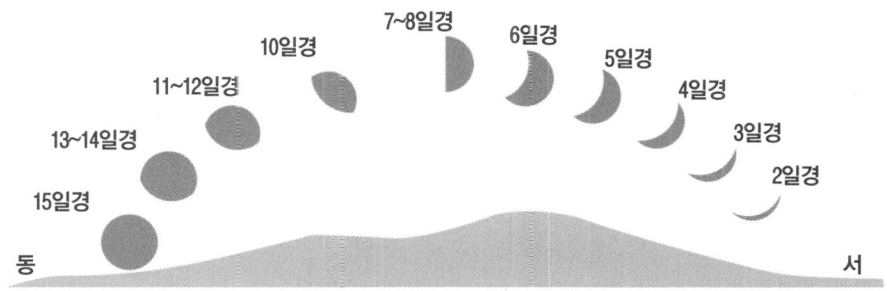

초저녁 석양 무렵의 달 모습

달이 떠있는 시간

태양은 계절에 따라 떠오르는 시간과 떠 있는 시간이 크게 차이가 난다. 그렇다면 달도 계절이나 위상과 같은 요인들에 의해서 떠오르는 시간과 떠 있는 시간이 영향을 받는가? 앞에서 잠깐 언급했던 것처럼 달의 뜨고 지는 시간은 항상 똑같지 않다. 그렇지만 뜨고 지는 시간은 태양처럼 계절의 영향을 받지 않으며, 오로지 지구의 자전과, 그리고 함께 동반되는 달의 공전만이 영향을 줄 뿐이다. 지구의 자전으로 인해서 달이 뜨고 지는 현상이 반복되는데 달이 공전을 하지 않고 멈춰 있다면 달이 뜨는 시간도 변하지 않고 일정할 것이다.

그러나 달이 지구 주위를 지구의 자전 방향과 같은 방향으로 공전하기 때문에 달의 공전으로 인해 위치가 계속 변경되어 달이 뜨는 시간이 하루에 50분 정도 늦어지게 되며, 삭망월 1달이 지나 달의 1공전이 완성되면 다음 공전 과정에서도 다시 처음부터 똑같은 과정이 반복된다. 보름달은 항상 계절에 관계없이 오후 6시에 뜨고 새벽 6시에 지며, 초승달은 아침 6시에 뜨고 오후 6시에 지고, 상현달은 낮 12시에 뜨고 밤 12시에 지게 되는 것이다.

그렇다면 달은 떠오른 후에 얼마나 떠 있는가? 태양이 떠 있는 낮과 밤의 길이는 계절에 따라 길어졌다 짧아졌다 차이가 난다. 이 현상은 지구의 자전축이 23.5도 기울어진 상태로 태양 주위를 지구가 공전하기 때문에 만들어지는 현상이다. 그렇지만 달이 떠 있는 시간은 이러한 요인들에 의해 전혀 영향을 받지 않는다. 단지 지구가 360도 자전하면서, 어느 순간 달이 보이는데 그 순간부터 180도 지구가 자전할 때까지 달을 관측할 수 있으며, 자전이 180도를 넘어서 더 진행되면 지구의 관측자 자체가 지구의 뒷면으로 이동되어 달을 볼 수 없기 때문에 달의 관측이 불가능하게 된다. 즉, 달이 지게 되는 것이다. 이런 현상은 그 시점 이후 나머지 180도 지구의 자전 동안 지속되며, 달이 보이지 않는 180도를 지나면 다시 달이 보이기 시작하는 180도가 시작된다.

결론적으로 달은 위상이나 계절과 관계없이 달이 떠 있는 시간과 달이 보이지 않는 시간이 각각 12시간으로 동일하며 변함이 없다. 물론 달의 공전 영향으로 인해서 달이 떠 있는 시간이 보이지 않는 시간보다 약간 길지만 큰 차이는 아니므로 무시하기로 한다.

낮에 별과 달이 보이지 않는 이유

낮에도 별과 달이 떠 있지만 우리 눈에는 보이지 않는다. 이처럼 낮에 태양 이외의 다른 천체들을 관측할 수 없는 이유는 태양빛이 너무 강하기 때문이다. 더 정확하게 말하면, 강한 태양빛이 대기에 의해 산란되어 하늘 전체가 밝아져 버리므로, 하늘의 밝기보다 더 강한 밝기가 아니라면 낮에 하늘에 떠있는 천체를 관측하는 것은 불가능하게 된다. 상현달의 경우를 예로 들어 보면, 정오에 태양이 높은 고도에 있을 때 동쪽 지평선에서 떠오르기 때문에 강한 태양빛으로 인해 관측이 불가능하지만, 태양의 고도가 낮아지는 저녁 무렵부터는 태양빛의 영향이 감소되어 태양이 떠 있어도 남쪽 하늘에서 달의 관측이 가능해진다.

14
달의 위상

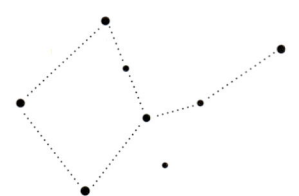

달이 우리 눈에 보이는 것은 달 자체가 스스로 빛을 만들어 내기 때문이 아니고, 태양빛을 받은 달이 그 빛을 반사하기 때문이라는 것을 우리는 잘 알고 있다.

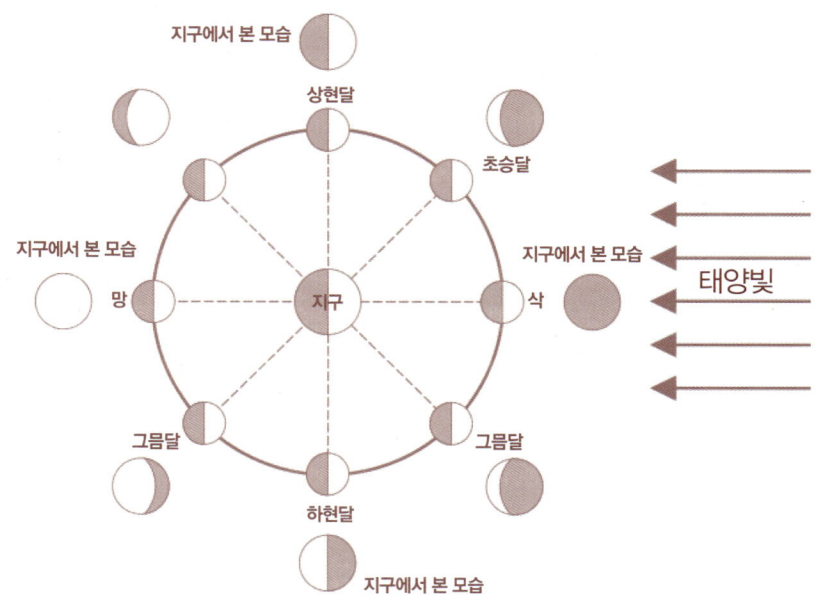

따라서 우리가 보는 달의 모습은 두 가지 요인에 의해서 결정된다. 하나는 태양이 달을 비추는 각도이고, 또 하나는 지구와 달, 그리고 태양 간의 상대적 위치이다. 달이 태양과 같은 방향에 있을 때에는, 다시 말해서 달이 지구와 태양 사이에 있을 때에는 태양빛이 비치는 달의 면이 지구에서 대부분 보이지 않으며, 태양빛이 비치지 않는 달의 면만이 지구를 향해 있게 된다. 따라서 달은 거의 보이지 않는다. 특히 태양과 달이 지구와 일직선 상에 놓이게 되어 태양과 달의 각이 0도가 될 때에는 삭이 되어 달이 전혀 보이지 않게 되며, 태양과 달의 각이 90도를 이룰 때에는, 달이 절반 정도 보이는 상현달이나 하현달 모습을 보인다. 또한, 달과 태양이 지구와 일직선 상에 있지만 달, 지구, 태양순으로 배치되어 있을 때에는 각이 180도가 되며, 망(보름달)이 된다.

월령

앞에서 설명했던 것처럼 달이 지구 주위를 공전하면서 위상의 변화가 나타나는데, 이와 같은 달의 위상 변화 상태를 수치화한 것을 월령이라고 한다. 실제로 달의 모양을 적절하게 표현하는 것이 쉽지 않았지만, 월령을 활용함으로서 달의 모양을 쉽고 정확한 수치로 나타낼 수 있게 되었다. 해와 지구 사이에 달이 들어가서 일직선 상에 놓이게 되면 달의 상이 보이지 않게 되는데, 그 날을 삭(朔, 그믐), 또는 합삭(合朔)이라고 한다. 동양의 태음력에서는 합삭일을 새로운 달이 시작되는 시점으로 삼아, 합삭의 순간이 음력 초하루, 월령 1일이라고 정하였다. 그러므로 합삭은 음력 초하루 0시부터 24시 사이에 나타나게 된다. 음력 초하루에 대한 정의와 더불어 월령 15일째 되는 날을 망(望, 보름달)으로 삼았고, 달의 한 달 위상을 월령 30일까지로 정의하였다. 태음력 1일은 복잡한 천문 계산을 바탕으로 정확하게 천문 관측 상에서 합삭일에 해당하는 날짜에 일치시킬 수 있었다. 그러나, 여러 요인으로 인해서 달의 위상 변화가 항상 일정하게 이루어지지 않았기 때문에 망이 되는 날짜는 15일, 16일, 17일이 되기도 한다.

그런데, 월령에 대한 정의는 동양권과 서양권 사이에 약간의 차이를 보인다.

동양에서 달의 위상이 보이지 않는 삭의 월령을 초하루(1)라고 하여 달의 첫날로 삼은데 반하여, 서양의 태음태양력에서는 삭을 달의 첫날로 똑같이 정의하였지만, 월령을 1이 아닌 0으로 정하였다. 또한, 동양에서 삭(1)으로부터 15일째에 해당하는 날을 월령 15일의 보름달로 정의하였는데, 서양에서도 똑같이 삭(0)으로부터 15일째에 해당하는 월령 14일의 날을 만월, 즉 보름달로 정의하였다. 따라서, 동양과 서양 똑같이 삭을 달의 첫날로 삼고, 삭을 시작으로 15일째 되는 날을 똑같이 각각 보름달, 만월이라고 정의하였다는 것을 알 수 있다. 이처럼 삭을 동양에서는 초하루(1)로, 서양에서는 월령 0으로 표현하였고, 보름달, 만월을 동양에서는 월령 15일, 서양에서는 월령 14일로 서로 다르게 표현하였을 뿐, 그 내용은 다르지 않았다.

슈퍼문

슈퍼문(supermoon)이란 달이 지구에 근지점의 위치에 다다른 상태에서 만월, 즉 보름달의 위상을 보이는 달에 붙여진 명칭으로, 이때 달의 크기는 1년 중 가장 큰 모습을 보인다. 이때 해수면이 상승하는 현상을 동반한다.

달은 지구 주위를 원에 가까운 타원형으로 공전한다. 달의 공전 궤도 이심률은 0.05488이다. 따라서, 근지점에 접근하는 경우가 발생하게 되는 것이며, 이때에는 달이 평소보다 더 크게 보인다. 즉, 겉보기 크기가 평소보다 크게 나타나게 된다. 특히, 달과 지구 사이의 거리가 대략 357,000km 정도까지 가까워진 근지점에 접근한 상태에서 이때의 달의 위상이 보름달일 때를 슈퍼문이라고 한다.

이 용어는 천문학에서 정의된 용어가 아니고, 1979년에 'Richard Nolle'라는 점성술사가 만든 단어로서 천문학에서는 슈퍼문이라는 용어를 사용하지 않는다. 천문학에서는 단지 근지점과 원지점으로 구별할 뿐이다.

2016년 11월 14일에 나타난 초(Hyper) 슈퍼문은 지구 중심으로부터 356,511 km까지 가까이 접근하였는데, 1948년 이래 가장 근접한 것이었다. 2034년까지는 이렇게 지구와 근접한 상태의 슈퍼문은 뜨지 않을 것이라고 한다.

15
일식과 월식

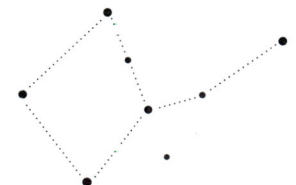

지구에서 달을 관찰하면, 항상 한쪽 면만이 보이고 반대면은 보이지 않는다. 이는 달의 공전 주기와 자전 주기가 27.32일로 똑같은 등주기 자전(Synchronous rotation) 운동을 하기 때문에 나타나는 현상이다. 그렇다면 달의 등주기 자전 현상은 언제부터 생겼을까? 처음 달이 탄생하여 지구 주위를 공전하기 시작하였을 때에는 지금보다 훨씬 빠른 속도로 자전하였다. 그후 점차 시간이 흐르면서 달과 가까운 지구의 중력의 영향을 받아 점차 자전 속도가 느려져 마침내 달 자신의 공전 주기와 같은 속도까지 느려지게 된 것이다. 이와 같은 현상은 지구와 달 이외의 다른 행성과 위성 사이에서도 관찰되고 있다.

달의 등주기 자전 운동으로 우리가 볼 수 있는 달 표면의 면적은 전체의 50%라고 생각할 수 있다. 그런데 우리는 실제로는 59%까지 달 표면을 볼 수 있다. 그 이유는 칭동(秤動) 현상으로 인한 것인데, 칭동 현상이란 궤도를 선회하는 천체에 나타나는 특별한 상대 운동을 일컫는 것으로, 칭동 현상에는 다음의 3가지가 있다. 첫 번째 경도 칭동으로, 달이 타원 궤도로 공전하기 때문에 생기는 것으로, 달의 겉모습이 한 달을 주기로 좌우로 약간씩 진동하는 현상이다. 두번째는 위도 칭동으로, 달과 지구의 궤도 기울기가 다르기 때문에 생기는 현상이다. 이와 같이 지구의 기울어진 자전축에 의해 여름철과 겨울철에 보이는 달의 면이 1년을 주기로 상하로 미세하게 달라진다. 또, 달의 자전축이 달의 공전축으로부터 6.68도 기울어져 있기 때문에 한 달을 주기로 하여 상하로 진동이 나타난다. 세 번째, 일주 칭동으로 지구 자전의 진동에 의한 현상이다. 관측자는 지구의 중심이 아닌 표면에 있기 때문에, 관측자의 위치에 따라 월출 때와 월몰 때에 달의 보이는 면이 좌우로 미세하게 달라지는 현상이 나타난다.

황도와 백도

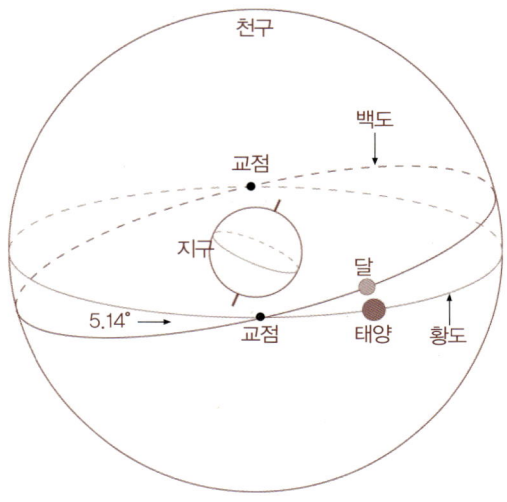

지구는 태양 주위를 공전하면서 공전 궤도면으로부터 23.5도 기운 상태로 자전하고 있는데, 달도 지구의 공전 궤도면에 비해 6.68도 정도 기울어진 상태로 자전하고 있다. 또한 천구상에서 달이 지나는 경로인 백도는 태양의 길인 황도와 약 5.14도 차이를 보인다.(다음 그림 참조) 이처럼 황도와 백도가 약 5.14도(5도 8분) 차이로 완전히 일치하지 않기 때문에 삭일 때마다 항상 일식이 나타나지 않고, 망일 때마다 항상 월식이 나타나지 않는다. 황도와 백도가 차이가 없이 정확하게 일치하였다면, 삭일 때마다 항상 일식이 나타나고, 망일 때마다 항상 월식이 나타나게 되었을 것이다. 자세한 내용은 아래에서 설명하기로 하겠다.

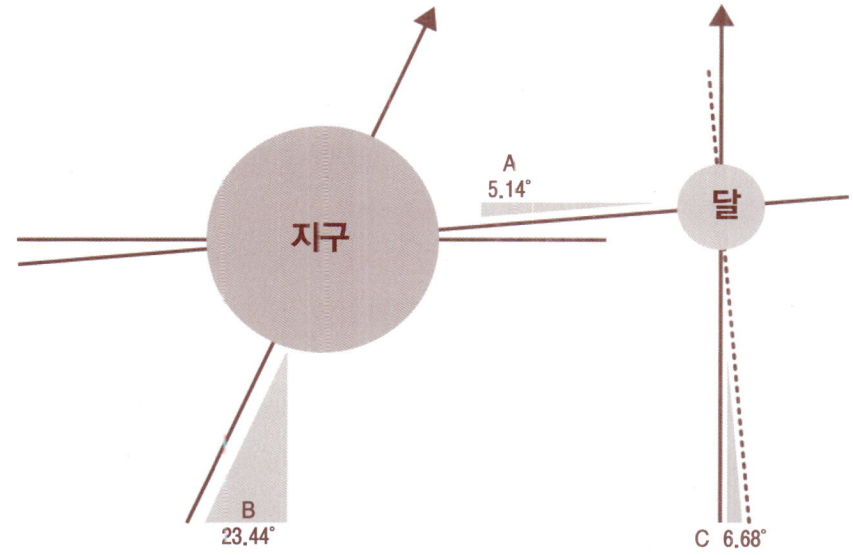

〈그림 설명〉
A : 황도면에 대한 백도면 기울기 : 5.14도
B : 황도면에 대한 지구 자전축 기울기 : 23.44도
C : 백도면에 대한 달 자전축 기울기 : 6.68도

일식

일식이란 달의 그림자가 태양을 가리는 천문 현상이다. 태양과 달, 그리고 지구 순으로 일직선 상에 있을 때 일식이 일어난다. 평상시에는 삭의 위상을 보이는 시점이다. 지구에서 태양까지의 거리가 지구에서 달까지의 거리의 400배에 달하지만, 달과 태양 사이의 지름도 400배 정도 차이가 나는 우연으로 인해 지구에서 두 천체가 비슷한 크기로 보여 일식이라는 현상이 발생할 수 있는 것이다.

다음 그림에서 알 수 있듯이 달로 인해 완전히 가려지는 지역을 본그림자라고 한다. 이렇게 본그림자가 지구 표면을 가리면 해당 지역에서는 개기 일식을 관측할 수 있게 된다. 그림에서 반그림자로 가려지는 지역에서는 부분 일식이 일어난다.

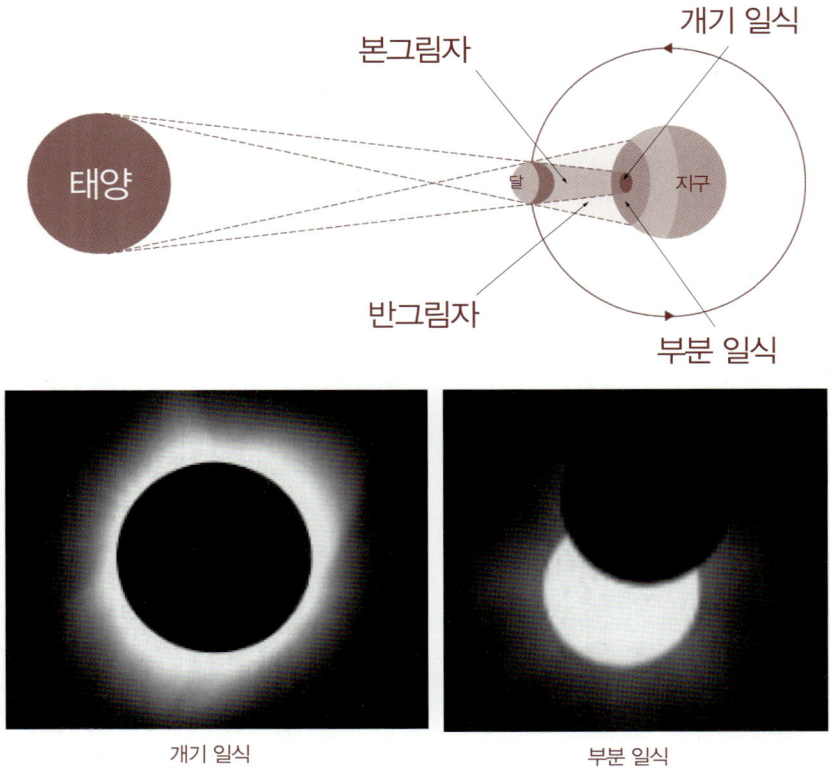

| 개기 일식 | 부분 일식 |

그렇지만, 위 조건을 확실하게 충족시켜 개기 일식이 나타난다 하더라도 개기 일식의 관측이 쉽지 않다. 개기 일식은 본그림자 안에 있는 지름 250km 정도의 매우 좁은 한정된 지역에서만 관측할 수 있을 뿐인데, 바다가 지구 표면적의 70%를 차지하므로 달 그림자가 바다에 위치할 확률이 훨씬 높기 때문에 개기 일식이 나타나더라도 육지에서 개기 일식을 관찰할 확률은 매우 적게 된다. 또한, 이러한 달 그림자는 시속 4,400km라는 매우 빠른 속도로 서쪽에서 동쪽으로 이동하기 때문에 개기 일식 현상이 일어나고 있는 태양을 볼 수 있는 시간은 길어야 5~8분 정도로 매우 짧다. 결론적으로, 개기 일식은 발생할 조건을 갖출 확률도 매우 희박할 뿐만 아니라, 발생했다 하더라도 육지에서 관측될 가능성이 크지 않으며, 일식 현상의 지속 시간 또한 매우 짧기 때문에 매우 드물게 관찰되는 것이다.

그리고, 태양과 달과 지구의 위치가 일식의 조건을 갖추었다고 해서 태양이 떠 있는 모든 지역에서 일식을 관찰할 수 있는 것은 아니다. 그림에서 그림자로 가려지지 않는 지구 표면의 위치에서는 일식을 전혀 관찰할 수 없다.

또한 지구와 달의 공전 궤도가 타원이므로, 달과 지구 사이의 거리가 항상 같지 않기 때문에 달과 태양의 겉보기 크기가 달라지게 된다. 그러므로 일식의 조건을 갖추었더라도 달의 겉보기 크기가 태양의 겉보기 크기보다 작게 되면 달이 태양을 완전히 가리지 못해 태양의 가장자리가 반지 모양처럼 보이는 경우가 생기는데, 이를 금환 일식이라고 한다.

월식

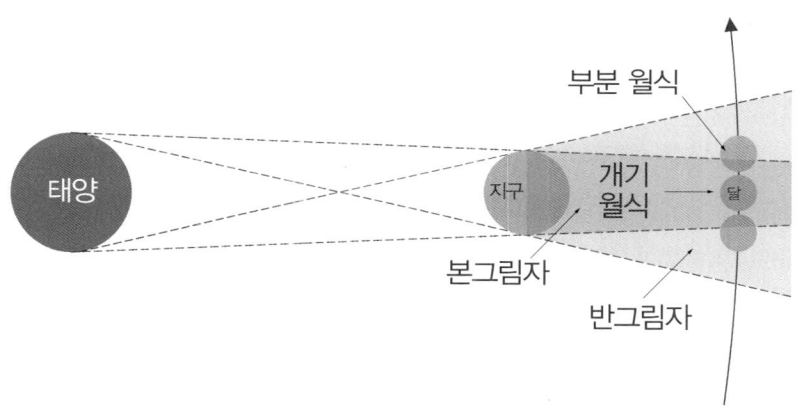

월식이란 지구의 그림자가 달을 가리는 천문 현상이다. 위의 그림을 보면 태양과 지구, 그리고 달의 순서로 일직선 상에 있을 때 월식이 일어난다. 월식이 일어나지 않을 경우에는 보름달, 망의 위상을 보이는 시점이다. 관측 지역은 지구상에서 밤이 되는 모든 지역에서 관측이 가능하며, 달의 왼쪽부터 가려지기 시작하며, 최대 지속 시간은 1시간 40분 정도로 일식에 비해 훨씬 긴 편이다.

그렇다면 월식의 지속 시간이 일식보다 훨씬 길게 나타나는 차이는 무엇일까? 그 원인을 살펴보면 여러 요인들이 복합적으로 작용하고 있다는 것을 알 수 있다. 첫 번째, 일식의 경우, 달의 크기가 지구에 비해 상대적으로 작기 때문에 달의 그림자가 지구 위를 지나가는 시간이 짧다. 반면에 월식은 지구가 달을 가리는 현상으로, 지구의 그림자가 달 위를 지나가는 데 더 많은 시간이 소요된다. 두번째 요인으로, 일식 때에는 달이 지구와 태양 사이를 지나가는 거리가 상대적으로 짧기 때문에 일식이 발생하는 시간도 짧게 된다. 반면에 월식은 달이 지구의 그림자를 지나가는 거리가 더 길기 때문에 월식이 발생하는 시간이 더 길게 나타나게 된다. 마지막 요인으로, 지구의 자전 속도도 이러한 차이를 만드는 요인 중 하나인데, 지구가 자전하면서 그림자가 이동하는 속도가 달라지기 때문에 월식과 일식의 지속 시간에 차이가 발생하게 된다. 따라서, 월식의 지속 시간이 일식보다 긴 이유는 천체의 크기와 거리, 그리고 지구의 회전 속도 등 여러 요인의 조합으로 인한 것이라는 것을 알 수 있다.

월식에도 달 전체가 지구의 본그림자 속으로 들어가는 개기 월식과 달의 일부만 지구의 본그림자 속으로 들어가는 부분 월식이 있다.

월식의 진행

일식과 월식이 매달 나타나지 않는 이유

달은 대략 한 달에 한 번씩 지구 주위를 공전하고 있다. 그렇다면, 한 달에 한 번씩 태양-달-지구의 순서로 배열되어 삭이 이루어지는 시기에 일식이 항상 나타나고, 태양-지구-달의 순서로 배열되어 망이 이루어지는 시기에는 월식이 항상 나타난다고 생각할 수 있다. 그런데, 삭과 망의 시기마다 항상 일식과 월식이 나타나지 않을 뿐만 아니라, 나타나더라도 같은 모습이 아니다.

왜 그럴까? 그 이유에는 두 가지가 있다. 첫 번째는 지구 공전 궤도면과 달의 공전 궤도면이 일치하지 않기 때문이다. 두 궤도면이 정확하게 일치하였다면 일식과 월식은 삭과 망의 시기에 항상 나타났을 것이다.

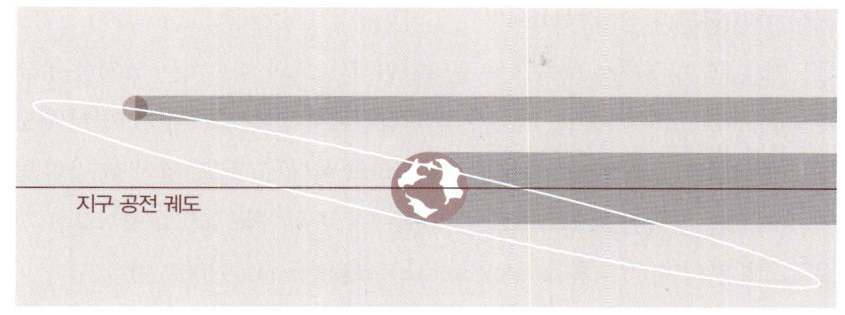

〈그림〉지구 공전 궤도면과 달의 공전 궤도(흰색)와의 관계(삭망월의 달 궤도)

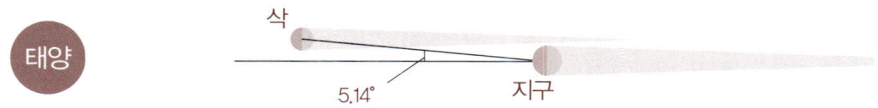

그러나 그림에서 보는 바와 같이 태양이 지나는 황도와 달이 지나는 백도가 약 5.14도(5도 8분) 정도 기울어져 있기 때문에 황도와 백도가 교차하는 2개의 교점 부근에서만 태양, 지구, 달이 같은 평면상에 놓이게 되어 태양과 지구와 달이 모두 하나의 선 상에 위치하게 된다. 그러므로, 삭과 망이 가능한 이 위치에서만 일식과 월식이 일어나게 된다.

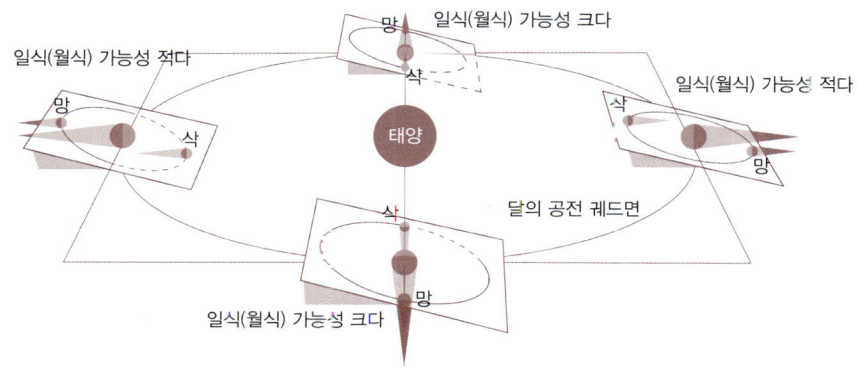

〈그림〉지구 공전 궤도와 달의 공전 궤도와의 관계(1년간의 달 궤도)

두 번째로, 달이 지구 주위를 공전하는 궤도가 완전한 원형이 아니고 타원형이기 때문이다. 따라서 지구와 달의 거리는 일정하지 않아 가까워지기도 하고 멀어지기도 한다. 지구와 달이 가까워진 상황에서는 완전한 개기 일식이 나타나지만, 달이 지구에서 멀리 떨어진 경우에는 달이 태양을 완전히 가리지 못하게 되어 개기 일식이 아닌 금환 일식이 나타난다.

백도가 남쪽 방향에서 북쪽으로 올라가면서 황도와 마주치는 교점을 승교점(ascending node)이라고 하고, 백도가 북쪽 방향에서 남쪽으로 내려가면서 황도와 마주치는 교점을 강교점(descending node)이라고 한다. 그리고, 달이 한 바퀴 공전하여 승교점에서 다시 승교점으로, 강교점에서 다시 강교점으로 돌아오는 시간은 27.2122일이며, 교점월(draconic month = nodal month)이라고 한다.

이 교점월의 기간은 변하지 않지만, 교점들, 즉 승교점과 강교점의 위치는 계속 변하게 된다. 지구와 달 이외에 다른 천체가 주위에 없다면 승교점과 강교점의 위치는 영원히 변하지 않았을 것이다. 그렇지만 지구와 달 모두 태양과 다른 천체들에 의해 영향을 받게 되는데, 특히 태양의 중력 영향을 크게 받는다. 이들 교점들은 매년 조금씩 황도를 역행하여 6,793.5일(18.6년)에 걸쳐 한 번의 공전을 완료하는데, 이 주기를 황도와 백도의 교점 주기라고 한다. 이 주기는 사로스 주기와는 다르다.

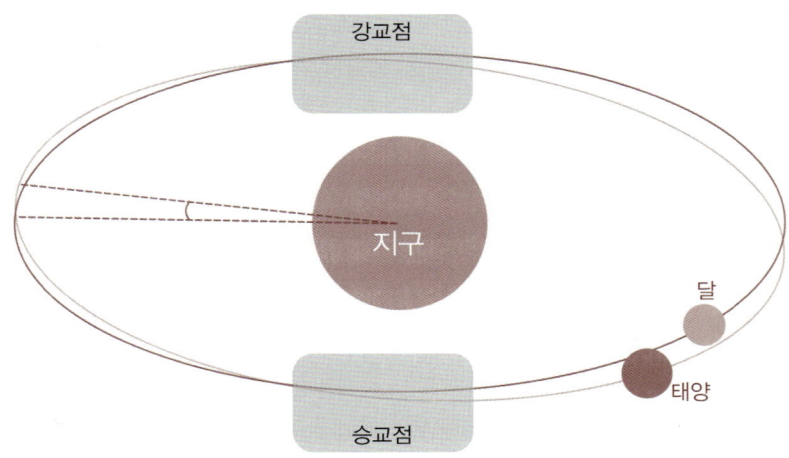

그런데, 달이 교점에 위치해 있을 때 태양의 위치가 이 교점에서 18.31도 이상 떨어져 있으면 일식은 발생하지 않으며, 15.21도 이내에 있으면 반드시 발생한다. 태양이 교점에서 9.55도 이내에 있을 경우에는 개기 일식이나 금환 일식이 발생한다.

사로스 주기(Saros 週期)란 일식과 월식이 6,585.3213일, 즉 18년 11일 8시간 간격으로 반복되는 주기를 말하며, 지구·태양·달이 이전과 같은 위치로 되돌아오기까지 걸리는 시간을 의미한다. '사로스 주기'의 기원은 고대 칼데아인들로부터 비롯된 것이다.

개기 일식의 예측이 어려운 것은 바로 사로스 주기인 18년 11일 8시간이라는 시간 중에서 나머지에 해당하는 8시간 때문으로, 개기 일식이 정확히 지구상의 동일한 장소에서 발생하지 않는 원인이 된다. 이 8시간으로 인해 1973년 6월 30일 아프리카에서 발생한 개기 일식은 사로스 주기 18년 11일 후인 1991년 7월 11일 아프리카에서 다시 발생하지 않고, 지구가 8시간 더 자전한 위치인 중미와 하와이 지역에서 발생하였던 것이다.

사로스 주기에 따르면, 달이 천구상의 특정 지점에서 출발해 다시 그 위치로 돌아오는 데에는 약 6,585.3213일이 걸린다고 하였는데, 이 주기마다 달은 지구와 태양 뿐만 아니라, 배경 별자리까지 똑같은 위치에 되돌아오게 된다.

식년과 삭망월, 근점월, 교점월은 사로스 주기, 6,585.3213일의 근거로 알려져 있는데, 이들 4개 주기에 대한 정의와 그에 해당하는 날수는 다음과 같다.

1. 식년은 태양이 황도와 백도의 교점을 통과하여 다시 그 교점으로 되돌아올 때까지의 시간으로, 346.620일이다.
2. 삭망월은 삭에서 다음 삭까지 걸리는 시간으로, 29.530588일이다.
3. 근점월은 달이 근지점에 있었을 때부터 다음 근지점에 오는데 걸리는 시간으로, 27.55455일이다.
4. 교점월은 달의 궤도면과 황도면이 교차하는 교점으로부터 한 바퀴 돌아 같은 교점에 오기까지 걸리는 시간으로, 27.212220일이다.

이들 각각의 주기들에 특정한 배수를 적용하게 되면, 다음과 같이 대단히 흥미롭고 의미있는 결과를 도출할 수 있다.

1. 19식년은 6,585.78일,
2. 223삭망월은 6,585.32일,
3. 239근점월은 6,585.54일,
4. 242교점월은 6,586.36일,

이들 모든 날짜들이 대체로 6,585일에 수렴하고 있다는 사실에서, 이 주기들의 근사치가 바로 사로스 주기에 해당한다는 것을 알 수 있다. 이와 같은 근거를 바탕으로 6,585.3213일이라는 사로스 주기가 탄생할 수 있었던 것이다.

16
조석 현상

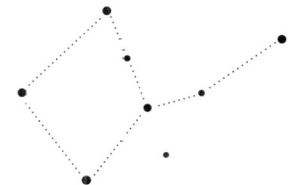

바닷가의 일상을 관찰해 보자. 해수면은 일정한 높이를 항상 유지하지 않고, 시간에 따라 높낮이가 변화한다. 해수면이 가장 높을 때를 "만조"(滿潮, high tide) 또는 "찬물 때"라 하고, 가장 낮을 때를 "간조"(干潮, low tide) 또는 "간물 때"라 한다. 간조와 만조를 아울러 "간만"(干滿)이라고 하므로, 만조와 간조 사이에 해수면의 높이 차이를 "간만의 차" 또는 "조차"(潮差)라고 한다. 이 조차 현상 또한 항상 일정하지 않고 날짜에 따라 계속 변화한다. 조차는 삭(그믐달)과 망(보름달)일 때 가장 크게 나타나 대조(大潮:"한사리", 또는 큰사리, 사리, Spring tide)라고 하고, 상현과 하현일 때 가장 작게 나타나 소조(小潮:조금, 또는 작은 사리, Neap tide)라고 한다. 간조에서 만조가 될 때 바닷물이 육지 방향으로 밀려 들어오는 것을 "밀물"(들물), 만조에서 간조가 될 때 바닷물이 빠져 나가는 것을 "썰물"(날물)이라 하는데, 밀물과 썰물 시에 일어나는 바닷물의 흐름을 조류(潮流)라고 한다. 이렇게 밀물과 썰물에 의해 바닷물이 하루에 두 번씩 주기적으로 밀려왔다 밀려가는 현상을 조석 현상이라고 하며, 조석 현상을 일으키는 힘을 조석력이라고 하고, 만조에서 만조, 간조에서 다음 간조까지의 시간을 조석 주기라고 한다.

하루에 두 번씩 나타나는 이 조석 현상은 달과 밀접한 관계가 있다. 달이 뜨는 시각은 매일 50분씩 늦어져 다음 달이 뜰 때까지는 정확히 24시간 50분이 걸린다. 그런데, 조석 주기는 24시간 50분의 1/2에 해당하는 약 12시간 25분이다. 조석력은 달과 관계가 있다고 하였고, 달의 주기는 24시간 50분이라고 하였는데, 왜 조석 현상은 달이 뜨는 주기인 24시간 50분 만에 나타나지 않고, 그 시간의 절반에 해당하는 약 12시간 25분 만에 나타나는 것일까?

이제 조석 현상이 왜 하루에 두 번씩, 약 12시간 25분을 주기로 나타나는지 그 이유를 알아보기로 하자.

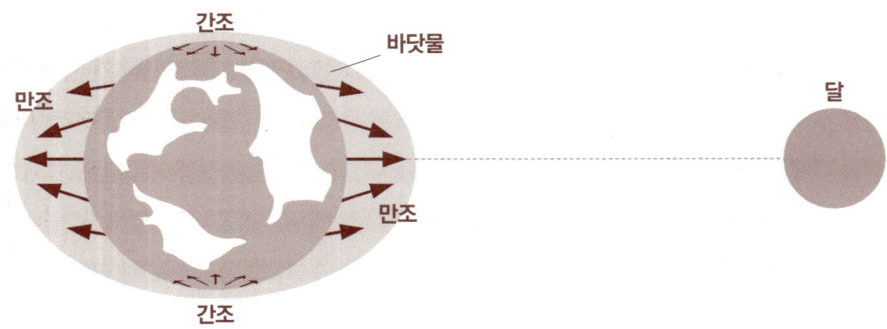

지구 주위에 태양이나 달과 같은 천체들이 존재하지 않는 상태에서 지구가 자전을 한다면, 태양이나 달의 인력을 받지 않으므로 조석을 일으키는 힘인 기조력(起潮力, tidal force) 또는 조석력(潮汐力)이 발생하지 않아 썰물이나 밀물 현상이 나타나지 않게 되고, 지구 전체의 바닷물은 항상 평평한 상태를 유지할 것이다. 그렇지만, 지구는 태양과 달, 특히 달의 인력 영향으로 인해 기조력이 발생하고, 조석 현상이 나타나게 된다.

달의 조석 현상에 대해 명쾌하게 논리적으로 설명한 과학자는 바로 뉴턴이다. 뉴턴은 『프린키피아』 제 3권의 법칙 24, 정의 19에서 '바닷물의 밀물과 썰물은 태양과 달의 작용 때문에 생긴다'고 하였다. 즉, 바닷물의 밀물과 썰물은 태양과 달의 인력 때문에 나타난다는 것이다. 그리고, 프린키피아 제 3권에서 밀물과 썰물은 하루에 두 번 생긴다고 하였다. 밀물과 썰물이 하루에 두 번 생기는 이유는 지구가 하루에 한 바퀴 자전하기 때문이다.

바닷물의 밀물과 썰물이 달의 인력 때문에 나타나고, 지구가 하루에 한 바퀴 자전한다면, '밀물과 썰물은 하루에 한 번씩 밖에 나타나야 되는 것이 아닌가'라고 생각할 수 있다. 실제로, 지구가 하루에 한 바퀴씩 자전할 때마다 달과 면접하게 되는 부위는 달의 인력을 받아서 '만조'가 되는데, 그 현상은 모두 쉽게 이해할 수 있을 것이다.

그런데 달과 면접하는 부위뿐만 아니라 정반대쪽에 있는 바닷물 수위도 또한 높아져서 만조 현상을 보인다. 이로 인해 하루에 2번씩 조석 현상이 발생하는 것이다. 어떤 원리에 의해서 반대쪽에 있는 바닷물 수위가 높아지는 현상이 발생하는 것일까? 그것은 바로 원심력의 작용으로 인한 것이라는 것이 밝혀졌다. 이로 인해 이들 부위와 90도를 이루는 양쪽 부위의 바닷물의 수위는 상대적으로 낮아지게 된다.

기조력에는 태양도 어느 정도 영향을 끼친다. 어떤 천체가 지구에 미치는 기조력의 크기는 그 천체의 질량에 비례하고, 거리의 세제곱에 반비례한다. 태양은 달보다 훨씬 질량이 크지만 지구로부터 더 멀리 떨어져 있다. 지구와 태양과의 평균 거리는 1억5,000만 km(원일점과 근일점의 차이는 500만 km), 지구 중심으로부터 달 중심까지의 거리는 평균 38만 4,400km로, 지구에서 태양까지 거리의 400분의 1이다. 태양의 질량은 약 2×10^{30}kg으로 지구 질량의 33만 배, 달의 질량은 7.36×10^{22}kg이므로 달의 질량의 2,700만 배에 해당한다.

태양과 달로 인해 발생하는 조석력을 비교해 보자. 뉴턴은 어떤 천체로 인해 발생하는 조석력은 질량에 비례하고, 그 천체와 지구와의 거리의 세제곱에 반비례한다고 하였다. 태양의 질량은 달의 질량의 2,700만배이고, 지구에서 태양까지의 거리는 지구에서 달까지의 거리의 400배이다. 그러므로, 달의 조석력은 태양의 조석력의 400^3/2,700만이다. 이 계산에 따르면 달에 의한 조석력은 태양에 의한 조석력보다 약 2.4배 정도 크다.

400^3/2,700만 = $400 \times 400 \times 400$/ 27,000,000
= 64,000,000/ 27,000,000 = 64/27 = 2.37.

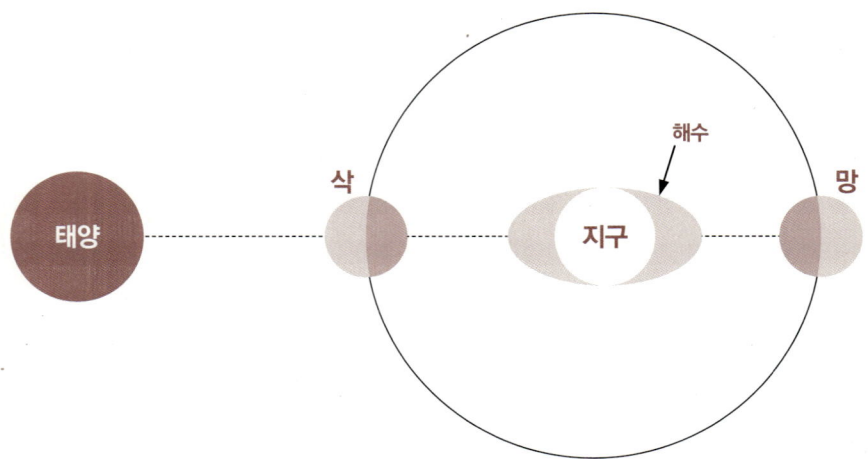

지구에 대한 달과 태양의 위치에 따라 기조력의 크기가 변할 수 있으며, 조석의 크기도 마찬가지로 이에 따라 변화를 보인다. 초승달과 보름달의 경우에는 달·태양·지구가 일직선 상에 위치하기 때문에 기조력은 최대가 되고, 이때 대조라고 하는 가장 큰 조차를 가지는 조석이 일어난다.

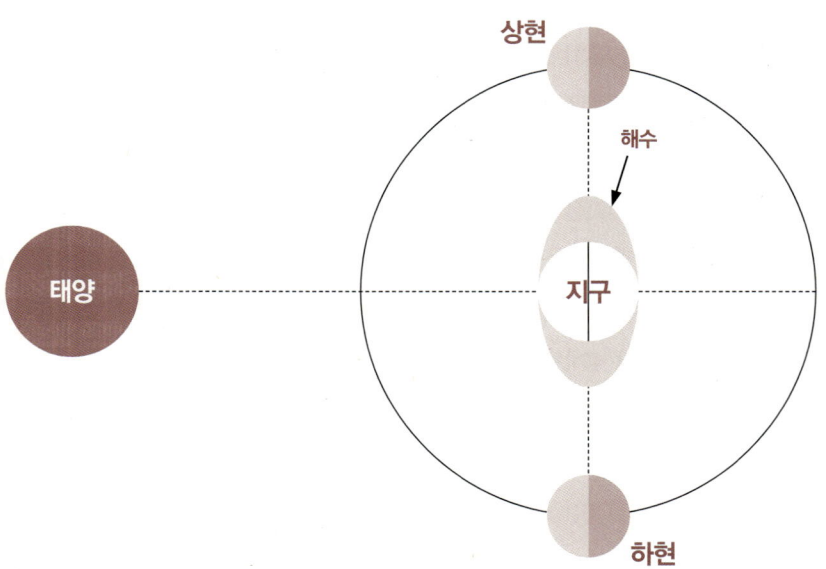

그러나, 상현(上弦)과 하현일 때 태양과 달은 서로 직각이 되는 방향으로 작용하여 소조라고 하는 가장 작은 조차가 일어난다. 대조와 소조는 항상 약 2주마다 교대로 일어나지만, 계절과는 전혀 관계가 없다. 지구와 달의 거리 역시 간만의 차에 영향을 준다. 달과 지구의 거리는 항상 같지 않으며, 달이 지구에 가까이 근접했을 때 조차가 더 커진다.

뉴턴은 『프린키피아』 제 3권에서 행성 내면으로 들어가면, 중력은 거리에 비례하여 약해진다고 주장하였다. 지구 역시 행성이므로 지구 중심부를 향해 들어갈수록 중력이 그 거리에 비례하여 약해지게 되어, 지구의 중심부에서의 중력은 0이 된다. 지구 내면의 어떤 지점에서의 중력은 지구 중심으로부터의 거리에 반비례하고, 지상에서는 중력이 거리의 제곱에 반비례한다. 뉴턴은 지구가 타원이라고 주장하였는데, 적도 부근의 직경이 극지방의 직경보다 크다는 사실이 실제로 확인되었다. 따라서 지구 중심으로부터의 적도 부근의 거리가 지구 중심으로부터 극지방까지의 거리보다 길기 때문에, 적도 부근에서 중력은 가장 약하게 된다.

만조 때의 해면과 육지의 경계선인 '만조선'과, 썰물로 인해 해수면이 가장 낮아지는 간조 때의 해면과 육지의 경계선인 '간조선' 사이의 공간을 조간대라고 한다. 조간대는 바닷물의 밀물과 썰물에 따른 변화로 인해 형성되는 또 하나의 새로운 독립된 세계로서, 바다와 육지 양쪽의 영향을 받는 변화가 심한 바다와 땅의 경계 지역이다.

조간대는 밀물과 썰물에 따라 나타났다 잠기고 잠겼다 다시 나타나는 것을 반복한다. 주기적인 조석의 변화를 보이는 조간대는 그 공간을 삶의 장으로 삼는 동식물에게 풍요로운 먹거리를 제공해 준다. 썰물 때에는 두루미, 백로 등의 조류를 비롯한 육지 동물들이 퇴적물 속에 숨어 있는 갯지렁이나, 망둥어, 고동과 같은 먹이를 찾아 모여든다. 그리고 밀물 때가 되어 육지 동물들이 물러가면, 그 자리를 해양 생물들이 차지한다. 이처럼 밀물과 썰물은 해안가에 사는 생명체들에게 규칙적으로 반복되는 생활 환경을 제공해 준다.

오랜 세월에 걸쳐 바다의 품 속에서 살아온 바닷가 사람들은 날마다 약 50분씩 달이 늦게 뜨고 있으며, 만조 시간도 날마다 그만큼 늦어지며, 달의 위상에 따라 밀물과 썰물에도 변화가 일어난다는 것을 잘 알고 있으며, 고기를 잡는 데에 있어서 매우 유용한 길잡이로 활용한다. 보통 초승달·보름달 시기와 상현달·하현달 시기에 물고기가 잘 잡힌다고 한다. 어떤 고기는 보름날에 잘 잡히고, 어떤 고기는 상현달이나 하현달에 잘 잡힌다. '사리'와 '조금' 같은 물 때의 변화도 어류들의 생태에 영향을 준다고 한다.

바이오타이드라는 생체 리듬 이론이 있다. 인간의 몸이 80%가 수분이기 때문에 달의 인력이 인체에도 영향을 끼친다는 이론이다. 이 이론에 의하면, 인간을 포함한 여러 동물에서 보름달과 초승달 때 신체 활동, 대사 활동, 공격 행동, 성 충동들이 높아지기 때문에 살인 사건이나 폭력과 같은 범죄가 늘어나며, 임산부의 출산도 늘어난다고 한다. 일식이나 월식에는 지구와 태양과 달이 완전하게 일직선 상에 있기 때문에 인력이 최대가 된다. 그렇지만, 반대로 태양과 달이 수직을 이루어 인력이 가장 약할 때에는 긴장감이 약해져서 운전 실수로 인한 교통 사고가 많이 일어난다고 한다. 그 외에도, 달에 의한 밀물과 썰물 현상이 해양 생물에 미치는 영향을 설명해 주는 다양한 연구 사례들이 보고되었다.

17
중국의 역법 : 천체력

　일반적으로 동서양을 구분하지 않고, 달력, 즉 역법은 그 구성 원리에 따라 크게 태양력과 태음력으로 분류될 수 있다. 그중 태양력은 순전히 태양의 운행만을 근거로 하여 만들어졌으며, 달의 운행은 전혀 고려되지 않은 달력이다. 반면, 태음력은 달의 운행을 근본적인 기반으로 삼아 만들어진 달력이다. 태음력 체계는 다시 순 태음력과 태음태양력으로 세분화된다. 그중 순 태음력은 태양의 운행을 전혀 고려하지 않고 오로지 달의 운행만을 근거로 하여 만든 달력이고, 태음태양력은 달의 운행을 근거로 하여 만든 달력이지만 순 태음력과는 달리 계절의 변화까지 반영하기 위해 태양의 운행까지도 동시에 고려하여 만든 달력이다. 따라서 계절적인 변화를 정확하게 반영함으로써 자연과 인간의 관계를 조화롭게 유지할 수 있게 해준다.

　중국 전통 역법 역시 태음태양력의 범주로 분류되지만, 서양의 태음태양력과는 명백하게 구분된다. 그 차이점은 중국 역법이 서양 역법처럼 단순히 태양과 달의 움직임에만 초점을 맞추는 것이 아니라, 보다 폭넓게 종합적인 관점에서 다양한 천체의 움직임을 관찰하고 해석하여 역법 체계에 반영하였다는 점에서 찾을 수 있다. 다시 말해서 고대 중국인들은 태양과 달을 포함하여 모든 천체의 움직임을 세밀하게 관찰하였을 뿐만 아니라, 그 세세한 변화 양상을 단순한 천문학적인 현상으로만 국한시키지 않았다. 궁극적으로, 그들은 이러한 천체의 변화 현상을 지상에서의 인간 세계의 길흉과 관련시켜 관찰하고 해석하였는데, 이와 같이 하늘의 현상을 관찰하여 인간사의 길흉과 관련시켜 해석하는 것을 그들은 '천문'이라고 칭하였다.

그 결과, 중국의 전통 역법은 단순히 태양과 달에 한정되어 있는 역법의 범위를 벗어나, 다섯 행성과 항성, 그리고 혜성 등 모든 천체들의 변화와 움직임까지 반영하는 종합적인 천문학적 체계를 갖추게 되었다. 이처럼 다양한 천체들의 상황까지 고려하는 복잡한 체계를 바탕으로 역법의 범위는 크게 확장되었다.

그에 따른 영향으로 천문학적 관찰의 폭이 크게 확장된 중국의 역법은 서양의 달력들과는 달리, 단순히 시간에만 한정된 역법 체계를 넘어서 천문학적 현상의 종합적인 기록과 예측을 가능하게 하는 천체력(ephemeris)의 범주에 속하는 역법으로 발전하게 되었다. 천체력이란 태양과 달을 포함한 행성, 항성 등 모든 천체의 위치, 밝기, 출몰 시간, 그리고 일식, 월식 등의 천문학적 현상까지 포괄적으로 함께 기록한 천문력을 의미한다.

그렇다면 이 시점에서 역법의 가장 근본적인 역할이 과연 무엇인지 다시 한번 생각해 볼 필요가 있을 것이다. 그것은 바로 자연의 흐름과 조화를 이루는 시간을 규정하는 것이라고 할 수 있다. 그리고, 자연의 시간이란 천체의 운행과 연관되어 발현되는 현상이므로, 천체의 운행에 기반하여 역법이 만들어지는 것은 당연하다고 볼 수 있다. 그렇지만 고대 중국에서는 이 역법 체계에 시간을 알려주는 고유의 역할 뿐만 아니라 또 다른 특별한 의미를 부여하였다.

삼황오제 시대에 황제(黃帝)가 역법을 만들고 윤달을 정하므로써 천지 만물의 질서를 바로 세웠다고 하였다. 이로써, 신하들은 각자의 역할을 수행할 수 있었을 뿐만 아니라, 백성들의 생활 또한 안정되었다는 기록이 보인다. 이러한 역사적 사실을 근거로 삼으면, 고대 중국인들은 역법에 시간을 알려주는 역할을 부여하였을 뿐만 아니라, 자연과 인간 사회간의 질서와 균형을 조화롭게 유지시켜 주는 중요한 매개체로서의 또 다른 역할을 추가적으로 부여하였다는 사실을 알 수 있다.

이처럼 역법에 시간을 알려주는 기본적인 역할과 더불어 천명을 받들어 천지 만물의 질서를 유지시키는 왕조의 권위를 보여 주는 역할이 추가되므로써, 중요한 천문 관측 내용이 역법과 잘 맞지 않는 오류가 발생하는 경우에는 말할 것도 없고, 새로운 왕조가 들어설 때마다 반드시 개력에 대한 주장들이 강하게 제기되었다. 따라서 역법에 대한 특별한 개선도 없이 정치적인 목적만을 위해서 개력이 이루어진 경우들이 적지 않게 발생하였다.

하(夏), 은(殷), 주(周) 시대의 역법

하, 은, 주 시대의 다른 시기에도 각 왕조마다 각기 다른 여러 종류의 역을 사용하였다. 그런데 그 역법들을 자세히 살펴보면, 세부적인 내용들은 모두 동일하였으며, 단지 세수(歲首)만이 달랐을 뿐이다. 세수란 한 해가 시작되는 달을 의미한다. 하나라에서는 역의 세수를 1월(정월)로 하였고, 은(상)나라에서는 세수를 12월로, 주나라에서는 세수를 11월로 하였다.

이처럼 왕조 교체가 이루어질 때마다 사용되던 역법들이 큰 변화없이 단지 세수만이 변경되었다는 것에는 그 이유가 있었을 것이다. 그 이유를 추정해 보면, 하나라, 은(상)나라, 주나라의 순서로 왕조가 교체되는 과정들이 모두 이민족들의 정복에 의해 이루어졌다는 사실로부터, 이전 왕조를 정복한 이민족이 자신들의 전통과 관련된 달을 세수로 삼았기 때문이라는 가정이 가장 설득력을 얻고 있다. 그런 의미에서 역법이 권위의 상징으로 여겨진 것도 이 무렵부터 시작되었다고 할 수 있다.

월령(月令)의 출현

주나라 이후, 춘추 전국 시대에는 정치적 혼란기였기 때문에 역법에 많은 관심을 가질 수 없었을 것이다. 그렇지만, 춘추 전국 시기에도 역법의 기능과 관련하여 중요한 변화가 있었다. 『예기(禮記)』의 월령(月令), 『여씨춘추』의 12기(12紀) 등과 같은 월령(月令)체계의 출현이다. 월령이란 일종의 상용력이라고 할 수 있는데, 그 대체적인 내용을 보면, 모두 1년을 12달로 나누어서 각 달마다 자연의 변화를 설명하였고, 그 시기에 적합하게 사람들의 일상생활에 필요한 여러 가지 사항들을 소개해 놓은 것이었다. 월령은 단순히 태양의 운행에 따른 계절의 변화만을 고려한 것이었으므로, 여러 천체 운행들까지 정확하게 관측하여 만든 후대의 역법들과는 본질적으로 차이가 있었다.

그렇지만, 춘추 전국 시대에 출현한 월령 체계는 농사를 포함한 일상 생활에 꼭 필요한 정도의 역법 지식이 이미 진나라 이전의 시기에도 어느 정도 갖추어졌다는 것을 보여 주고 있는 것으로, 이런 상용력들에 의해 역법의 가장 기본적인 목적인 때를 알려주는 기능이 대체로 충족되었다고 할 수 있다. 그러므로 춘추 전국 시대 이후에 역법을 둘러싸고 전개되는 과정들을 살펴보면, 그 과정들이 더 이상 역법의 실용적인 기능을 개선하기 위한 노력이 아니었다는 것을 알 수 있다.

역법의 진화

진나라와 한나라 시대에 이르러 역법에 대한 논의나 주된 관심 분야를 살펴보면 그 이전 시대와는 전혀 다른 특징을 보이고 있다는 것을 쉽게 알 수 있다. 왜냐하면 역법의 주된 기능이 농사나 일상적인 생활의 관점을 중시한 것이 아니라 오직 정치적이고 역술적인 측면이 더 강조되어 있기 때문이다. 역법에 담겨 있는 전체적인 내용을 좀 더 자세히 분석해보면 농사와 직접 관련되어 있는 내용은 태양의 운행과 관련하여 아주 제한적인 범위에서 다루어져 있을 뿐이었고, 농사와 전혀 관련이 없는 일식을 비롯하여 달과 행성들의 운행과 같은 내용들이 역법의 대부분을 차지하고 있었다.

이처럼 이 시대 이후의 역법은 통치 세력의 중요한 정치적 위상을 높이고 왕조의 권위를 뒷받침해 주는 중요한 수단으로 이용되고 있었으며, 그 구성 내용에 있어서도 점성술적인 요소까지도 포함하고 있었다. 이와 같은 방향으로 고대의 역법들과 차별화되는 변화들이 처음 나타나기 시작한 것은 진나라에 들어서면서부터였다. 진시황 26년에 정삭(正朔)을 단행하여 진나라의 덕을 수덕으로 결정함으로써, 진나라 성립의 정당성을 천명하기 위한 하나의 수단으로 역법 개정을 활용하였다는 것을 알 수 있다. 그렇지만 중국의 역법은 진나라 때에도 체계적으로 완전한 형태를 갖추지 못하였고, 초보적인 상태를 벗어나지 못하고 있었다.

역법의 도참화(圖讖化)

마침내, 한나라에 이르러서야 비로소 중국의 역법은 나름대로 체계적인 형태를 갖추게 되었다. 즉, 중국 천문학의 핵심적인 내용이라고 할 수 있는 천문과 역법 그리고 천체 구조론과 관련된 모든 부분이 한나라 때에 하나의 종합적인 틀을 형성한 것이다. 이와 같은 중국의 천문은 전한 시대 사마천에 의해 기원전 108년에서 기원전 91년 사이에 저술된 『사기』의 「천관서」에서 처음으로 그 원리가 체계적으로 설명되었으며, 이후 발간된 『진서』「천문지」는 고대 중국 천문학에서 역법 체계를 가장 모범적으로 서술한 역법서로 평가받고 있다.

전반적으로 한나라 시대의 역법을 좀 더 상세하게 살펴보면, 한무제의 태초 개력 시점에서 그 이전 시대의 특성과는 크게 달라진 새로운 양상이 등장하기 시작하였다. 이전의 역법의 역사를 살펴보면, 새로운 왕조가 들어서게 될 때마다 통치자인 군주가 역법을 새롭게 제정하여 피통치자들인 일반 백성들에게 공식적으로 배포하였고, 이에 따라 일반 백성들은 그때마다 새로운 역법을 적극적으로 수용하여 그 역법을 근본으로 하여 모든 일상 생활을 이어나갈 수 있었다. 따라서, 역법이란 매우 중요한 필수 생활 도구 중 하나라 할 수 있었지만, 단순히 군주에 의해 만들어진 다음 일반 백성에게 직접 전달되는 매우 단순하고 형식적인 수단으로만 존재하였다. 즉, 군주는 역법을 제정하고 시행하는 주체였고, 일반 백성들은 역법을 통해 일상 생활에 필요한 정보를 얻을 수 있는 수혜자로서의 위치에 존재하였을 뿐이다. 그런데 중앙 집권 체제를 구성하는 전문 관료 집단의 출현으로 눈에 띄는 변화가 나타나기 시작하였다. 역법이 여전히 통치의 상징 수단으로써 기능하였지만, 태초 개력 무렵에 이르러 마침내 역법은 전문적인 관료 집단들에 의해 자신들의 입장을 대변하는 하나의 방편으로 사용되기 시작하게 된 것이다. 이를 계기로 역법의 수혜자였던 일반 백성들이 역법의 이해 당사자로서의 대상에서 완전히 무시되고 배제되었다고 볼 수 있다.

한나라 성종 때 유향과 유흠 부자가 만든 삼통력의 예를 통해서 그와 관련된 측면을 짐작할 수 있다. 삼통력 이전의 역법에서는 대체적으로 달력을 작성하는데 직접적으로 관련되어 있는 해와 달의 운행만을 고려했었다. 그러나 삼통력을 제정하는 과정에서는 처음으로 달력을 만드는 일과 전혀 관계가 없는 오행성의 운행에 대해서도 자세하게 기술하면서, 오성의 운행까지도 중요하게 취급하였다. 이와 같은 상황을 바탕으로 유추해 보면, 당시에 역법이 사람들에게 정확한 시간을 알려주는 것 이상의 의미와 목적을 위해 사용되었다는 것을 알 수 있다. 즉, 그 당시 사람들에게 역법이란 해와 달의 운행뿐만 아니라 모든 천체들의 운행, 나아가 자연 세계 전체의 질서를 파악하는 정보를 제공해주는 수단으로 받아들여져 있었다고 볼 수 있다.

또한 사분력의 제정 과정을 면밀히 살펴보면 황제가 주도적으로 개력 과정에 관여하였을 뿐만 아니라, 일반 관료 집단들도 역법 문제와 관련하여 자신들의 주장을 진지하게 피력하고 반영시키려는 경향이 나타났다는 것을 알 수 있다. 그로 인해 역법 전문가들의 역할조차도 상대적으로 줄어들게 되었던 것으로 보인다. 이처럼 역법과 관련한 문제에 권력 집단들이 적극적으로 관여하며 개입하였다는 사실은 곧, 역법이 황제와 역법 전문가를 포함하는 비교적 소수의 영역에서 벗어나 관료 체제 전체의 관심사로 확대되었으며, 역법이 정치적 영역에서 차지하는 비중이 그만큼 커졌다는 것을 의미하는 것이었다. 결과적으로, 수많은 관료 집단에서 이처럼 역법과 관련하여 자신들의 주장을 적극적으로 펼쳤다는 사실은 역법이 그 본연의 역할에서 벗어나 점점 더 도참(圖讖)화된 결과라는 것을 반증해 주는 것이라 할 수 있을 것이다.

도참이란 미래에 일어날 일, 특히 인간 생활의 길흉화복에 대한 암시나 예언을 뜻하는 개념이다. 이 사상은 역사적인 사건이나 국가의 운명을 예견하고 예언하는 데에도 사용되는 것으로 알려져 있다. 따라서 도참이 중국 역사에서 중요한 사건이나 정치적 결정에 영향을 미쳤던 경우도 적지 않았다. 도참과 관련된 내용은 중국의 역사나 지리적 사건에 대한 예언을 언급하는 문헌이나 점술적인 서적에서 주로 언급되고 있다.

이와 같이 한나라 때 태초력이 시행된 이후의 역법이 개정되어 가는 역사를 전반적으로 평가해 보자면, 역법이 지속적으로 정치적 영역에서 확실하게 영향력을 발휘하게 됨으로써, 황제와 역법 전문가 뿐만 아니라 일반 관료 집단들 사이에서도 그들의 입장을 대변해 주는 하나의 방편으로 활용되어졌다는 것을 알 수 있다. 이런 상황에서 농업과 관련하여 보다 정확한 역법을 제정해야 한다는 필요성은 뒷전으로 밀려났으며, 역법은 오로지 황제를 정점으로 하는 중앙 집권적인 관료 체제 속에서 관료들의 입장을 강화시키고 지원해주는 하나의 수단으로 변질되었던 것이다.

이제부터 중국의 역법이 처음 출현한 이후 시대가 흐르면서 진행되었던 거력의 역사에 대해 그 대체적인 내용과 더불어 살펴보기로 할 것이다. 다음 내용 중 일부는 네이버 블로그 '덕전(德田)의 문화 일기'의 '고대 역법(曆法) 35종'에서 참조하였음을 밝히는 바이다.

중국의 역법은 편의상 시대에 따라 다음과 같이 다섯 단계로 나눌 수 있다.
1〉 고대로부터 진나라 때까지의 역법
2〉 한나라와 위진 남북조 시대의 역법
3〉 수, 당, 양 송의 역법
4〉 원, 명의 역법
5〉 청나라의 역법

고대로부터 진나라 때까지의 역법

1. 고육력

중국 전통적인 역법이 완전하게 틀을 갖추게 된 것은 한나라 때에 태초력이 만들어진 이후의 일이지만, 한나라 이전에도 최소한 여섯 개의 역법이 존재하고 있었다. 이 여섯 개의 역법을 고육력이라고 하는데, 진 나라 이전에 사용되었던 황제력, 하력, 은력, 주력, 노력과 진나라 때 만들어진 전욱력이 바로 그 것이다. 여섯 개의 고육력도 모두 태음태양력에 속하였으며, 365일과 1/4일을 1회귀년으로 정하였으므로, 사분력이라고도 불렀다.

한 해의 총 날수를 측정하기 위해서 해의 그림자 길이를 재는 수직 막대인 표(表)라고 불리는 도구를 이용하였는데, 수직 막대의 그림자가 길어졌다 짧아졌다 변하면서 다시 처음과 똑같은 길이로 돌아오는 날 수를 계산하였다. 그 결과, 그 시간은 4번의 춘하추동이 지난 기간에 해당하였으며, 총 날 수는 1,461일이었다. 그러므로 1,461일이 흐르게 되면 4년 전과 똑같은 위치로 정확하게 돌아온다고 할 수 있다. 따라서 1년의 정확한 길이는 1,461을 4로 나눈 365와 1/4일이 되었으며, 이런 원리를 근거로 삼아 역법을 구성하였으므로 역법의 이름도 사분력이라고 한 것이다. 삭망월 한 달의 길이는 29일 499/940일이었고, 19년 동안에 7달의 윤달을 두는 장법을 적용하였다. 장법(章法)이란 서양의 메톤 주기와 같은 방법인데, 중국에서 19년을 1장(章)으로 삼은 것으로부터 유래한 것이다.

여섯 개의 고육력들은 모든 점에서 똑같지는 않았는데, 역원이 서로 다른 것은 물론이고 세수도 달랐다. 세수에 대해 살펴보면, 황제력과 주력, 노력에서는 건자월을 세수로 삼았으며, 하력에서는 건인월을, 은력에서는 건축월을, 그리고 전욱력에서는 건해월을 세수로 삼았다.

고육력 중에서 하력, 은력, 주력의 역법 체계를 3개의 정월이라는 의미에서 '3정(正)'이라고 하였는데, 춘추 전국 시대의 열국들은 3정 중의 하나의 역법을 택하여 사용하였다. 3정은 역원과 세수를 제외하고 모든 점이 같았으므로, 시대적으로 제일 앞선 하나라 때 만들어진 하력의 역법 체계가 주나라 때까지 계속 유지되었다고 추정할 수 있다. 춘추 시대에 공자가 편수한 노나라의 역사서 『춘추』에는 '왕정월'이라는 표현이 나온다. 왕정월이란 주나라의 정월을 지칭하는데, 그 당시에 여러 제후국들 사이에서 사용되고 있던 하력과 은력의 정월과 차별화하며 우월함을 강조하기 위해서 사용된 용어라고 한다.

2. 전욱력(顓頊曆)

왕조의 덕을 새롭게 정하는 경우에는 오덕종시설에 따라 반드시 개력도 함께 논의되어야 했지만, 진나라 이전 시대에는 역법을 바꾸는 문제는 오덕종시설에 따른 수많은 조치 중 사소한 부분으로 간주되어 의미있게 고려하지 않았다. 따라서 오덕종시설의 일환으로 복색을 바꾸기는 하였지만 개력을 하지 않은 경우도 많았고, 개력이 동반될 경우일지라도 세수만 다른 달로 변경하는 것으로 개력이 마무리되는 등, 극히 단순한 사안으로 여겨져 처리되었을 뿐이다.

그런데, 진나라가 중국을 최초로 통일하고 강력한 중앙 집권 체제를 유지하기 위한 방안 중의 하나로 자체적인 역법의 제정이 절대적으로 필요한 상황에서, 진시황 26년에 이르러 중국에서 하나의 역법이 공식적으로 채택되어 사용되었다는 기록이 나타나는데, 이 역법이 바로 전욱력이다.

오덕종시설에 따르면 주나라는 화덕(火德)에 해당하였으며, 주를 이어받은 진나라에서는 수덕(水德)이 시작되었다고 하였다. 이에 따라 진시황 역시 오덕종시설을 근거로 재위 26년에 전욱력을 공식 역법으로 반포하였을 뿐만 아니라, 세수를 변경하여 조정의 모든 예식을 10월 초하루부터 시작하게 하였으며, 의복을 포함하여 각종 깃발까지도 모두 흑색으로 통일하였다고 한다.

전욱력에서는 건해월을 세수로 삼았으므로 10월이 세수가 되었고, 입춘을 일년 절기의 시작 기점으로 정하였다. 다른 고육력들과 마찬가지로 1년은 365일과 1/4일이었고, 1삭망월은 29일과 499/940(29.53085)일이었으며, 장법을 적용하여 19년 동안에 7윤달을 두었다. 그리고 윤달은 해의 마지막 달 다음에 추가하였다. 이와 같이 윤달을 해의 마지막에 추가하는 규칙을 세종치윤이라고 한다.

이 전욱력은 한나라 초기까지 사용되었는데, 비교적 단순하였으며 완전한 체계를 갖춘 역법은 아니었기 때문에 달력상에서 그믐날인데도 불구하고 일식 현상이 나타나는 등 달력상의 날짜가 천문 현상과 일치하지 않는 경우가 자주 발생하였다. 이와 같은 잦은 오류에도 불구하고 약 150년이라는 긴 시간이 흐른 후에야 전욱력 다음의 역법으로 한나라의 태초력이 제정되었다.

한나라와 위진 남북조 시대의 역법

1. 태초력(太初曆) : 팔십일분율력(八十一分律曆)의 탄생

한나라가 건국된 후 한참의 세월이 흘렀음에도 역법은 사분력인 진나라의 전욱력을 그대로 사용하였다. 그러므로 진시황 26년(기원전 221) 새로운 역법을 사용하기 시작했던 때부터 한나라 6대 황제 경제에 이르기까지 사기와 한서 등에서는 한 해의 시작을 진나라 때와 마찬가지로 10월로 하였으며 한 해의 순서를 모두 동춘하추 순으로 기록하였다. 또한 일 년 절기가 시작되는 기점 역시 진나라 때와 변함없이 입춘으로 하였다.

문제(제5대 황제, 재위 기원전 180~157) 14년에 들어서면서 오덕종시설이 거론되며 처음으로 개력에 대한 논의가 대두되었지만 아무런 진전이 이루어지지 않았다. 한나라 7대 황제인 무제 원년(기원전 140)에 이르러, 한나라가 개국한 지 60여 년이 흘러 천하가 안정되었으므로 당시 모든 관료들이 천자가 봉선(封禪 : 옛날 중국의 천자가 하늘과 산천에 제사를 지내던 행사)을 거행하고 역법 및 기타 법도를 바꾸기를 청원하였다. 유교에 관심을 보였던 무제도 봉선과 더불어 역법과 복색의 개정을 마음에 두었지만, 유교를 곱게 여기지 않았던 두태후(竇太后)의 견제로 인하여 뜻을 이루지 못하였다.

당시 유교에서는 소위 '수명개제(受命改制)'라는 논리를 근거로 하여, "왕자(王者)가 천명을 받으면 반드시 정삭(正朔)을 통해 역법을 개정하고 복색을 바꾸어야 한다"라고 주장하였으므로, 역법을 개정하는 문제와 더불어 봉선 및 여러 제도를 개정하는 작업에 대한 논의들이 활발히 개진되고 있었다. 물론 이런 논리 역시 오덕종시설과 무관하지 않은 것이었다.

그렇지만 그 때까지만 해도 유교가 본격적으로 정치 전면에 등장하기 이전이었으며, '수명개제' 역시 시급히 시행되어야만 할 절대적인 조치로 여겨지지 않았다. 무제가 즉위할 무렵에 이르러 정치적 안정 및 관료 체제의 정비가 마무리되고, 유가들의 등장이 어우러지면서 위와 같은 일련의 개정 논의가 출현하기는 하였지만, 이런 노력이 결국에는 실패로 끝나게 되었다는 사실은 당시 수명개제라는 논리를 앞세우며 그 일환으로서 역법의 개정을 주장하는 세력들이 정치적으로 아직 주도적 위치를 점하지 못했다는 것을 반증해준다. 이 사건 이후 30여 년 동안 역법을 개정하려는 시도는 전혀 나타나지 않았다. 개력 자체는 당시에도 여전히 관료들의 관심을 끄는 중요한 관심사가 되지 못했다는 것을 알 수 있다.

그러나 태초개력(太初改曆)이 이루어지는 시기에 즈음하여 상황이 크게 변화되면서 개력의 필요성이 정식으로 제기되었다. 먼저 『한서』「율력지」에 소개되어 있는 개력이 시작되는 과정을 살펴보자. 무제 원봉(元封) 7년(기원전 104)에 이르러 한나라가 들어선 지 120년이 경과되었을 무렵, 진나라 때부터 계속 이어서 사용되고 있던 전욱력이 그 오차가 누적된 상태였으므로, 사마천 등이 황제에게 '역법의 기강이 무너지고 못쓰게 되었으니, 마땅히 정삭을 해야 한다'고 진언하였다. 이처럼 개력을 강력히 주장하였던 주체가 사마천과 같은 역법을 전문적으로 담당하는 관리였을 뿐만 아니라, 개력을 요구하는 이유 자체도 다름 아닌 역법 그 자체의 오류에 관한 문제였다.

이전까지 개력은 오덕종시설이나 수명개제에 따른 부수적인 문제로 여겨졌었지만, 역법을 담당하는 전문가에 의해 처음으로 적극적인 역법 자체의 문제점이 지적되면서 개력에 대한 필요성이 대두되었던 것이다. 이에 황제가 호응하면서 새로운 역법을 만들라는 명이 내려졌다. 이렇게 무제의 공식적인 재가를 통해 중국 역사상 처음으로 본격적인 개력 작업이 착수되었다. 새로 만들어지는 역법에서는 실제 하늘의 운행 규칙을 역법 제정의 기준으로 삼았다.

마침내 원봉 7년인 기원전 104년에 태초력이 완성되었다. 무제는 사마천으로 하여금 등평의 81분력을 제외한 나머지 17종류의 역법을 폐기하게 하였고, 등평의 81분력을 태초력이라 칭하여 공식적 역법으로 채택하였다. 태초(太初)란 한무제가 사용한 11개의 연호들 중에서 여섯 번째인 원봉 다음에 오는 일곱 번째 연호로서, 태초력이 사용되기 시작된 것은 원봉 7년이자 태초 원년인 기원전 104년이었다.

태초력이 이전의 역법들과 차이를 보이는 가장 큰 부분은 사분력이 아니고 소위 '81분력'이라는 점이다. 81분력은 등평에 의해 제시된 것으로 알려져 있는데, 81분력에서는 1달의 길이를 이전 역법인 사분력의 29일 499/940(29.53085)일 대신 29일 43/81(29.53086)일로 하고, 1년의 길이를 사분력의 365일과 1/4(365.25)일 대신 365와 385/1,539(365.25016)일로 하였으므로 사분력의 값들과 큰 차이가 없었으며, 단지 미세하게 조정되었을 뿐이다. 그리고 세수를 전욱력의 10월로부터 하력의 세수와 같은 달인 인월로 변경하였으며, 동지를 11월로 고정시켰고, 윤달을 한 해의 마지막에 두는 세종치윤 대신 중기가 없는 달을 윤달로 하는 '무중치윤법'을 채택하였다.

태초개력에서 무엇보다도 돋보이는 점은 종전처럼 단순히 세수만을 바꾸는 정도의 단순한 개력이 아니라, 1달의 길이와 1년의 길이와 같은 상수까지도 변경 조정함으로써, 파격적인 전면적 역법 개정이라는 의미가 부여된 중국 최초의 개력이었다는 것이다. 따라서 태초 개력은 중국 역법사에서 '제1차 대개혁'으로 평가된다. 태초력은 통일된 역법을 본격적으로 실시하였고, 수리 천문학의 전통을 확립했으며, 황도를 기준으로 하여 28수를 측정하는 등, 이후 역법들에 대한 기준 틀을 제시하였다.

이 당시에 전통에 따라 사용되었던 기년 방식은 세성을 바탕으로 만들어졌던 태세 기년법이었지만, 태세를 간지로 변환한 간지기년법의 방식도 보조적인 수단으로 함께 사용되고 있었다. 이 간지 기년법을 적용하게 되면 태초력이 제정되어 반포된 해는 정축년에 해당하였다. 그럼에도 불구하고, 태초력 제정시에 태초 원년에 적용된 세명은 정축년이 아닌 갑인년이었다.

그렇지만 이처럼 태초력이 개정 시행되었음에도 불구하고 예전의 역법, 즉, 사분력을 선호하는 사람들이 여전히 존재하고 있었다.

2. 삼통력(三統曆) : 중국 최초의 천체력

태초력이 채택된 이후 지속적으로 태초력에 대한 반대 의견이 제기되었다. 당시 이러한 분위기 속에서 전한 성제 때 유향은 역대의 역법들에 대해 면밀하게 고찰을 하였으며, 그의 아들 유흠은 이 지식들을 바탕으로 서기 5년에 새로운 역법을 만들었는데, 그 역법이 바로 삼통력이다. 삼통력은 태초력의 기본 상수들을 그대로 유지하였으며, 단지 추가적인 보강만을 하였을 뿐이었다. 그러므로 삼통력은 태초력이 채택된 이후 지속적으로 제기되어 온 태초력에 대한 반대 의견들을 무마하면서 태초력을 지지하기 위해서 나온 조치라고 볼 수 있다.

삼통력의 내용은 해와 달의 운행을 바탕으로 한 기존 역법의 범위를 넘어서, 추가적으로 일월식(日月食)과 오행성의 운행과 위치를 계산하는 방법까지도 자세하게 기술하였다. 그럼에도 불구하고 전술한 바와 같이 삼통력에서는 기본적으로 태초력의 상수들을 그대로 채용하였고, 중기(中氣) 없는 달을 윤달로 하는 무중치윤법을 태초력과 똑같이 적용하였으며, 태양년의 날 수도 태초력과 똑같이 365일과 385/1,539일 (365.25016일)로, 태음월의 날 수도 29일과 43/81일 (29.53086일)로 정하였다. 다만, 28수와 동지점의 위치 등을 수정하였으며, 역법의 시작 시점을 일월오성이 특정한 기준 위치에 있는 시점으로 정하였다. 또한, 일식이 135개월 주기로 반복된다고 함으로써 일식을 예측할 수 있는 교식추산법을 선보였다.

이처럼 삼통력에서는 오행성의 운행까지 역법에 포함시킴으로써 천체력 (ephemeris)으로서 갖추어야 할 기본적인 내용을 모두 포함하는 중국 최초의 역법이 되었으며, 단순히 해와 달의 운행에 국한하여 만들어진 태초력과 그 이전의 역법들과는 확실하게 구분되었다. 삼통력은 이후 후한의 장제(章帝) 원화(元和) 2년 (85)에 사분력이 시행될 때까지 계속 사용되었다.

3. 사분력(四分曆)

세월이 더 흐르면서 삼통력 또한 다시 오류가 많이 지적되면서, 개력과 관련한 논의가 또 다시 끊이지 않고 제기되었다. 결국 후한 장제 때에 이르러 원화 2년

(85)에 사분력으로 개력이 단행되었다. 고육력에서도 사분력을 사용하였으므로 이를 구분을 하기 위해 고육력을 "고사분력"이라 하고, 후한의 사분력을 "후한 사분력"이라 칭하였다. 사분력의 개력 과정에서 주도적인 역할을 담당했던 가규는 개력의 근거를 다음과 같이 주장하였다.

첫 번째 근거는 태초력에서 동지점의 위치가 실제 관측 위치와 다르기 때문에 바로잡아야 한다는 것이었다.

두 번째 근거는 소위 '두력개헌(斗曆改憲)'으로서 특히 주목할 만한 주장이었다. 두력개헌이란 공자가 언급했던 것으로 전해지는데, '300년이 지나면 두력을 고칠 것이다'라는 말에서 나온 것이다. 역법이란 시간이 흐르면 어쩔 수 없이 부정확해질 수밖에 없다는 것을 지적한 것이었다. 일식은 원래 초하루에 일어나는 것인데, 역법이 부정확하게 될 경우에는 일식이 그믐이나 또는 초이틀에 발생하게 된다. 가규는 한대 이후 약 300년 동안을 세 구간으로 구분하여 각 시기별로 태초력과 사분력 중 어느 역법의 초하루가 더 정확한지를 일식의 관찰을 통해 비교해 보았다. 그 결과 일식이 정확히 초하루에 일어나는 확률이 태초력에서는 각 시기에 따라 74%, 58%, 22%로 점차 줄어들었지만, 사분력의 경우에는 30%, 67%, 74%로 늘어났다. 이를 근거로 한나라 초기에는 태초력이 더 잘 맞았지만, 후한에 들어와서는 사분력이 더 정확한 역법이므로, 사분력으로 개력해야 한다고 주장하였다.

세 번째 근거로 적도좌표와 황도좌표의 차이를 들었다. 당시까지 적도도수(赤道度數)로써 해와 달의 운행을 표시하였기 때문에 반달과 보름달의 역법 상의 날짜가 천문 현상과 비교했을 때 1일 이상 차이가 났다. 그는 적도 좌표를 사용함으로써 실제 달의 운행을 정확히 표현할 수 없었기 때문에 나타난 현상이라고 설명하면서, 이와 같은 오류를 바로잡기 위해서는 해와 달의 운행을 정확히 나타낼 수 있는 황도 좌표를 사용해야 한다고 주장하였다. 이러한 그의 주장이 받아들여지게 되어 이후 황도동의(黃道銅儀)라는 천문 관측 기구가 만들어졌으며, 이 기구를 이용하여 황도좌표를 측정할 수 있게 되었다. 그런데 실제로 황도는 태양이 운행하는 궤도이고 달은 황도가 아닌 달의 궤도인 백도를 따라 운행한다. 그렇지만,

적도에 비해 백도는 황도에 더 근접한 궤도이기 때문에 황도 좌표를 이용하더라도 적도 좌표을 이용했을 때보다 훨씬 더 정확한 값을 얻을 수 있었다.

마지막 네 번째 근거로 그는 달의 운행 속도가 일정하지 않다고 하였다. 이것은 달의 운행 속도 변화를 지적한 최초의 지적이었는데, 역법상에서는 이 현상이 건상력(乾象曆)에서 실제로 적용되었다.

후한 사분력의 기본 상수들은 이전의 사분력과 유사하였으며, 삼통력에서 제시되었던 범주에서도 크게 벗어나지 않는다. 후한 사분력에서는 1회귀년을 365일과 1/4일로 하고 1삭망월을 29일과 499/940일로 하였으며, 19년에 7개의 윤달을 두었다. 고대의 고사분력에서 견우(牽牛)의 초도(初度)로 정했던 동지점의 위치를 두(斗) 21과 1/4도로 변경시키고, 황도 도수로 해와 달의 운행 위치를 계산함으로써 오행성이 회합(會合)하는 주기의 정확성을 높였다. 이처럼 후한 사분력에서 사용한 수치들은 모두 태초력보다 정확하였다.

안제(安帝) 연광(延光: 122~125) 2년에 다시 개력에 대한 논의가 일어났다. 제기된 개력의 근거로는 천체 운행을 보다 정확히 나타내고자 하는 역법 자체의 문제도 있었지만, 역법이 사상적으로 정당한 근거 즉, 도참(圖讖; 앞날의 길흉을 예언하는 사상)에 잘 부합하는가 하는 점이 중요한 관점이 되었다. 그러므로 개력의 최종적인 결정은 오로지 황제 자신의 의지에 달린 사안이 되었다. 순제(順帝) 한안(漢安: 142~143) 2년에 제기되었던 개력 주장이나 그에 대한 반박 논리도 역법과 관련된 사안이 아니고, 철저하게 도참 사상에 바탕을 두고 있다. 이 시대에 접어들면서 개력의 중요한 동기가 역법 자체의 문제, 즉 실제 천체 운행을 제대로 반영하는가 라는 실질적인 문제로부터 벗어나 도참에 부합하는지 여부가 개력의 판단 기준이 되어버린 것이다.

후한서의 율력지에 나와 있는 채옹은 모든 역법이 그 시대에는 정확하지만 시간이 지나면 어떤 역법도 제대로 맞지 않게 된다고 주장하였다. 그의 주장은 가규와 유사하였지만, 가규가 기본적으로 두력 개헌을 옹호한 반면, 채옹은 도참을 무시하고 천체 운행의 기본적인 속성 만을 근거삼아 강조한 점에서 차이가 있다. 채옹은 도참은 결코 역법을 판단하는 기준이 될 수 없고, 오직 실제 천체 운행의 관측 내용만이 근거가 될 수 있다는 실증적인 태도를 견지하였다. 후한 사분력은 여러 차례의 개력 주장에도 불구하고 한나라가 명운을 다할 때까지 공식적으로 계속 사용되었으며, 한나라 이후에도 삼국 시대 촉과 위에서도 유지되어 위 원제 함희(咸熙) 원년(263)까지 사용되었다.

4. 건상력(乾象曆)

후한의 건안(建安) 11년(206) 유홍(劉洪)에 의해 건상력이 만들어졌는데, 한나라 시대에는 사용되지 않았다. 이후 223년에 삼국 시대 오나라에서 공식적으로 채택되어 사용되기 시작하여 오나라 말년(280)까지 모두 58년 동안 사용되었다. 건상력은 사분력에 비해 더 정확하였을 뿐만 아니라, 이후 중국 역법의 표준이 되기도 하였다는 점에서도 그 중요성을 찾을 수 있다. 건상력은 1달과 1년의 길이를 각각 29와 773/1,457(=29.530542)일과 365와 145/589(=365.24618)일로 정했는데, 이는 사분력에 비해 조금 짧은 수치였지만, 더 정확한 값이었다.

오행성이나 달의 운행에 대해서도 건상력에서는 보다 더 정확하게 묘사하였다. 특히 달의 운행에 관해서는 아주 중요한 진전이 이루어졌는데, 달이 항상 일정하게 똑같은 속도로 운행하지 않는다는 달의 월행지질(月行遲疾; 빨라졌다 느려졌다 하는 달의 운행 현상)을 주장하여 근지점에서 달의 운동 속도가 가장 빨라진다고 하였을 뿐만 아니라, 근지점 자체도 이동한다는 사실을 발견하여 역법에 적용하였다.

또 달의 궤도인 백도를 황도로부터 구별하였고, 이들의 교점이 이동한다는 사실도 알았다. 이러한 지식을 건상력에 도입하여 달의 근지점의 이동 주기(8.9697년)와 더불어, 황도와 백도의 교점이 역행하는 주기(18.604년)까지도 기록하였다.

그러나 치윤법은 여전히 평균 삭망월에 따라 큰 달과 작은 달을 배치하는 평삭법을 사용하였다. 그는 건상력에서 춘분과 추분을 고쳤으며, 동지점 역시 고쳤다. 건상력은 상수(이분점과 동지점의 위치)와 이론(태양과 달의 운행에 대한 법칙)의 두 측면에서 현저한 발전이 있었다. 이와 같이 여러 면에서 개선된 건상력은 오랫동안 가장 우수한 역법으로 인정받았으며, 다른 역법들의 기준틀이 되었다. 이처럼 중국의 역법은 한나라 시기에 이르러 그 기본적인 틀을 완전하게 갖추었으며 지속적인 발전을 이루어 나갔다.

그렇지만 한나라에서 이루어진 모든 개력을 종합해 보면 역법이 항상 더 정확한 방향을 향해 가고 있었던 것 만은 아니었다. 1달의 길이와 1년의 길이에 대한 태초력의 상수는 그 이전의 것보다 더 부정확하였으며, 후한 사분력에서는 당시에 알려져 있던 천체 운행에 관한 모든 지식들을 전부 포함시키지도 않았다. 더군다나 유홍의 건상력이 사분력보다 훨씬 더 정확했음에도 불구하고 한나라에서는 채택되지도 않았다. 이런 예들을 종합해 보면, 역법의 개정이 반드시 정확한 천체 운행에만 근거하여 이루어지지 않았다는 것을 알 수 있다.

5. 경초력(景初曆)

위진 시대(220~420)에, 위나라 경초(景初) 원년(237) 양위에 의해 완성되었다. 유홍의 건상력에 기반을 두고 만들어졌는데, 건상력은 전욱력과 사분력에 비해 연월의 길이를 너무 줄였다고 하여 경초력에서는 이 값들을 약간 늘렸다. 건상력에서 비로소 달의 운행에 대한 계산이 상세해졌는데, 이 점을 이어받은 경초력에서는 일식 계산에 현저한 진보를 이루었다. 송나라 초까지 약 200년 동안 사용되었다.

6. 원가력(元嘉曆)

경초력도 시간이 흐름에 따라 천문현상과 맞지 않게 되자, 남북조 시대(439~589)에 송나라 하승천에 의해 개력된 원가력을 원가(元嘉) 22년(445)부터 사용하였다. 하승천은 원가력으로 역법 개혁을 하면서 5가지 원칙을 주장하였다. 태양 그림자를 정밀하게 측정한 결과 경초력의 동지가 실제 동지와 3일 차이가 나는 것을 발견하고, 등지점을 두 17도로 결정하였다.

그리고, 평삭법을 폐지하고 정삭법을 주장하였다. 정삭법이란 실제 관측되는 삭망에 맞춰 큰 달과 작은 달을 배치하는 방법이었으므로, 달의 운행을 매우 정확하게 역법에 반영할 수 있는 진보적인 방법이었다. 이를 바탕으로 일식은 언제나

삭일 때 발생하고, 월식은 언제나 망일 때 발생한다고 규정하였다.

그러나 당시 천문학자들은 정삭법을 적용하게 되면 큰 달이 3달 이상 연속해서 오거나 작은 달이 두 달 연속해서 오는 문제들이 나타난다고 하며 반대하였다. 기존의 평삭법에서는 큰 달이 2달 연속해서 오는 경우까지만 원칙으로 허용되었기 때문이었다. 결국 정삭법을 제외한 나머지 4가지 원칙만이 채택되어 원가력이라는 이름으로 시행되었고, 정삭법은 하승천이 제안한 지 170여 년이 지난 후에야 역법에 채택되었다.

송서에는 다음과 같은 내용이 기록되어 있다.

'상원 경진 갑자로부터 태갑 원년 계해까지 3,523년이 흘렀으며, 원가 20년 계미까지 총 5,703년이 지났다'(上元庚辰甲子紀首 至太甲元年癸亥三千五百二十三年 至元嘉二十年癸未 五千七百三年算外)

여기에서 하승천(何承天)은 고대 역법의 기점을 상원이라고 하고, 상원으로부터의 햇수를 적년(積年)이라고 하였다. 상원으로부터 태갑 원년(太甲元年, 기원전 1737)까지의 적년은 3,523년이라고 하였으므로, 원가 20년(443)까지의 적년은 5,703년이 되고, 상원은 기원전 5261년이 된다. 그러나 기원전 5261년을 상원으로 정하고 경진년이라고 한 구체적인 근거는 송서나 다른 역사적 기록에서 명확하게 밝혀지지 않았다. 이는 아마도 중국의 전통적인 천문학과 역법에 대한 하승천 자신의 독창적인 해석에 기반한 것으로 추정된다.

원가력은 송나라를 거쳐 양나라 초기까지 64년간 사용되었다. 백제에서도 송의 원가력을 사용하여 인월을 1년의 시작으로 삼았다.

7. 대명력(大明曆)

남북조 시대 송나라 대명(大明) 6년(462)에 조충지에 의해 대명력이 완성되었다. 1회귀년의 길이를 365.2428일로 정하였는데 이 값은 현대의 측정치에 비해 일 년에 약 0.0006일, 즉 52초 차이가 나는 정도였다. 이 값은 통천력(1199) 이전의 수치 중에서는 가장 정확한 값이었다. 대명력에서는 세차 현상을 역법의 계산에 적용함으로써 역법의 정확성을 높였다. 세차 현상은 진나라 우희에 의해서 발견되었으므로 그후 남북조의 역산가들은 모두 세차의 수치를 실측하였는데, 우희는 50년에 1도를 넘지 않는다고 하였고, 조충지는 100년에 1도라고 하였다. 후에 유작은 75년에 1도의 차이가 있다고 하였다.

조충지는 19년7윤법을 버리고, 391년 144윤의 새로운 치윤법을 도입하여 천상에 더 부합하도록 하였으며, 교점월의 일수를 27.21223일로 측정하였는데, 이 수치는 현대의 27.21222일에 비해 단 1초의 차이가 있을 뿐이다. 목성의 공전주기를 $12 \times 84/85 = 11.858$년으로 측정하였는데, 현대의 측정치인 11.862년에 매우 근접한 수치였다. 조충지 생전에는 대명력이 실시되지 않았으나, 훗날 아들인 조항의 노력으로 양의 천감 9년(510)에 시행되어 80년간 사용되었다. 조충지의 대명력은 중국 역법사에서 '제 2차 대개혁'이라는 평가를 받는다.

남북조 시대에는 북제(北齊)의 장자신이 태양과 행성의 운동에 영축(빠르고 느림) 현상이 있다는 태양과 행성 운동의 불규칙성을 발견하였다.

수, 당, 양 송의 역법(북송: 960~1127, 남송: 1127~1279)

중국 당나라와 송나라 시대에는 너무 많은 개력이 이루어졌는데 이때의 개력은 천문학적 문제들을 개선하기 위한 것이 목적이 아니라 정치적인 이유로 이름만 바꾼 경우가 대부분이었다. 당나라 시대에 290년간 8회의 개력이 있었고, 송나라 약 320년 동안에는 18회의 개력이 있었는데, 송나라 때 이루어졌던 개력에 의한 역법들은 특히 천문학적 발전이 전혀 없었다고 할 수 있다.

1. 개황력(開皇曆), 황극력(皇極曆), 대업력(大業曆)

수나라 고조 양견은 북조를 평정하고 황제가 된 후, 자신의 정통성을 보이기 위해 정삭을 단행하였고, 장빈의 개황력을 채용하였다. 그러나 개황력은 단지 하승천의 원가력을 모방한 역법에 불과하였다.

604년에는 유작에 의해 황극력이 제작되었지만, 실제로 시행되지는 못하였다. 유작은 태양주년시운동의 불규칙성(일행영축)을 적용한 정기법과 하승천의 정삭법을 채용하였다. 또한 676년 동안에 249개의 윤달을 두는 파장법(破章法)과 조충지의 세차법(歲差法)도 채택하였다. 황극력에서는 태양과 달의 운동에 빠름과 느림이 있음을 반영하기 위해서 보간법을 최초로 역법에 적용하였다. 이때 사용한 보간법은 2차 보간법으로, 그래프 등의 자료에서 어떤 값이 고정되지 않고 변동성이 있는 경우, 비슷한 간격을 둔 두 부분의 값을 평균하여 근사값을 정하는 방법이었다. 현대 수학에서 말하는 Gauss 보간법에 해당한다.

수나라의 장위현은 대명력을 참조하여 대업력을 편찬하였는데, 대업(大業) 4년(608)부터 시행되어 짧은 기간 동안 사용되었다.

2. 무인원력(戊寅元曆)

당나라 초기 부인균에 의해 만들어져 무덕(武德) 2년(619)부터 사용되었으며, 중국 역법사에서 '제 3차 대개혁'이라는 평가를 받고 있다. 기본적으로 장위현이 편찬한 대업력의 계산 방법을 사용하였다. 정삭(定朔)을 처음으로 채택하였고 상원기년(上元紀年)을 사용하지 않는 2가지 개혁을 시도하였지만 모두 보수 세력의 방해로 실패하였다. 무덕 9년(626) 최선위가 무인원력을 수정하였으며 상원기년도 회복시켰다. 정삭법은 달의 위상이 역법 상의 날짜와 잘 맞았으므로 일식과 월식의 예보에 큰 도움이 되었지만, 큰 달이 4회 계속되기도 하고 작은 달이 3회 계속되기도 하는 문제점들이 나타났다. 정관(貞觀) 18년(644)에 이르러 다음 해의 역보를 검토한 결과 9월에서 12월까지 모두 4달이 연속해서 큰 달이 드는 것을 발견하고 문제가 되자, 정삭을 다시 평삭으로 고쳤다.

3. 인덕력(麟德曆)

무인원력의 연사대월(連四大月, 4개월이 계속해서 큰 달이 드는 것)로 논란이 일어 정삭법을 평삭법으로 고쳤지만, 인덕(麟德) 2년(665)에 이순풍이 다시 정삭법을 채용하여 새로운 역법인 인덕력을 만들어 고종에게 진상하였다. 인덕력은 수나라 유작의 황극력에 약간의 손질을 가하여 작성되었으며, 건봉 원년(666)부터 개원 16년(728)까지 63년에 걸쳐 사용되었다. 그믐날에 일식이 오는 것을 피하기 위하여 근삭법(近朔法)을 고안하였다. 근삭법이란 합삭(合朔)이 오후 6시 이후에 오면, 다음날을 음력 초하루, 삭(朔)으로 정하는 방법인데, 원나라의 수시력에서 폐지될 때까지 적용되었다. 그리고, 이순풍은 고대로부터 사용해 오던 장부기원법(장법)을 폐지하였다.

삭망월의 길이와 회귀년의 길이는 고대 역법에서 그 근본이 되는 가장 기본적인 수치였으며, 장부기원법의 뼈대에 해당하는 요소라고 할 수 있다. 장부기원법에서는 삭망월과 회귀년의 길이를 서로 독립시키지 않고, 둘 사이를 윤주의 관계식을 이용하여 연결시켰다. 초기에 적용하였던 윤주는 '19년 7윤', 즉, 19년에 7달의 윤달을 추가하는 것이었다.

사분력의 예를 들면, 1삭망월 = (19회귀년)/(19×12+7) = (19×365.25일/ 235 = 29와 (499/940)일이 된다. 따라서 삭망월의 길이는 회귀년의 길이와 윤주의 식을 통해 구할 수 있으며, 반대로 회귀년의 길이는 삭망월의 길이와 윤주의 식을 통하여 구할 수 있었다. 그런데, 실제 삭망월의 길이가 일정하지 않았으므로, 일반적으로 평균 삭망월의 길이를 사용하였다. 또한, 모든 역법에서 사용하는 평균 삭망월의 길이가 서로 달랐기 때문에 윤주로써 정확한 회귀년과 삭망월의 길이를 구하는 데에는 한계가 있었다. 회귀년 길이의 오차로 인해 삭망월의 길이를 정확하게 구할 수 없게 되었을 뿐만 아니라, 삭망월의 길이를 정확히 얻지 못하여 회귀년의 정확도에 영향을 주기도 하였다.

양한 시대를 거쳐 위진 시대까지 19년7윤법이 정식으로 인정되어 사용되었는데, 당시 역법에서 회귀년과 삭망월의 정밀도는 크게 정확하지 않은 수준에 머물러 있었다. 북양의 조비는 역법의 정확성을 위해 가장 먼저 오래된 19년7윤법의 윤주를 버리고 600년 221윤이라는 새로운 윤주를 사용하였다. 그리고, 조충지는 대명력에서 391년 144윤이라는 새로운 윤주를 적용하였다. 한나라부터 송나라에 이르기까지 변경된 윤주를 바탕으로 여러 차례 역원의 변경이 이루어지면서, 기존의 역법들을 서로 동기화시킬 수 있는 방법이 없었다.

그런데, 사실 삭망월과 회귀년 사이에는 간단한 정수 배의 관계식이 결코 성립되지 않을 뿐만 아니라, 삭망월과 회귀년은 모두 독립적으로 측정이 가능한 부분이었다. 그런 이유로 윤주는 그렇게 꼭 필요한 것이 아니었다. 마침내, 이순풍은 새로운 윤주를 구하려 하지 않고 고대로부터 사용해 오던 장부기원법(장법)을 폐지하였으며, 모든 상수의 분모를 1,430으로 통일하여 계산 방법의 일대 혁신을 가져왔다.

4. 대연력(大衍曆), 오기력(五紀曆)

인덕력도 시간이 흐르면서 오차가 많아지자, 조정에서는 양연찬에게 명하여 황도유의라는 관측 기기를 만들어 역을 만드는데 필요한 각종 천문 수치를 관측하게 하였고, 남궁설에게는 전국 각지의 태양의 그림자와 북극 고도를 측정하게 하였고, 각 지역의 식분(蝕分)을 구하였다.

'식분(蝕分)'이란 일식 또는 월식과 관련된 천문 현상을 설명하는 용어로서, '식(蝕)'은 "어두워지다" 또는 "가리다"를 의미하고, '분(分)'은 "분할" 또는 "부분"을 나타낸다. 따라서, 식분은 태양과 달의 두 가지 주요 현상인 일식과 월식을 나타낸다. 그중 일식은 달이 지구와 태양 사이로 들어가 태양을 가리는 현상으로, 달이 태양을 완전히 가리면 일식이 되며, 달이 일부만 가리면 부분 일식, 즉 일식분이라고 하였다. 월식 역시 월식과 월식분으로 구분하였다.

이들이 관측한 천문 자료들을 반영하여 승(僧) 일행은 대연력을 편찬하였다. 개원(開元) 13년(725)부터 일행이 편찬을 시작하였고 개원 15년(727)에 초고가 완성되었지만, 대연력을 완성하지 못한 채 눈을 감았다. 다음 해에 그의 계승자인 중서령 장설과 역관 진현경에 의해 비로소 대연력이 완성되었으며, 개원 17년(729)부터 32년간 사용되었다.

내용에는 평삭망(平朔望)과 평기(平氣)를 포함하여, 태양과 달의 매일의 위치와 운동, 매일 관측한 별자리와 주야 시각, 일식, 월식과 오행성의 위치 등이 담겨 있다. 대연력에서 처음으로 "정기(定氣)"의 개념이 적용되었고, 그것을 바탕으로 태양 운행표가 만들어졌다.

역법에 사용된 많은 수치들은 당시 실제 관측한 값들을 사용하였다. 일행은 장자신이 발견한 일행영축 현상을 정확하게 파악하였을 뿐만 아니라, 보간법까지 적용하였기 때문에 당나라 시대에 존재하였던 어떤 역법들보다 더 정밀하고 앞서는 역법이 되었다.

762년에 일어난 월식 예보가 적중하지 못하자 인덕력과 대연력의 양법을 절충하여 만든 오기력(五紀曆)을 시행하였다.

5. 선명력(宣明曆), 숭현력(崇玄曆)

서묘에 의해 편찬된 선명력은 당에서 목종(穆宗) 장경 2년(822)부터 소종(昭宗)의 경복 원년(893)까지 71년간 시행되었는데, 대연력 이후 가장 훌륭한 역법이라는 평가를 받는다. 선명력은 신당서 역지에 '선명력은 장경 2년(822)의 천정동지(天正冬至: 역원이 되는 해의 동지)를 역원으로 하는데, 이는 상원갑자(上元甲子)의 해로부터 7,070,138년이 되는 해'라고 하였다.

선명력에서 천문 상수는 모두 분(分)의 값으로 나타내고 있다. 선명력에서 1일(日)은 8,400분(分)이라고 하였으므로, 일수를 구하기 위해서는 천문 상수 값을 1일에 해당하는 8,400분으로 나누어 주어야 한다. 선명력에서는 통법(統法)이라 하여 계산시에 이 값을 분모로 사용하였다. 절기의 계산에는 평기법을 사용하였고, 삭의 계산에는 정삭법을 채택하였는데, 일식과 월식의 계산에 있어서 중국 역법 중 최고라는 평가를 받는다.

경복(景福) 2년(893)에는 변강(邊岡)에 의해 숭현력이 저작되어 14년간 시행되었다.

6. 구집력(九執曆)

구집력은 당(唐)나라 때에 번역된 인도의 천문서로, 그리스 천문학의 영향을 받은 역법이다. 구집(九執)이란 인도의 산스크리트(Sanskrit)어 나바그라하(nava-graha)를 의역한 것으로, 나바(nava)는 9라는 뜻이고, 그라하(graha)는 잡는다는 집(執)과 행성이라는 요(曜)의 뜻을 가지고 있다. 고대 인도에서는 일월오성의 일곱 천체 외에도 황도와 백도의 승교점에 나후(羅睺), 강교점에 계도(計都)라는 보이지 않는 두 천체가 있다고 생각하였고, 이 두 천체를 포함한 아홉 천체를 구요(九

曜)라고 하였다. 구집력에서 구집이란 구요를 가리키는 말이다.

나후와 계도를 합쳐서 이은요(二隱曜)라고 하였는데, 나후와 계도는 산스크리트어 라후(Rahu)와 케두(Ketu)를 음역한 것이다. 일식과 월식이 황도와 백도가 교차하는 점인 나후와 계도 근처에서 일어나므로, 인도에서는 이 두 지점에 식(食)을 일으키는 신이 있다고 생각하였다. 즉 천수(天首)라고도 불리던 나후에는 식두신이, 지미(地尾)라고도 불리던 계도에는 식미신이 있다고 생각한 것이다.

구집력에 기록되어 있는 일식과 월식의 계산법은 그 당시까지 중국에서 사용하던 방법과 다른 방식이어서 매우 중요시되었다. 대당개원점경(大唐開元占經)에 실려 있는 구집력은 신당서 역지에 간단하게 소개되어 있을 뿐, 중국에서는 제대로 소개되지 않았다. 구집력은 중국의 다른 역법들과 달리 예외적으로 인도의 수학적 천문학을 다루고 있었기 때문에, 대당개원점경은 당나라 시대에는 대중들에게 개방되지 않았고 그 이후에도 비서(秘書)로서 감추어져 오다가 명나라 말기에 불상 속에서 발견되면서 알려지게 되었다. 이 때문에 아주 소수의 중국 학자들이 구집력을 접할 기회가 있었고, 이 책을 연구한 사람은 오직 청나라의 고관광(1798~1861)과 서유임 뿐이었다고 한다.

7. 숭천력(崇天曆), 점천력(占天曆), 기원력(紀元曆), 통원력(統元曆)

숭천력은 송행고에 의해 제작되어 천성(天聖) 원년(1023)부터 42년간 시행되었다. 북송을 통해 가장 오랫동안 사용된 역법이다. 휘종때의 관천력(觀天曆)이 숭녕(崇寧) 2년 11월의 삭을 잘못 추산하였기 때문에, 요순보가 점천력을 만들어 바로잡았다. 그러나 점천력이 사가에서 만들어지고 고증을 거치지 아니하였으므로 시행할 수 없다고 하여 다시 기원력을 만들도록 명하였다. 요순보에 의해 기원력이 제작되어 숭령(崇寧) 5년에 시행되었다. 세차를 73년에 1도의 차로 계산하였고, 화성과 토성의 두 행성을 계산하는 방법이 비교적 정밀하였다. 남송 초기에는 기원력을 사용하였으나 소흥(紹興) 6년(1136)에 진득일이 제작하여 진상한 통원력을 반포 시행하였다.

8. 통천력(統天曆)

양충보에 의해 만들어졌으며, 송나라 경원(慶元) 5년(1199)에 사용한 역법이다. 통천력은 상원기년을 사용하지 않았고 삭망월의 길이를 29.530594일로 하였고 1회귀년을 365.2425일로 하였다. 통천력에서 적용한 1년의 길이는 지구가 태양을 한 바퀴 도는 실제 주기와 비교해 보았을 때 단지 0.0003일(26초) 많은 값이었으며, 현재 국제적으로 사용하고 있는 그레고리우스력의 1년의 길이와 완전히 일치하는 값이다.

그레고리우스력이 1582년에 로마교황 그레고리우스 13세(Gregorius XIII)에 의해 개정되어 사용되었다는 것을 생각하면, 통천력이 그 값을 적용하여 사용한 시기가 그레고리력보다 383년 빠른 것이 된다. 또한 통천력은 회귀년의 길이가 변화하는 것을 처음으로 역법에 적용하였는데, 이는 천문학 역사상 중요한 발견이었다.

9. 대명력(大明曆), 중수대명력(重修大明曆)

대명력은 기원력을 바탕으로 제작되었던 금나라의 역법으로 1127년 양급에 의해 대명력이 완성되었다. 금나라는 1127년에 있었던 '정강의 변' 때 북송의 수도를 공략하여 그곳에 있었던 역서와 천문 기기들을 모두 약탈하여 가져갔다. 금나라의 학자들은 이 천문 기기들을 사용하여 천문 관측을 하였고, 북송의 기원력을 바탕으로 금나라의 역법을 새롭게 정비하여 양급에 의해 대명력으로 편찬되었다.

중수대명력은 양급의 대명력을 개선하여 1180년에 새롭게 제정한 금나라의 역법으로 조지미에 의해 제작되었다. 두 역법의 일법(日法)이 서로 같고 조지미의 역을 중수대명력이라고 명명한 사실로부터 중수대명력은 양급의 역을 보강한 것으로 여겨지고 있다. 1281년 수시력이 시행되기 전까지 원나라에서 사용되었으며 수시력의 편찬에 많은 영향을 주었다.

10. 경오원력(庚午元曆)

요(遼)의 일족으로 천문 역법에 능했던 야율초재가 1216년에 『서정경오원력(西征庚午元曆)』을 편찬하여 몽골 제국의 징기스칸에게 바쳤는데 이는 사마르칸드에 머물고 있던 징기스칸이 중수대명력에 의한 월식의 예보가 맞지 않자 새로운 역을 제작하도록 명하였기 때문이었다. 경오원력은 중수대명력과 주요 상수와 추산법이 같았지만, 대명력의 일부 오류를 수정하였으며, 특히 징기스칸이 머물고 있던 사마르칸드 지역에 적합하도록 역법을 조정하여 집대성한 것이었다. 이 역법은 원나라에서 매우 짧은 기간 동안 시행되었다. 경오원력의 주목할 만한 점은 이차법(里差法)을 사용하였다는 것이다. 동일한 천문 현상이라도 지방에 따라 그 시각이 같지 않고 시간차가 생기게 되는데, 이 시간 차이를 조정하는 방법을 이차법이라고 한다. 이차(里差)란 곧 경도차를 의미한다.

원(1260~1368), 명(1368~1644)의 역법

1. 수시력(授時曆)

원나라 시대에 편찬되었던 수시력은 중국의 모든 역법 중에서 가장 훌륭한 역법이며, 고대 중국 역법의 정수라고 인정받고 있다. 그 동안 사용하고 있었던 대명력이 너무 오래되어 천체의 운행과 맞지 않아 수많은 오류를 내고 있었기 때문에, 원나라 세조(世祖)는 태사국을 설립하고 태사령 왕순, 곽수경과 허형 등에게 명하여 역관들을 소집하여 역을 제정하도록 하였다. 이에 수시력의 편찬이 지원(至元) 13년(1276)부터 시작되어 1280년(지원 17년) 겨울에 완성되었고 이듬해인 지원 18년(1281)에 반포되었다. '수시'라고 하는 명칭은 "상서(尙書; 서경이라고도 함)"의 요전(堯典)편에 "흠약호천 경수민시(欽若昊天 敬授民時: 하늘을 하늘처럼 공경하며, 백성에게 때를 일러줌)"라는 고어로부터 얻었다.

수시력의 우수성은 정밀한 관측과 새로 고안된 창의적인 계산법에 있다. 수시력이 만들어지기 이전에도 고대 천문학자들은 역법의 기본 원리 자체를 대체적으로 이해하고 있었다. 그러나, 상수의 측정과 역법의 계산 방법 등에서 부족한 면이 많았는데, 수시력에서는 이와 같은 부분들을 크게 개선하였다.

곽수경과 왕순 등은 한나라 이래의 40여 가지의 역법을 분석하고 각 역법의 장점을 취하는 한편 여기에 자신들의 연구 성과들도 추가로 보강하였다. 따라서 천문 상수 중 일부는 기존의 역법으로부터 그대로 차용하였고, 일부는 새로운 상수 값으로 조정하였다.

삭망월과 근점월, 교점월의 상수는 금의 중수 대명력을 따랐고, 오행성에 대한 운행 주기의 상수는 원의 경오원력을 따랐다. 회귀년의 길이와 그 길이의 변화를 고려하여 100년마다 1분을 줄이는 세실소장법(歲實消長法)을 채택한 점과, 적년일법을 폐지한 점은 남송의 통천력을 따랐다.

세실소장법은 세실의 길이, 즉 1회귀년의 길이에 변화가 있음을 계산하는 방법이다. 1회귀년의 길이는 지구가 달과 태양의 기조력을 받아 생기는 조석 마찰로 인해, 지구의 자전 에너지가 감소됨에 따라 지구가 점차 과거보다 느린 속도로 자전하기 때문에 짧아지게 된다.

소장법을 처음 역법에 도입한 것은 남송의 통천력이다. 수시력에서는 1회귀년의 길이를 365.2425일로 정하고, 소장법을 도입하여 1년의 길이가 길어짐과 짧아짐을 100년에 1분으로 하였다. 수시력의 역원인 1281년 이전의 과거에는 매 100년마다 1분씩 세실이 길어지며, 역원 이후에는 매 100년마다 1분씩 짧아지도록 계산하였다.

분수에 의한 표기법을 버리고 만분법(萬分法)에 의한 소수기수법(少數記數法)을 사용한 점은 후진(後晉)의 조원력(調元曆)을 따랐다. 또한 정밀한 관측을 바탕으로 여러 상수들을 수정하였는데, 그중 가장 중요한 점은 역원이 되는 지원 17년의 동지 시각을 새롭게 정확하게 정하였고, 1회귀년의 값을 365.2425일로 정한 것이다.

역법의 정확성은 동지 시각과 1회귀년의 길이를 얼마나 정확하게 측정하는가에 달려 있다. 동지 시각을 정확히 측정하면 회귀년의 길이를 정확하게 측정할 수 있을 뿐만 아니라, 절기의 시각도 정확히 예보할 수 있기 때문이다. 정확한 동지 시점을 측정하기 위해서는 해 그림자의 길이의 변화를 세밀하게 측정해야 했다.

새로운 역법을 만들기 위해서 곽수경 등은 사천대(司天臺)를 건축하였고, 규표(圭表)와 간의(簡儀) 같은 10여 가지 천문 기구를 만들어 대대적으로 천문을 관측하는 작업을 진행하였다. 규표(圭表)란 방위, 절기, 시각 등을 측정하던 천문 관측 기구 중의 하나인데, 곱자(나무나 쇠로 만든 'ㄱ' 자 모양의 직각자)처럼 생겼으며, 해 그림자의 길이의 변화를 측정하여 태양의 시차를 관측하는 기구였다. 수시력을 제작하기 위해 사용한 규표의 높이는 40척(尺)이었으며, 여기에 새롭게 고안된 경부라는 장치를 추가하여 관측의 정밀도를 높였다. 1척은 0.30303m로, 40척은 12미터에 해당한다. 경부(景符)란 태양이 점이 아니고 일정한 크기를 가진 광원이기 때문에 그림자의 상이 선명하게 맺히지 못하여 생기는 관측 상의 오차를 없애기 위해서 고안된 관측 보조 장치였다.

이와 같은 기구를 사용하여 수시력의 제작자들은 정확한 동지 시각을 측정하기 위해서 지원 14년 1277년부터 16년(1279) 동안에 걸쳐 98회에 이르는 태양의 그림자를 관측하였다. 그 결과 수시력의 역원으로 삼은 지원 17년 1280년 11월의 동지 시각은 현대의 측정 방법을 동원하여 구한 결과와 일각의 오차도 없을 정도로 정확하였다. 월식을 이용하거나 별과 태양의 상거도수를 측정하여 동지에서의 태양의 위치가 기수(箕宿) 10도, 황도상 기수 9도 근처에 있음을 관측하였다.

정밀한 관측과 더불어 새로운 계산법도 고안되었다. 태양영축(태양 운행의 빠르고 느림)에 의해 황도 상에서 계속 변하는 태양의 운행 속도를 구하는 계산법과, 월행 지질(달의 운행의 빠르고 느림)에 의해 백도 상에서 계속 변하는 달의 운행 속도를 구하는 계산법을 고안하였다. 황도와 백도 상에서 태양과 달이 부등속으로 운동하는 문제를 해결한 방법은 3차 내삽 공식의 초차법(招差法)이었다. 초차법의 창시는 세계 수학계에서도 그 가치를 인정하고 있다고 한다. 또한 태양의 적위를 구하기 위해서 현대 수학의 구면 삼각법에 해당하는 호시할인원(弧矢割圓術)이라는 방법도 고안하였다.

수시력에서 사용한 천문 상수 중 회귀년의 길이, 삭망월의 길이, 근점월의 길이, 교점월의 길이를 현대에 사용하는 값과 비교하면 다음과 같다.

이 표의 내용처럼 수시력에서 365.2425일을 1회귀년으로 하고 29.530593

	수시력	현대 측정치	오차
회귀년의 길이	365.2425 일	365.2422795 일	2.205×10^{-4} (19.0512초)
삭망월의 길이	29.530593 일	29.53068721 일	5.790×10^{-6} (0.50029 초)
근점월의 길이	27.55460 일	27.55455298 일	4.702×10^{-5} 일(4.06253 초)
교점월의 길이	27.212224 일	27.21222 일	0 일

일을 1삭망월로 하였는데, 그 정확도는 대단히 높았다. 수시력에서 사용한 수치는 실제 지구가 태양을 일주하는 주기와는 약 26초 차이밖에 나지 않을 정도로 정확한 것이었다. 수시력은 중국 역법사에서 '제4차 대거혁'이라는 평가를 받고 있다.

이처럼 수시력에서는 정밀한 관측과 새로 고안된 창의적인 계산법을 바탕으로 모든 상수를 실측에 의한 수치를 사용하였으며, 상원기년을 폐지하고 지원 17년(1280) 11월의 동지 시각을 역원으로 하는 등, 기존 역법에서 사용하던 방법들을 혁신적으로 모두 바꾸었다는 점들이 특기할 만하다.

원나라에 이어 명나라에서 사용한 대통력도 실제 내용이 수시력에 준하는 것으로, 다만 이름만 바꾸고 약간 수정을 했을 뿐이기 때문에 두 역법의 사용 시간을 합하여 계산하면 모두 364년이 되므로, 수시력은 중국 역사상 가장 오래 사용된 역법에 해당한다. 우리나라에서는 고려 충선왕(1275~1325)때 최성지가 도입하여 시행하였는데, 1442년에 이르러서는 수시력과 대통력을 참고하여 칠정산내편(七政算內篇)을 편찬하면서 완전한 이해가 가능해졌고, 1653년 시헌력으로 바꿀 때까지 사용하였다.

2. 대통력(大統曆)

명나라 건국 초에 태사원사(太史院使) 유기가 무신 대통력을 만들었고, 1370년에는 대통민력이 나왔지만, 이는 모두 원나라의 수시력을 근본으로 한 것이다. 1384년에 누각박사 원통이 수시력에 약간의 수정을 더하고, 그 해를 역의 기원으로 한 대통력법통궤(大統曆法統軌)를 만들었다. 우리나라에는 고려 말기에 전해져 1653년(효종 4년) 시헌력을 쓸 때까지 통용되었다.

3. 회회력(回回曆)

회회력이란 순 태음력에 바탕을 둔 전통 이슬람 역법에 프톨레마이오스의 알마게스트 이론을 접목한 중세 이슬람 역법으로, 한자어로 회회력이란 이슬람 역법이라는 뜻이다. 명나라 홍무 원년(1368)에 이르렀을 무렵에 회회사 천감을 설치하였으며, 홍무(洪武) 15년(1382)에는 이충, 오백종에게 명하여 서역의 아라비아역을 번역하게 하였다. 그렇지만, 그 실제의 번역과 편찬은 아라비아 천문학자인 마사역흑(馬沙亦黑, Mashayihei)의 손에 의해 홍무 17년(1384)에 이루어졌으며, 이렇게 편찬된 역법을 회회력(回回曆)이라고 한다.

일식과 월식의 추산법에서 기하학적인 모형과 삼각 함수를 이용하였는데, 수시력보다 수학적으로 훨씬 앞섰으며 우수했다. 회회력의 계산 방법은 근본적으로 재래의 중국 역법과 다른 것이 많았으며 기하학적인 방법과 방대한 관측 자료에 의한 것이 특징이다. 우리나라에서는 1444년 이순지, 김담 등이 칠정산외편을 편찬하면서 회회력이 도입되었다.

4. 숭정역서(崇禎曆書)

명나라 천문역법의 총서이다. 명나라 말 예수회 선교사가 중국에 들어온 후, 서양의 역법이 중국에 들어 왔다. 서광계 등이 서양 역법을 배우고 역법 제정을 주도하였으나 서광계가 완성 이전에 사망하였고, 이를 이어받아 이천경이 숭정 7년(1634)에 완성하였다. 모두 137권으로 되어 있다.

(1) 법원 : 천문학 이론

(2) 법수 : 천문표

(3) 법산 : 천문학 계산에 꼭 필요한 수학 지식(주로 삼각법과 기하학)

(4) 법기 : 천문 기기에 대한 지식

(5) 회통 : 각종 도량 단위의 환산표이다.

이 역법의 주요 특징은 제곡(第谷, 티코 브라헤 Tycho Brahe)의 우주 체계를 사용한 점이다. 참고로, 제곡(티코 브라헤)의 우주 체계에 대해서 설명을 추가하기로 하겠다. 16세기 천문학자 티코 브라헤가 제안했던 이 우주 모델은 코페르니쿠스의 태양 중심설과 프톨레마이오스의 지구 중심설 사이의 중간적인 입장을 보여준다. 티코의 모델에서는 지구가 우주의 중심에 위치하고 있으며, 태양이 지구 주위를 돈다고 설정하고 있다. 그렇지만, 지구를 제외한 다른 모든 행성들은 태양 주위를 돈다고 하였다. 이는 모든 행성이 태양 주위를 돈다고 한 코페르니쿠스의 모델과는 같지 않은 것으로, 티코의 모델은 중세 유럽의 종교적, 철학적 전통에 더 부합했으며, 지구가 우주의 중심에 있다는 기존의 믿음을 유지하려는 시도라 할 수 있다.

이 모델은 당시 관측 기술의 한계로 인해 코페르니쿠스의 이론을 완전히 받아들이기 어려웠던 시대적 상황 속에서 나온 타협안이었다. 하지만, 티코의 천체 관측 데이터는 후에 요하네스 케플러에 의해 분석되어 태양 중심설을 뒷받침하는 중요한 근거가 되었다. 티코의 우주 모델은 코페르니쿠스 모델과 갈릴레오 갈릴레이의 발견에 의해 점차 대체되었으며, 현대 천문학에서는 더 이상 사용되지 않고 있다. 그러나 이 모델은 과학사에서 중요한 전환점으로 여겨지며, 과학이 이데올로기와 상호 작용하면서 발전해나가는 과정을 잘 보여 주는 사례로 평가된다.

숭정역서에서는 지리 개념을 인용하여 경도와 위도의 개념 및 이와 관련된 측정 계산 방법을 사용하였다. 그리고 기하학과 구면 및 평면삼각법을 사용하였다. 황도좌표계를 채용하여 적도부터 계산한 90도 의도제와 12차 계통의 경도제를 사용하였다. 역법 상에서 철저하게 정삭, 정기를 사용하여 2번의 동지 사이에 있는 13개월 중 중기가 없는 해의 달을 윤달로 하였다.

역서가 완성된 직후 명나라가 멸망하였기 때문에 정식 역법으로 사용되지 못했다. 청나라 초기인 1628년 탕약망(湯若望, Adam Shall)에 의해 103권으로 요약되었고, 이름 또한 서양신법역서(西洋新法曆書)로 바뀌었다.

청나라(1616~1912)의 역법

1. 시헌력(時憲曆)
청대(淸代)에 사용한 역법이다. 명나라 숭정(崇禎) 1년(1644) 5월 청나라 군대가 북경을 점령하면서 명나라는 멸망하고 말았다. 독일 예수회 선교사인 탕약망은 1644년 11월 흠천감의 감정에 임명되었고, 서광계 등이 편저한 숭정역서를 입수한 후 일부 수정을 거쳐 103권으로 압축한 역법을 만들어 청나라 정부에 바쳤다. 청나라에서는 이를 사용하기로 결정하고 서양신법역서라고 불렀다. 그리고 이를 근거로 하여 만든 일용 역서를 시헌력이라고 불러 청나라 세조 순치(順治) 2년(1645)에 시행하였다.

시헌력의 전반적인 체제는 중국의 역법을 따랐고, 여기에 코페르니쿠스의 체계가 아닌 티코 브라헤의 지구 중심 우주 체계를 채택하였다. 시헌력에서는 평기법을 버리고 정기법에 의한 24절기를 채택하였다. 시헌력은 순치 원년(1644)에 시행하여 건륭 6년(1741)까지 시행되었다.

2. 역상고성(曆象考成)

서양신법역서(西洋新法曆書)가 세월이 흘러 오차가 자주 생기자, 청나라 강희 황제의 칙명에 의해 하국종과 매각성에 의해 1721년 새롭게 편찬한 천문 역산서가 역상고성이다. 주로 티코브라헤(Tycho Brahe)의 천문학에 기초하면서 서양신법역서의 단점을 보완하였다. 갑자를 역원으로 하였기 때문에 갑자원력(甲子元曆)이라고도 부른다. 이 역법은 다시 서양인 선교사 대진현(戴進賢)에 의해서 역상고성후편(曆象考成後編)으로 개정되었다.

3. 역상고성후편(曆象考成後)

옹정제(雍正帝) 8년(1730) 6월 역의 오차가 1분이 되었다. 이에 옹정제는 예수회 선교사 대진현(戴進賢, 쾨글러Igatius Kogler) 등으로 하여금 역상고성을 수정하게 하여 일월교식을 추산하게 하였다. 대진현은 케플러(Johannes Kepler)의 타원궤도설과 카시니(Cassini, 중국명은 喝西尼)의 관측치와 관측법을 도입하여 1742년에 시헌력을 중수한 역상고성후편을 편찬하였다. 이 역법은 옹정 계묘년(1723)을 역원으로 하였으므로, 계묘원력(癸卯元曆)이라고도 부르는데, 뉴턴이 개정한 세실을 채용하였으며, 지구 중심설의 타원 운동 법칙과 면적의 법칙을 적용하였다. 이 계묘원력은 청조가 망하는 1911년까지 170년 동안 사용되었다. 보통 역상고성 전편의 계산법을 신법(新法) 또는 매법(梅法)이라 부르며, 후편의 계산법을 구법(舊法), 대법(戴法) 또는 갈법(噶法)이라 부른다.

이상으로 중국 고대의 황제력으로부터 시작하여, 청나라가 멸망한 1911년까지 사용되었던 역성고성후편까지 중국에서 사용되었던 역법들에 대해 대략적으로 고찰해 보았다.

중국은 쑨원이 중화민국을 세운 1912년 1월 1일부터 태양력인 그레고리우스력을 받아들여 현재까지 공식 달력으로 사용하고 있다.

18
우리나라의 역법

 삼국 시대까지 거슬러 올라가 보면, 오랫동안 우리 민족은 중국의 태음태양력을 도입하여 사용해 왔다는 것을 알 수 있다. 그로부터 조선 시대에 들어서면서 세종대왕은 중국의 역법을 도입하였지만 조선의 실정에 맞게 수정하여 『칠정산내편』을 편찬하였으며, 1653년에 이르러서는 시헌력을 도입하여 사용하였다. 이후 1895년에 고종이 칙령을 내려 전격적으로 그레고리우스력인 태양력을 채택하여 사용하였다.

 이제 우리 민족이 사용했던 역법들에 대해 각 시대별로 구분하여 좀 더 자세하게 고찰해 보기로 하겠다.

삼국 시대의 역

 신라, 고구려, 백제의 건국은 대체로 기원전 1세기경으로 중국에서는 한나라 시대에 해당하며, 서양에서는 로마가 율리우스력을 사용하던 시기였다. 백제는 3세기 이후 일본에 한자를 전하고 불교를 전해주는 등 일본 고대 문화에 기여하였는데, 특히, 554년 위덕왕 때에는 일본의 요청에 의해 역박사(曆博士)를 파견하였고, 602년 무왕 3년에는 관륵(觀勒)이 역본(曆本)과 천문지리서를 일본에 보냈다는 내용이 삼국사기와 일본서기에 기록되어 있다.

일본 기록에 의하면 일본은 604년부터 원가력을 사용하였다. 원가력은 445년 송나라에서 채택되어 64년간 계속 사용되었던 역법으로, 후주서(後周書)와 수서(隋書)에 백제에서 원가력을 사용하였다는 기록이 전해지므로, 백제에서도 같은 시기에 그 역법을 채택하여 200여 년간 사용하였다고 여겨진다. 원가력은 평삭법과 평기법을 적용하였고, 19년7윤법을 채택하였다. 1972년 7월에 공주에서 발굴된 무령왕능의 지석(誌石; 죽은 사람의 이름, 행적 등을 적어 무덤 앞에 놓는 돌)에는 원가력에 따른 역일이 기록되어 있다.

고구려에서 무슨 역법이 사용되었는지는 알기 어렵다. 자치통감(資治通鑑)에 의하면, 624년에 고구려 왕이 중국에 사신을 보내 역서를 가져갔다는 기록이 있다. 당나라에서는 이미 619년에 브인균이 무인력을 지어서 고조에게 바쳤으며, 그 뒤 665년 인덕 2년에 인덕력이 채택되었다. 그러므로 고구려에 들어온 역은 무인력일 가능성이 크다. 이 역에서는 정삭법을 처음으로 채택하였다.

신라는 건국 초기부터 역법을 사용하였다고 삼국사기에 기록되어 있지만, 어떤 역법을 사용하였는지에 대해서는 전해지지 않고 있으며, 당나라에서 만든 원가력과 대연력을 사용했을 것으로 추정된다.

통일 신라 시대의 역

통일 신라 시대인 문무왕 14년인 674년에 대나마 복덕(福德)이 당나라에 들어가 역술을 배워 왔다는 기록이 있다. 그해는 인덕력이 반포된 지 9년 후이므로 이때 들어온 역은 인덕력일 것으로 여겨진다. 7세기 후반부터 10세기 초에 이르는 약 250년간의 통일신라시대에 중국에서는 선명력, 인덕력 등 7종의 역이 번갈아 사용되었는데, 그중 선명력은 822년부터 71년간 당나라에서 사용되었다. 당시 신라는 당나라에 사신을 자주 보내는 등 국교가 빈번했던 시기였으므로, 830년 경에는 신라에서도 선명력이 사용되었을 가능성이 있다. 선명력은 중국에서 822년 이래 71년간이나 사용되었으며, 한반도에서는 신라에 이어 고려의 충선왕에 이르기까지 대략 500년간 채택되었다.

고려의 역

고려에서는 태조 이래 당나라의 선명력을 이어받아 사용하였다. 선명력은 822년부터 중국에서 채택한 것으로 거의 수백 년이나 지난 역법이었으므로, 당나라에서는 이미 여러 차례 개력이 이루어진 상태였다. 그럼에도 불구하고 고려에서는 여전히 선명력을 계속 사용하던 중이었다. 그러던 차에 1281년, 충렬왕 7년 원나라 사신 왕통이 수시력을 가져와 이 역법을 소개하였는데, 그 당시 고려의 역관들은 역법의 원리와 사용법을 잘 이해하지 못했기 때문에 새로운 이 역법을 곧바로 적용할 수 없었다.

그후 1309년, 충선왕 1년에 최성지가 왕을 따라 원나라에 들어가서 수시력을 구하여 연구하였다. 그렇지만 수시력의 모든 원리를 완전히 이해하지 못했기 때문에, 일식과 월식의 계산에는 수시력을 적용하지 못하고, 수시력을 도입하기 전에 사용해 왔던 선명력에 의지할 수밖에 없었다.

일식과 월식은 매우 복잡한 천문학적 현상이었으므로 체계적인 천문학적 지식뿐만 아니라 고도의 수학적인 계산을 필요로 하였다. 특히, 수학적 계산법으로 개방술(開方術)을 필요로 하였는데, 이 방법은 제곱근이나 세제곱근을 구하는 고차방정식(高次方程式)으로서, 당시에 쉽게 이해할 수 없는 대단히 어려운 계산법이었다. 고려에서는 아직 이러한 수학을 이해하고 적용할 수 없었기 때문에 어쩔 수 없이 정확도는 떨어지지만 예전부터 익숙한 선명력의 계산법을 사용할 수밖에 없었던 것이다. 이로 인해 일식과 월식의 예보는 고려 말까지 정확할 수 없었고, 부정확한 예측으로 인해 천문관들이 많은 곤란을 겪었다.

고려 시대에는 내부적으로 새로운 역을 제정하였다고 알려져 있다. 이미 1052년, 문종 6년에 태사 김성택에게 명하여 십정력(十精曆)을 만들게 하였고, 이인현에게는 칠요력(七曜曆)을, 한우행에게는 견행력(見行曆)을, 양원호에게는 둔갑력(遁甲曆)을, 김정에게는 태일력(太一曆)을 만들게 하였으나, 이들의 역이 어떤 것이었는지는 알 수 없다. 이 시기에 고려에서는 선명력을 사용하였던 것으로 알려져 있으며, 위의 5종 역법이 공식적으로 시행되었다는 기록은 없다. 아마도 이 역들은 역법의 기본 원리에 근거하여 제작된 역법의 범주에 속하는 역법이 아니고, 지금의 천세력(千歲曆)이나 칠정력(七政曆)과 유사한 성격의 역서일 것으로 추정된다.

조선 초의 역 : 칠정산내·외편

고려 말 이후 조선 시대에 걸쳐 주로 쓰인 역은 대통력이었다. 1370년 고려 말기에 사신으로 갔던 성준득이 대통력을 가져와서 실시하였으며, 이후에도 해마다 명나라에서 역서를 가져왔다. 그러나 수시력은 우리나라의 실정에 맞지 않았다.

명나라에서 대통력이 반포된 것은 1368년으로, 이 역은 이름만 다를 뿐 수시력을 대부분 반영한 역법이다. 대통력은 1384년, 명나라의 원통이 새로운 역법을 제정해야 할 것을 주장하며 새롭게 제정한 역법이었지만, 근본적인 개혁은 없었으며 단지 홍무 17년을 역원으로 고치고, 1년 태양년의 길이가 불변한다는 규칙을 도입하였을 뿐이다. 그러므로 수시력은 대통력 시대까지 포함하여 중국에서는 1280년부터 368년간이나 계속 사용된 역법이었다.

조선의 개국과 더불어 국가에서는 천문학을 빌어 왕조의 정당성을 확보하려는 노력을 기울였으며, 정확한 역법을 확보하는 것도 그중의 한 방편이었다. 조선에서는 역법의 정확도를 높이기 위해 고려 말에 들어온 수시력과, 그전부터 사용해 왔던 선명력, 그리고 고려 말에 다시 명나라에서 들어온 대통력까지 함께 사용하였으나, 역법 지식은 여전히 고려 말의 수준을 넘어서지 못하였다. 역법이란 하루

아침에 그 수준이 높아질 수 없는 매우 복잡하고 정밀한 과학이었기 때문이다.

이처럼 조선 건국 이후에도 세종 즉위 이전까지는 역법 연구는 활발하게 이루어지지 못하였지만, 세종은 즉위 직후부터 천문학 연구와 역서 편찬에 많은 공을 기울였다. 영관상감사(領觀象監事) 유정현(柳廷顯)의 제안으로 역법을 교정하는 일이 본격적으로 시작되었다. 1433년(세종 15) 세종은 신하들에게 명나라의 대통력을 연구해서 역법의 원리를 완전히 이해하도록 촉구하였다. 당시 역법 연구에서 주도적인 활동을 한 사람은 이순지(李純之, 1406~1465)와 김담(金淡, 1416~1464)이었다. 이들은 먼저 명나라의 대통력을 연구하여 그 결과로 『대통력일통궤(大統曆日通軌)』, 『태양통궤(太陽通軌)』, 『태음통궤(太陰通軌)』, 『교식통궤(交食通軌)』, 『오성통궤(五星通軌)』, 『사여전도통궤(四餘纏度通軌)』 등을 편찬하였다. 이들 책들은 『칠정산내편』을 완성하기 위한 전초 단계의 역법 이론을 망라한 것으로, 세종 때의 천문학자들이 중국의 역법 지식을 완전히 파악하였음을 보여 주는 증거라 할 수 있다. 이후 실제 천문 관측과 더불어 정흠지(鄭欽之), 정초(鄭招), 정인지(鄭麟趾) 등을 중심으로 역법의 원리에 대한 이론적인 연구가 이루어졌다. 이와 같은 노력을 통해 수시력과 대통력에 대한 완전한 이해가 가능해짐으로써, 마침내 조선의 경위도에 맞는 새로운 역법을 고안해 낼 수 있는 역법 역량을 갖추게 되었다. 그리고 1444년(세종 26) 『칠정산내편』과 『칠정산외편』 두 책의 간행으로 그 결실을 보았다. 『칠정산내·외편』은 『세종실록』 권 156~163에 그 내용이 실려 있으며, 『칠정산내편』과 『칠정산외편』이 각기 독립된 형태의 서적으로도 간행되었다.

칠정산이 완벽한 모습으로 완성된 조선의 역법이라는 것은 1447년(세종 29) 정묘년에 일어난 일식을 실제로 계산한 『정묘년교식가령(丁卯年交食假令)』에서 확인할 수 있다. 이 책은 이론적으로 정립된 칠정산을 실제 일식과 월식의 계산에 적용하여 정확성을 확인한 계산 예를 싣고 있다. 역법 연구를 통해 축적한 지식이 실제 천체 현상에서도 잘 들어맞는지 직접 확인한 것이다. 이후 칠정산은 서운관 관리를 뽑는 과거 시험 과목에 포함되었고, 관리가 된 후에도 수시로 치러지는 인사고과 시험에 필수 과목이 되었다.

1432년(세종 14)에 장영실(蔣英實) 등은 정밀한 천문 관측 기구인 간의를 제작하였고, 천문학자들은 한양의 북극 고도(北極高度, 위도)를 측정하였다. 원래 수시력, 대통력, 회회력(回回曆)에서 정한 해가 뜨고 지는 시각과 밤낮의 길이는 각각 중국의 경위도에 따른 것이었으므로 한양을 기준과는 당연히 차이가 났다. 조선을 기준으로 한 정확한 달력을 얻으려면 한양에서 매일 해가 뜨고 지는 시각과 밤낮의 길이를 측정하여 이를 표준으로 삼아야 하였는데, 칠정산에서 사용하는 수치는 모두 한양의 위도를 기준으로 하였으므로 역법의 정확도가 눈에 띄게 향상되었다.

『칠정산』이 완성되기까지 이처럼 20여 년간의 천문학에 대한 집중 연구가 행해졌는데, 『칠정산내·외편』의 간행은 중국 역법을 단순히 수용하는 것에서 벗어나 조선의 실정에 맞게 개선하고 독자적인 역법을 구축하였다는 점에서 대단히 그 의의가 크다. 그러므로 이 책은 조선의 천문학 지식이 체계적이고 완성도가 높았음을 보여 주는 역사적으로도 중요한 문헌이라 할 수 있다.

『칠정산내편』이라는 제목에서 '칠정(七政)'이란 일곱 천체, 즉 태양, 달, 오행성을 가리키고, '산(算)'은 계산한다는 뜻이다. 그러므로, '칠정산'은 태양, 달, 오행성의 위치를 계산하는 방법이라는 의미를 가지고 있다. 그리고, "내편"이라는 용어는 '내다' 즉 '계산하다'라는 의미의 고유한 한국어와 '편' 즉 '책'이라는 의미의 한자어가 결합된 것으로, '계산서' 또는 '계산책'이라는 의미를 가지고 있다. 따라서 "칠정산 내편"은 일곱 정성의 운동을 계산하기 위한 방법과 과정을 담은 책이나 문서라고 정의할 수 있다.

『칠정산내편』

원나라의 수시력은 중국의 북경을 기준으로 하였기 때문에, 조선의 실정에는 맞지 않는 역법이었다. 이에 반해 『칠정산내편』에서는 원나라의 수시력과 명나라의 『태음통궤』 및 『태양통궤』를 참고하여 수시력의 원리와 방법을 이해하기 쉽게 설명하면서 조선의 수도 한양을 기준으로 하여 '칠정'의 운행을 설명하였다. 이 과정에는 천체의 운동을 계산하고 천체 현상을 예측하는 방법들이 모두 망라되어 있다. 즉, 태양의 운동을 계산하는 방법과, 달의 운동을 계산하는 방법, 그리고 태양과 달의 운동의 계산을 근거로 연월일시를 정해 달력을 만드는 방법, 일식과 월식을 계산하는 방법, 오행성의 운동을 계산하는 법, 네 개의 가상 천체인 사여성(四餘星 : 紫氣星·月孛星·羅候星·計都星)의 운동을 계산하는 법 등이 모두 서술되어 있다.

칠정산 내편은 이처럼 조선의 실정에 맞는 칠정의 운행을 기반으로 하여 천체의 위치를 예측하여 달력을 제작하는데 사용되었으며, 조선의 자연 환경에 적합한 날짜와 절기를 파악하여 농업 생산성을 증진시키고자 힘썼다. 그리고 일식·월식과 같은 천문 현상과, 해와 달, 수성, 화성, 목성, 토성, 금성의 운행을 예측하여 이러한 천문 현상에 대비하고자 하였다. 뿐만 아니라 칠정산 내편은 한양의 일출 및 일몰 시각 등을 계산하는데 사용되었으므로, 조선 시대 천문학과 역법에서 대단히 중요한 부분을 차지하는 계산법이 되었다.

칠정산은 대통력을 기본으로 한 전통의 역법인 『칠정산내편』과 회회력을 기본으로 한 『칠정산외편』의 두 부분으로 구성되어 있다. 따라서 칠정산이라고 하면 『칠정산내편』과 『칠정산외편』을 아울러 부르는 것이다. 『칠정산내외편』이 완성된 후 조선에서는 『칠정산내편』으로 달력을 만드는 역 계산과 교식(交食)을 계산하는 기본 작업을 하였고, 『칠정산외편』으로 내편의 일식과 월식 계산을 확인하고 보조하였다.

그러므로, 『칠정산외편(七政算外篇)』 역시 매우 중요한 의미를 가지고 있다. 『칠정산외편』은 전통적인 중국식 역법이 아니라 서역(西域)의 천문학을 담고 있다. 원나라나 명나라에서는 아랍의 역법인 회회력을 도입해서 수시력이나 대통력의 계산을 보조하는 데 사용하였다. 즉, 고대 그리스의 천문학자 프톨레마이오스

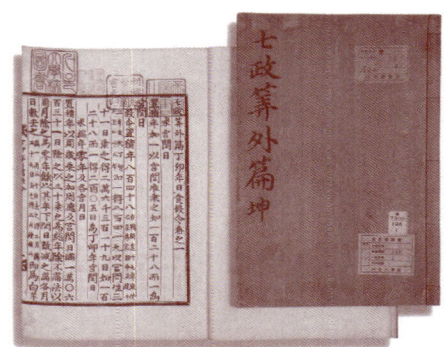

『칠정산외편』

(Ptolemaeus)의 이론에 기초한 서양 천문학이 이슬람권에서 더욱 발전되었는데, 이 역법을 중국을 통해 조선에서 수용한 것이다. 『칠정산외편』에는 이 회회력의 원리를 활용하여 날짜, 24절기, 한양의 일출과 일몰 시각 등을 구하는 방법들이 기술되어 있는데, 회회력은 특히 일식과 월식 계산에 있어서 매우 정밀한 장점을 가지고 있었다. 이순지와 김담은 한양의 위도에 맞춘 수치를 적용하여 회회력의 방법을 총정리해서 『칠정산외편』을 완성하였다.

따라서 칠정의 계산 방식이나 수치도 『칠정산내편』과는 다르다. 대표적인 하나의 예를 들자면, 『칠정산내편』에서 1년의 길이는 365일 2425분이라 하였지만, 『칠정산외편』에서 이순지는 365일 5시 48분 45초로 계산하였는데, 이 값은 오늘날 1년을 365일 5시 48분 45초로 계산한 값과 정확히 일치한다. 오늘날 1년의 평균 길이는 1태양년을 기준으로 삼고 있는데, 1태양년은 지구가 태양 주위를 한 바퀴 돌아 같은 천문학적 위치(예를 들어, 춘분점)로 돌아오는 데 걸리는 평균 시간을 나타낸다. 오늘날 천문학에서 이 1태양년의 길이는 약 365.24219일이며, 365일 5시간 48분 45초에 해당한다.

『칠정산』은 우리나라 최초의 역법 서적이다. 세종대왕은 약 20여 년에 걸쳐 중국의 천문학과 산학(算學) 등을 연구하고 각종 천문의기(天文儀器)를 제작을 바탕으로 천문 관측을 병행한 결과 측정 결과와 일치하는 역법을 만든 것이다. 이는 중국과 이슬람의 선진 천문 지식을 조선에서 융합하고 발전시키는 계기가 되었다. 칠정산이 완성된 후, 조선은 청나라에서 서양의 역법에 기초해서 만든 시헌력을

1654년(효종 5)에 새롭게 채택할 때까지 기본 역법으로 사용하였다.

시헌력을 채택하였을 때에도 이를 이해하고 습득하기까지 상당한 시일이 소요되기는 하였지만, 결국 1700년대 초반에는 시헌력도 완전히 습득해서 우리 실정에 맞게 사용할 수 있게 되었는데, 여기에는 칠정산을 만들고 적용해 온 경험이 그 밑 바탕에 자리하고 있었기 때문이다. 효종 때 시헌력으로 개력이 이루어진 이후에도 칠정산은 여전히 중요한 역법으로 사용되어, 천문 계산을 할 때에는 시헌력으로 기본적인 계산을 하였지만 칠정산을 사용해서 항상 검산하는 것을 원칙으로 삼았다. 칠정산은 조선 후기까지도 지속적으로 활용되었는데, 칠정산이 우리 위도에 기준을 둔 우리의 역법이었기 때문이다.

『칠정산내편』의 내용은 전체가 3권 3책으로 되어 있으며, 권두에 여러 천문상수(天文常數), 즉 천행제율(天行諸率)·일행제율(日行諸率)·일월식(日月食)의 여러 상수가 실려 있고, 다음에 역일(曆日)·태양·태음·중성(中星)·교식(交食)·오성(五星)·사여성(四餘星)의 7개의 제목으로 이루어져 있다. 권말에는 한양을 기준으로 한 이지(二至), 즉 동지(冬至)와 하지(夏至) 후의 일출몰(日出沒) 시각과 밤낮의 길이를 나타낸 표가 실려 있다. 일월오성의 운행까지 다룬 것으로 보면 이 역서는 단순한 달력이 아니라 오늘날의 천체력(天體曆)의 범주에 속하는 역법이라는 것을 알 수 있다.

일행제율의 항은 다음과 같다.

세주(歲周, 1년의 길이)는 365일 2,425분
1일＝10,000분(分)＝100각(刻)
1각(刻)＝100분(分)

십진법(十進法) 형식으로 각(刻)과 분(分)을 나타내고 있는데, 이를 변환하면 1년의 길이는 그레고리우스 태양력의 1태양년과 같은 365.2425일이고, 1분은 현행 8.64초와 같다는 것을 알 수 있다.

서양 역법과 다른 점은 하늘의 1 공전 주기인 주천도(周天度), 즉 원주의 각도를

360°가 아니고 365°25′75″이라고 한 점인데, 이것은 태양이 하늘을 한 바퀴 도는 일수를 그대로 도(度)·분(分)·초(秒)로 나타낸 것으로, 각 도에서도 십진법으로, 1도=100분, 1분=100초로 정한 것에서 기인한 것이다. 그러므로, 여기에서의 1도는 오늘날 우리가 사용하는 표준 각도 상에서는 0.9756°에 해당한다.

사여성이란 실제로 존재하는 별이 아니다. 이들은 어느 특정한 위치의 규칙적인 변동, 또는 규칙적으로 운행한다고 본 가상적인 천체의 이동을 생각하여, 마치 별의 운행처럼 보고 이를 점술가들이 사용한 것이다. 사여성은 자기(紫氣)·월패(月孛)·나후(羅睺)·계도(計都)의 이름을 가지고 있다.

이중 나후와 계도는 태양이나 달과는 반대로 돌고 있으며, 이 둘은 본래 중국에서는 언급되지 않았던 별로서, 인도에서 온 범어(梵語)의 라후(Rahu)와 케두(Ketu)에서 유래한 것이다. 중국에서는 이 둘을 보이지 않는 별(二隱星)이라고 하여 나계(羅計)로 총칭하였는데, 일월오성을 칠요(七曜)라 하였고, 여기에 나계 둘을 합하여 구요(九曜)라 하였으며, 다시 자기와 월패까지 더하여 십일요(十一曜)라고 불렀다.

조선의 역: 시헌력의 도입

대통역법으로는 일월식의 추산이 맞지 않는다 하여, 15세기 말부터 중국에서 개력에 대한 여론이 대두되던 가운데, 1600년 리치(Ricci, M.)의 북경 주재가 허락되면서 선교사를 통해 서양 역법이 중국에 전해지게 되었다.

독일 예수회 선교사인 탕약망은 1644년 11월 흠천감의 감정에 임명되었고, 서광계 등이 편저한 숭정역서를 입수한 후 일부 수정을 거쳐 압축한 역법을 만들어 청나라 정부에 바쳤다. 청나라에서는 이를 사용하기로 결정하고 서양신법역서라고 불렀다. 그리고 이를 근거로 하여 만든 일용 역서를 시헌력이라는 이름으로 시행하였다. 시헌력의 전반적인 체제는 중국의 역법을 따랐으며, 여기에 코페르니쿠스의 체계가 아닌 티코 브라헤의 지구 중심 우주 체계를 채택하였다. 시헌력에서는 평기법을 버리고 정기법에 의한 24절기를 채택하였다. 1644년, 인조 22년에 우리나라의 김육은 북경에서 시헌력이 실시되고 있다는 소식을 듣고 그 법을 배우기 위해 1646년에 사신으로 연경에 들어갔다. 그곳에서 샬(Shall, A., 湯若望)에게 시헌력에 대해 배우려 하였으나 잘 가르쳐 주지 않아 책만 사서 돌아올 수밖에 없었으며, 그 책을 바탕으로 관상감관인 김상범 등에게 연구하도록 하였다.

그렇지만 완전한 이해가 어려웠으므로, 1651년, 효종 2년에 다시 중국에 들어가 흠천감(欽天監)에게 뇌물을 주고 새 역법을 배워 오게 하였다. 그 결과, 마침내 효종 4년부터 시헌력을 사용하게 되었다. 시헌력은 서양식 계산법을 썼으며, 1태양년의 길이를 365.2422일 로 정하여 지금까지의 모든 역에서 쓰던 값보다 더 정확한 값을 사용하였다.

조선 말 이후의 역: 태양력의 채택

조선 말기까지 쓰였던 시헌력은 서양에서 들어온 역법이기는 하지만, 태양역법이 아니고 태음태양역법이다. 이 시기에는 러시아와 중국을 제외한 여러 나라가 태양력인 그레고리우스력을 사용하고 있을 때였다. 시헌력을 계속 쓰고 있을 수 없을 만큼 조선 주위의 국제 정세가 급변했던 시기였다.

1876년, 고종 13년에는 한일 수호 조약을 체결하여 일본과의 왕래가 잦아졌고, 1882년에는 미국과 조약을 맺었으며, 다음 해에는 영국, 독일과도 조약을 체결하였다. 그리고 러시아, 벨기에에 이어, 1884년에는 프랑스와 조약을 체결하였다. 그리고, 1879년에는 원산항, 1883년에는 부산항을 개항하여 외국의 선박이 드나들게 되었다.

마침내 고종 황제는 조칙을 통해 개국 504년 11월 17일(음력)을 1896년(고종 33, 개국 505년) 1월 1일로 정하고, 이날부터 태양력을 채택하게 하고 연호를 건양이라 하였다. 태양력에 관한 조칙이 내려지면서 당시의 관청과 궁중에서는 모두 태양력을 사용하였다. 그런데 궁중에서는 선왕에 대한 삭망제와 탄신 축하에 대해서는 불편한 점이 있었는지, 1년도 안 되어 이들 행사에는 다시 시헌력을 따르기로 하였다.

우리 민족 역서의 자취

역서(曆書)란 1년 12개월의 날짜와 요일을 기록해 놓은 달력을 말한다. 조선 시대에는 역서가 책력(冊曆), 일과(日課), 역이라는 명칭으로도 사용되었는데, 이 가운데 역서라는 명칭이 가장 대표적으로 사용되었다. 책력은 책의 형태를 띤 역을 지칭하며, 일과는 역일(曆日) 아래에 역주(曆註)가 있어 날짜에 따른 일상의 의(宜), 불의(不宜)를 살펴볼 수 있는 역을 의미한다.

'의'와 '불의'란 특정한 날짜나 시간에 어떤 일을 하는 것이 적절하거나 적절하지 않은지를 나타내는데 사용된다. '의'는 어떤 일이나 활동이 특정한 시간이나 날짜에 적절하다는 의미로, 그때의 환경이나 조건에 맞게 그 일을 해야 한다는 뜻으로 사용된다. 이에 반해, 불의는 어떤 일이나 활동이 특정한 시간이나 날짜에 적절하지 않다는 의미이다. 즉, 그때의 환경이나 조건에 맞지 않아서 그 일을 피해야 한다는 뜻이며, 경고나 주의 사항으로 사용된다.

백장력(白粧曆)은 조선 시대에 사용되었던 역서(曆書)의 한 종류로, 백색의 종이에 적어서 만들었기 때문에 이런 이름이 붙여졌다고 한다. 백장력은 역일(曆日)에 따른 일상의 의(宜)·불의(不宜)를 적어 놓은 일과(日課)와 역일에 따른 칠정(七政)의 운행을 계산하여 적어 놓은 칠정(七政)을 함께 수록한 것이다. 따라서, 백장력 중에서 역일에 따른 일상의 금기 사항을 적은 부분을 일과백장력(日課白粧曆)이라고 하고, 역일에 따른 칠정의 운행을 계산하여 적어 놓은 부분을 칠정백장력(七政白粧曆)이라고 한다.

일과백장력에서 일과란 역일에 따라 행하거나 피해야 할 일을 적어 놓은 것이다. 예를 들어, 어떤 날의 경우 결혼이나 이사와 같은 행사를 치르는데 좋을 것인지, 나쁠 것인지 판단하여, 해야 할지 피해야 할지를 구분하여 표시한 것을 말한다. 일과백장력은 일상생활에서 사용하기 편리한 작은 책 형태로 만들어졌으며,

대중적인 역서로서 많은 사람이 활용하였다.

칠정백장력(七政白粧曆)은 백장력의 칠정(七政) 부분으로, 칠정이란 천체의 운행을 규정하는 일곱 가지 원리로, 태양, 달, 금성, 목성, 화성, 토성, 수성을 의미한다. 칠정백장력은 역일에 따른 칠정의 위치와 운행을 계산하여 적어놓은 것으로, 천문학적인 지식이 필요한 역서로서 학자나 관리들이 주로 사용하였다.

조선 후기에 다양한 종류의 역서가 만들어졌는데, 가장 대중적이고도 대량으로 만들어진 역서로는 시헌력이 있으며, 왕실과 고위 관리들이 사용한 내용삼서(內用三書)가 있었다. 그리고, 천세력(千歲曆)과 백중력(百中曆)과 같은 100여 년 단위의 장기적인 역서가 있었으며, 칠정력(七政曆)과 같은 천체력 등도 있었다. 이 가운데 시헌력과 내용삼서는 1년 단위의 역서로서 매년 발행되었으며 일상생활에서 사용한 상용력이라 할 수 있다. 이처럼 조선 후기 역서의 종류는 크게 1년 단위의 연력(年曆)과 장기적인 역서, 그리고 천체력 등으로 분류할 수 있다.

현재 우리나라에 남아 있는 옛 역서들은 모두 조선 시대 이후의 것으로, 대통력·시헌력·명시력·조선민력·약력 등의 이름으로 발간된 역서들이다. 이 역서들을 시대 순으로 정리하면 다음과 같다.

대통력 시대(1370~1652)

대통력은 중국 명나라의 역법으로, 1368년부터 1644년까지 사용되었는데, 우리나라에서는 고려 후기부터 조선 중기까지, 즉 1370년부터 1652년까지 사용되었다. 대통력은 이름만 다를 뿐, 원나라의 수시력과 거의 동일한 역법이다.

대통력에 대한 부분적인 모습을 경상북도 안동군 하회동의 유성룡 서재에서 볼 수 있다. 이 역서들은 임진왜란 때의 역서 중 수 년간의 것을 보관해 둔 것인데, 역서의 크기가 월등히 크다. 대체로 임진왜란이 끝나는 해인 1598년, 선조 31년 이전의 역서는 40.7×17.8 ㎝, 그 뒤의 역서는 39.1×17.8 ㎝의 두 종류로 되어 있다. 그리고 뒤의 것은 대명만력(大明萬曆)이라는 중국 연호가 쓰여 있지만, 앞의 것은 연호는 쓰여지지 않고 간지기년법으로 표시되어 있다.

역서에는 역주(曆註)가 풍부하게 실려 있으며, 월주에는 입기 시각이나 기후의 특징이 적혀 있고, 일주에는 일진, 납음(納音 : 12율에 각각 있는 궁, 상, 각, 치, 우의 5음을 60갑자에 배정하여 오행(五行)으로 나타낸 것), 직(直), 수(宿) 및 각종 의(宜), 불의(不宜) 등이 기재되어 있으며, 때때로 일출입 시각과 밤낮의 길이가 적혀 있다.

시헌력 시대(1653~1895)

1653년, 효종 4년에 김육의 집념과 김상범의 끈질긴 연구의 결실로 채택된 것이 시헌역법(時憲曆法)이다. 30.8×16.8cm와 29.3×15.9cm 크기의 시헌 역서가 발견되었는데, 앞에 '대청광서18년시헌서(大淸光緖十八年時憲書)', '대청동치10년시헌서(大淸同治十年時憲書)'라고 중국의 국호와 연호가 붙어 있으므로 겉으로 보아 중국에서 만든 것처럼 보인다. 그런데, 권말에 조선 시대 관리 이름이 적혀 있는 것으로 보아, 이들 시헌서는 우리나라에서 출판된 것이라는 것을 알 수 있다.

시헌역법에 따라 만든 역서에는 두 종류의 이름이 있는데, 그 하나는 '시헌력'이고 다른 하나는 '시헌서'이다. 원래 시헌력이라고 하였지만, 시헌서라고 쓰는 데는 이유가 있다. 그것은 청나라 건륭황제(乾隆皇帝)의 이름이 홍력(弘曆)인데, 홍력(弘曆)의 역(曆)이라는 글자를 피하기 위해 시헌력 대신 시헌서라고 한 것이다.

1894년부터 1895년까지 2년에 걸친 청일전쟁에서 청나라가 패배하여 우리나라가 중국의 속국에서 벗어나 완전 독립 국가로 인정되자, 역서에서도 시헌력이라는 본래의 이름을 사용할 수 있게 되었다. 시헌력에 우리나라 국호를 넣어서 '대조선개국505년시헌력(大朝鮮開國五百五年時憲曆)'(1896), '대조선건양2년시헌력(大朝鮮建陽二年時憲曆)'(1897)이라는 표제로 되어 있다. 두 시헌력에서는 아래 칸 밖에 양력 날짜와 요일이 적혀 있고, 위의 칸 밖에는 우리나라의 국가적, 민족적인 축제와 대왕, 대비, 왕세자 등의 탄신과 기일 등이 실려 있다. 이로써 역의 내용만 보더라도 독립 국가로서의 면모가 충분히 나타나 있음을 알 수 있다.

명시력 시대(1898~1908)

1879년, 고종 34년 8월에 국호를 대한제국, 연호를 광무라고 고치고 이어서 역의 이름도 명시력(明時曆)이라 하였다. 명시력은 시헌력과 다를 바가 없지만 역의 이름을 고친 이유는 독립 국가로서의 위상을 새롭게 하기 위함인 듯하다. 명시력 시대는 태양력의 보급을 위해 기반 조성에 박차를 가한 시대라고 볼 수 있다. 이는 우리나라에 대한 일본의 기반이 날로 굳어갔고, 또 미국, 러시아, 프랑스, 영국 등과도 왕래가 많아졌기 때문이다.

역 시대(1895~1910)

시헌력 시대에 전혀 체계가 다른 역서, 예를 들자면『광무2년력』과 같이 '역(曆)'이라는 이름의 책이 관청인 학부관상소(學部觀象所)에서 출간되었다. 이 역서는 모조지에 인쇄된 소형 책자인데, 앞에서 언급한 음력월 기준의 역서인 시헌서와는 달리 양력월 기준으로 꾸며져 있다. 이 역서의 짝수면 처음에는 양력 월명과 그 대소 및 그 달의 일수를 적어 놓았다.

전체적으로 종서형(縱書型: 글을 위에서 아래로 내려 쓴 형태)인데 약력일과 칠요는 역면의 윗 단에 올려 놓고, 중간에 음력일과 일진이 적혀 있다. 역주는 합삭, 상현, 하현, 망의 시각이 적혀 있을 뿐, 수(宿), 직(直)을 포함하여 기타 미신과 관련된 것은 전혀 기재되지 않았다. 역면 위의 난(欄) 밖에는 대왕 대비의 탄신일과 제일이 실려 있다. 그리고 24기의 입기 시각 밑에 일출입 시각과 주야각이 적혀 있는 간단한 역서이다.

'역(曆)'이라는 이름으로 역서가 나온 것은 1896년에 태양력이 채택된 다음부터이다. 이 역시대 중 처음 2년간은 시헌력이, 다음의 11년간은 명시력이 '역'과 함께 출간되었다. 그러나 이때의 역은 앞에서 말한 바와 같이 간단한 태양 역서에 해당하였다.

명시력은 1908년에 끝을 맺고, 1909년에는『대한융희3년력』, 1910년에는『대

『한융희4년력』이 나왔다. 이들 역도 양력일과 요일이 역면의 상란에 적혀 있다. 그런데 이 두 역에서는 일출입 시각, 낮의 길이, 28수, 12직, 납음 등이 1908년까지의 역과는 달리 새롭게 실려 있었다. 미신과 관련이 있는 내용이 다시 실리게 된 이유는 명시력의 전통을 이어받으려 하였기 때문일 것이다. 역시대는 1910년을 마지막으로 마감한다. 한일간의 합방 조약이 이 해 8월에 체결됨으로써 대한제국은 끝이 났기 때문이다.

조선민력 시대(1911~1936)

경술국치 다음해인 1911년부터 총독부 관측소에서 편찬한 조선민력(朝鮮民曆)이 사용되었다. 이에 앞서 바로 전해인 1910년 4월 1일에는 오전 11시를 12시로 변경하므로써 일본과의 시차를 없앴다. 1913년에는 우리나라와 일본 사이에 음력 날짜가 가끔 하루씩 달라지는 것을 통일시켰다. 그리고 1915년부터는 매일의 월출·월입 시각을 기재하였고, 1933년부터는 음력 날짜를 8개의 달의 위상으로 표현한 월백도(月白圖)를 그려 넣었다. 역면에는 위쪽 난부터 약력일·요일·월출 시각·월입 시각·음력일·일진·납음·28수·12직이 적혀 있고, 가장 밑의 역주에는 이사하기에 적당한 날 등을 적어 놓았다.

약력 시대(1937~1945)

약력(略曆)은 양력일에 칠요·간지·일출·일남중·일입·주간·월령·음력일·월출·월입·만조 시각·간조 시각 등이 역면에 실려 있지만, 길흉에 관한 역주는 전혀 없다. 1940년부터는 역면에서 음력일은 없애고 월령은 그대로 실어 놓았다. 이 시대의 책력은 1939년까지는 총독부 관측소, 1940년 이후는 관측소의 후신인 총독부 기상대가 편찬한 것으로 되어 있다. 1941년과 1942년에는 월주를 한글과 일본어로 병용 기재하였지만, 1943~1945년에는 월주를 일본어만으로 적었다. 제2차 세계 대전 중의 용지 절약 때문에 1942년의 책력은 B5판으로 줄였고, 다음 해부터 8·15 광복까지의 3년간은 A5판으로 더 축소시켰다. 이 약력 시대의 책력에는 일본의 정책이 매우 뚜렷하게 반영되어 있었다.

역서 시대(1946년 이후)

1945년 8월 제2차 세계 대전이 끝나면서 우리 민족은 일제의 식민지에서 벗어났다. 처음에는 역의 발간이 매우 불안정한 상태에 있었으며, 1948년 8월에 국립중앙관상대가 발족되었다. 이곳에서 1949년 대한민국 정부의 『약력(略曆)』, 1950년 『경인역서(庚寅曆書)』가 발간되었다. 이후의 책력은 '역서'라는 이름으로 계속 출판되었는데 모두 가로쓰기로 쓰여 있었다. 일제 강점기 말에 빼 버렸던 음력 날짜가 역면에 다시 기재되었고, 12직과 28수도 실렸으며, 역서의 크기도 커졌다.

관상대에서 발행한 역은 1975년으로 끝나고, 1974년 9월에 발족된 국립천문대로 옮겨 갔다. 천문대에서 1976년의 『역서』부터 간행하였다. 이 초기의 역은 기상 현상에 너무 소홀하였으며, 천문 현상에 치중한 느낌이 있었다. 그러다가 1979년의 『역서』에서부터는 다시 기상과 농업에 관한 사항이 역에 기재되기 시작하였다.

백중력·천세력·만세력

우리 민족이 임진왜란을 겪고 있는 시기에, 명나라에서는 서양 과학을 도입하기 시작하였다. 그 뒤 우리나라에서도 서양 역법, 즉 시헌역법을 도입하는 데 노력을 기울였다. 17세기 전반인 인조 때는 시헌력의 도입 기간이었고, 17세기 후반인 효종 이후는 시헌력의 준용 기간이었으며, 18세기 전반은 시헌력이 보편적으로 사용되던 기간이었다. 이 동안에 많은 연구가 이루어져 장기적인 역법 체계가 확립되어, 18세기 후반에는 백중력(百中曆), 천세력, 만세력 등을 편찬하기에 이르렀다.

백중력, 천세력, 만세력 등은 모두 장기간에 걸친 계산 결과를 한꺼번에 수록한 역서이다. 긴 기간을 다루어야 하므로 달력처럼 날짜별로 구분할 수 없기 때문에 달의 대소, 대표적인 몇 날짜의 일진과 절기 등만을 수록하였다. 천세력이라는 명칭은 1,000년 동안의 역서라는 뜻을 담고 있지만, 실제 포함되는 기간은 100년이었다. 보통 10년에 한 번씩 향후 10년간의 내용을 다시 제작하여 지난 역서에 덧붙이는 방법을 사용하였으므로, 오랜 기간 반복되면 수백 년을 포괄하는 역서가 되므로 붙여진 이름이다.

백중력(百中曆)

백중력은 원래 100년간의 일월성신과 절기의 변동을 추산한 역서를 말한다. 조선 후기에 시헌력이 사용된 이후에는 대통력과 시헌력에 따라 추산된 역일(曆日)을 함께 기록하여 비교할 수 있도록 만든 역서로서, 천세력이 제작되기 이전 시기에 만들어졌다. 백중력과 천세력은 장기적인 역서라는 점에서 유사하지만, 그 내용은 크게 차이가 난다. 천세력은 앞으로 100년 동안의 절기와 달의 크기를 미리 예측한 역서인 반면, 백중력은 간행년을 기준으로 지난 100년 동안의 절기와 달의 크기를 기록한 역서를 말한다.

영조때 역일에 매일 매일 28수와 칠정(일월과 오성)을 배당하여 24기와 비교해서 1736년(영조 12)부터 1767년에 이르는 32년간의 역서를 꾸몄다. 이것을 『칠정 백중력(七政百中曆)』이라 하며, 4권 4책으로 되어 있다. 이 『칠정 백중력』을 시헌력으로 계산하여 1772년부터 1781년(정조 5)까지 10년간의 역서를 만들었는데, 이것을 『시헌 칠정백중력』이라 하며, 1책으로 되어 있다. 그러나 이 역서가 불과 10년이라는 짧은 기간만을 담은 역서에 불과하였기 때문에 다시 1782년부터 1881년(고종 18)에 이르는 100년간의 역서를 만들었는데, 이것이 최초의 『백중력』이다. 전체가 1책으로 되어 있고 월의 대소, 삭의 일진, 입기 일시를 대통력과 시헌역법의 두 방법으로 계산하여 함께 실었다. 현재 1730년부터 1904년까지 124년간의 역서가 남아 있다.

천세력(千歲曆)

　1782년, 정조는 서운관에 명하여 『백중력』을 토대로 1777년부터 향후 100년간에 걸친 역을 편찬하게 하였는데, 이 역법의 이름을 『천세력』이라고 하였다. 실제로는 천세력은 1777년(정조 1)부터 1886년(고종 23)에 이르는 110년간의 역(曆)이 기록되어 있다. 10년이 지나면 다시 다음 10년분을 미리 계산하여 추가하도록 하였다.

　전체는 3권 3책으로 되어 있다. 제 1책은 1777년부터 1886년까지 110년간에 걸쳐서 달의 대소, 24기, 매월 초하루, 11일, 21일의 일진을 시헌력으로 추산하고, 제 2책은 같은 내용을 대통력으로 추산하며, 제 3책은 1693년(숙종 19년)부터 1792년(정조 16년)에 이르는 100년간을 대통력과 시헌력의 두 역법으로 추산한 것을 실었다. 그리고 책의 첫머리에 1444년(세종 26)을 상원갑자로 하는 역원도(曆元圖)가 실려 있다.

　원래 역에서는 미래를 추산하는 것이 실제와 달라지기 쉬우므로 항상 불안할 수밖에 없었지만, 명 말에 샬(湯若望)이 정밀하게 역법을 교정하여 역법의 정확성이 크게 높아진 덕분에 『천세력』을 만들 수 있게 된 것이다.

　천세력은 10년마다 발행되었고, 10년 부분만 계속 덧붙여 편집하였다. 천세력과 백중력은 대통력(大統曆)이 사용되던 시기에는 대통력의 역법을, 시헌력이 사용되던 시기에는 시헌력의 역법을 근거로 삼아 날짜를 추산하였는데, 두 역법의 절기 계산법이 달라지면서 약간의 혼란이 발생하기도 하였다.

만세력(萬歲曆)

　『만세력』은 1864년(고종 1년)에 관상감이 『천세력』의 속편을 만들려고 하자, 왕이 이에 찬동하여 제작되었는데, 1777년 이후 20세기 초에 이르는 120여 년간의 역서가 한 책에 수록되기에 이르렀다. 『천세력』을 매 10년마다 추가 계산하여 붙여 나가면 몇 만 년에 걸치는 역서도 한 책에 수록할 수 있으므로 1904년(고종

41년, 광무 8년)에 『천세력』이라는 이름을 고쳐서 『만세력』이라고 부르기로 하고 발간하였다. 조선이 황제국임을 선언한 고종 때부터 천세력보다 더 장대하고 유구한 의미를 지닌 역서라는 것을 표방하기 위해서 이름을 바꾼 것이다.

19
입춘 세수인가 동지 세수인가?

사주(四柱)란 동양 점성술에서 한 사람의 운명이나 성격, 건강, 재물, 인간관계 등을 알아보기 위해 사용하는 개념으로, 태어난 해, 월, 일, 시간, 네 개의 문자를 의미하며, 사주팔자라고도 부른다. 사주팔자는 과학적인 근거가 없지만, 문화적, 신념적인 관습 중 하나로서 우리나라에 널리 퍼져 있으며 해마다 연초가 되면 사주풀이가 많이 행해지고 있다.

사주의 네 기둥은 연주(年柱), 월주(月柱), 일주(日柱), 시주(時柱)로 불리며, 각각 태어난 해, 월, 일, 시간을 의미한다. 각 기둥은 천간(天干)과 지지(地支)의 한 쌍으로 이루어져 있으므로, 사주팔자는 총 8개의 문자로 표현된다. 이 8개의 문자를 바탕으로 사주를 분석하고 해석하는 것이다.

그런데, 현재 우리나라 사주 명리학에서는 한 해의 시작인 세수(歲首)가 동지로부터 시작하는지, 입춘으로부터 시작하는지에 대한 논쟁이 오랜 세월 동안 끊임없이 이어지고 있다. 동양철학계(한국동양운명철학인협회)는 한 해의 시작이 입춘이라고 주장하고, 천문역리학회(한국천문역리학연구회)에서는 동지라고 주장한다.

앞에서 언급한 것처럼 세수란 한 해의 시작되는 달을 의미하기 때문에 세수가 입춘인지 동지인지에 따라 동지와 입춘 사이에 태어난 사람들의 경우에 사주 중에서 연주가 달라지게 된다. 다라서, 입춘이 한 해의 시작 시점으로 간주된다면, 어느 해의 동지와 다음 해 입춘 사이에 태어난 사람들의 경우에는 동지 세수를 적용하였을 때보다 한 해 빠른 연주를 가지게 된다. 이러한 결과로 입춘 세수인지, 동지 세수인지에 따라 연주가 달라짐으로써 사주도 바뀌게 되므로 사주 해석에 차이가 날 수밖에 없다.

예를 들어 설명해 보기로 하자. 음력으로 2024년과 2025년 사이에 있는 동지는 음력으로 11월 21일(양력으로는 2024년 12월 21일)에 들어 있으며, 이어지는 입춘은 2025년 1월 6일(양력으로는 2025년 2월 3일)에 들어 있다. 따라서 음력으로 동지인 11월 21일 이후부터 입춘 직전인 2025년 1월 6일 사이에 태어난 사람들의 경우, 동지 세수를 적용하게 되면 그 해 동지인 11월 21일이 지난 후에 태어났으므로 2025년의 연주를 가지게 될 것이지만, 입춘 세수를 따르게 되면 1월 6일 입춘 세수 이전에 태어난 것이 되므로 2024년의 연주를 가지게 되어 한 해 빠른 연주에 해당하게 된다.

이처럼 같은 사람인데도 입춘 세수를 적용한 경우와 동지 세수를 적용한 경우에 따라 연주가 달라지게 되므로 그 사람의 사주 해석 역시 달라질 수밖에 없게 되는 것이다. 따라서, 입춘 세수론을 주장하는 측과 동지 세수론을 주장하는 측의 논쟁은 필연적일 수밖에 없다.

입춘 세수와 동지 세수를 주장하는 측의 논리를 다음과 같이 정리해 보았다.

입춘 세수를 주장하는 측의 논리

첫째, 동아시아의 전통적인 고대의 음력 달력에서 입춘은 새해 정월의 절기에 해당한다. 따라서 이런 전통에 근거하여 입춘을 한 해의 시작으로 본다.

둘째, 천문학적 관점에서 보았을 때, 입춘은 24절기 중 첫 번째 절기에 해당한다. 24절기 역시 천문학적인 변화와 계절의 변화를 반영한 시간 구분으로서, 입춘은 24절기 중에서도 첫 번째 절기이며 그중에서도 봄이 시작되는 절기로서 한 해의 시작에 해당한다셋째, 입춘은 봄이 시작되는 시점으로, 계절적 순환과 생명의 재생의 관점에서 자연의 생명력이 재생되기 시작하는 시기이다. 이는 새로운 시작과 성장의 상징이며, 이런 의미에서 한 해의 시작을 입춘으로 정하는 것은 상징적으로도 의미가 있다.

넷째, 고대 동아시아의 농업 사회에서 봄이 시작되는 입춘은 고대 이래로 새로운 농작물을 심는 한 해의 시작 점이었다. 새로운 작물의 생장과 발육은 한 해의 주요한 순환 주기 과정과 연관되어 있기 때문에, 이런 관점에서 입춘을 한 해의 시작으로 본다.

동지 세수를 주장하는 측의 논리

첫째, 동지는 고대로부터 모든 역법의 시작점에 해당하는 역원의 시점이다.

둘째, 동지는 천문학적인 특성을 가지는 시점이다.

동양 역법에서 년, 월, 일의 기준 시점은 모두 천문학적인 특별함을 보이는 시점을 근거로 규정되었다. 이와 같은 원칙들이 적용되어 하루의 시작점은 자정으로 정해졌다. 자정은 태양이 남중하는 시점인 정오의 대척점으로써 낮과 밤의 변곡점에 해당하는 시점이다. 그리고, 한 달의 시작점은 달의 모습이 전혀 보이지 않는 삭의 시점, 즉, 태양과 달과 지구가 일직선 상에 있는 시점으로 정해졌다.

이와 마찬가지로, 한 해가 시작되는 시점은 북반구에서 태양의 남중 고도가 가장 낮은 동지 시점으로 정해졌는데, 이날은 일 년 중 밤이 가장 길고 낮이 가장 짧은 날로서, 이때부터 낮의 길이가 점점 길어지기 시작하는 천문학적인 변곡점에 해당하는 날이다. 그러므로 이날은 한 해를 구분하는 기준점으로서 가장 적합한 날이라 할 수 있다.

셋째, 동지가 속한 달은 12지 중의 첫 번째인 자월(子月)에 해당한다.

12지 방위법에서는 정북 방향을 12지 중의 첫 번째인 자(子)로 정하고, 이를 기준축으로 삼아 시계 방향으로 12지를 동, 서, 남, 북 전체에 배정하고, 북두칠성의 두건의 방향을 기준으로 하여 월명을 부여하였다. 그리고, 북두칠성의 두건의 방향이 정북 방향을 향해 있을 때, 북두칠성의 두건이 자(子)의 방향에 있는 달이라고 하여 건자월(建子月) 또는 자월이라고 하였다.

그런데 동지 시점에 북두칠성의 두건의 방향이 정북 방향에 머물러 있으므로, 그 천체 현상을 반영하여 동지를 12지 중의 첫 번째에 해당하는 자(子)의 달, 즉, 자월로 지정하게 된 것이다. 따라서 동지는 12지 중의 첫 번째 달일 뿐만 아니라, 그 배경으로 북두칠성의 신성까지 아우르는 매우 상징적이고 특별한 의미를 가지는 시점이라 할 수 있다.

넷째, 동지는 24절기의 기준점이다.

24절기란 동지를 비롯하여, 춘분, 하지, 추분이라는 천문학적으로 중요한 의미를 가지는 특징적인 4지점들을 준거틀로 삼아 황도를 24부분으로 구분한 체계로서, 1회귀년을 24등분으로 나눈 것을 말하는데, 동지는 24절기 체계를 구분하는 기준점으로서 그 출발점에 해당한다.

그뿐만 아니라 동지는 중기로서 수많은 역법의 개정 과정에서도 자신의 달인 자월 11월에 들어가는 원칙이 완벽하게 지켜지며 지금까지 내려오고 있다. 입춘이 인월, 정월에 속하지 않는 경우는 종종 발생하지만, 동지가 자월, 11월에 들어가는 원칙은 수많은 세월이 흐르는 가운데에서도 완벽하게 지켜지며 지금까지 내려오고 있다.

다섯째, 동지는 평기법과 정기법에서도 기준 시점이다.

원래 24절기는 평기법에서 동지를 기준점으로 하여 1태양년의 시간을 24절기로 균등하게 구분하였지만, 수(隋)나라 이후에는 절기를 정하는 방법이 정기법으로 변경되었다. 정기법에서는 태양이 운행하는 황경 구간을 균등하게 24구간으로 나누었으므로 평기법에 비해 결정되었던 24절기의 날짜들이 다소 변경하게 되었다.

그런데, 평기법에서 정기법으로 변경되는 과정에서도 조정이 이루어지는 중심 기준 축은 동지였다. 그러므로 이 변경으로 인해 동지 날짜의 변동은 결코 일어나지 않게 되었지만, 동지 직후의 소한과 대한을 제외한 모든 절기 등의 경우에는 날짜가 조금씩 변경되었다. 입춘의 경우에도 그 날짜가 2월 4일경에서 2월 5일경으로 변동되는 조정이 이루어지게 되었다.

정기법에 의해 확정된 24절기의 날짜와 평기법을 적용한 날짜를 비교해 보았다.

	정기법	평기법		평기법·정기법
동지冬至	12월 22일경	12월 22일경		0
소한小寒	1월 6일경	1월 6일경		0
대한大寒	1월 21일경	1월 21일경		0
입춘立春	2월 4일경	2월 5일경		1
우수雨水	2월 19일경	2월 20일경		1
경칩驚蟄	3월 6일경	3월 8일경		2
춘분春分	3월 21일경	3월 23일경		2
청명淸明	4월 5일경	4월 7일경		2
곡우穀雨	4월 20일경	4월 22일경		2
입하立夏	5월 6일경	5월 7일경		1
소만小滿	5월 21일경	5월 23일경		2
망종芒種	6월 6일경	6월 7일경		1
하지夏至	6월 21일경	6월 22일경		1
소서小暑	7월 7일경	7월 6일경		−1
대서大暑	7월 23일경	7월 22일경		−1
입추立秋	8월 8일경	8월 7일경		−1
처서處暑	8월 23일경	8월 22일경		−1
백로白露	9월 8일경	9월 6일경		−2
추분秋分	9월 23일경	9월 21일경		−2
한로寒露	10월 8일경	10월 6일경		−2
상강霜降	10월 24일경	10월 22일경		−2
입동立冬	11월 8일경	11월 6일경		−2
소설小雪	11월 23일경	11월 21일경		−2
대설大雪	12월 7일경	12월 6일경		−1

이에 추가하여 입춘 세수의 근거 논리라는 주장에 대해서 다음과 같이 반박한다.

(1) 이지(동지와 하지)와 이분(춘분과 추분)은 태양이 지구와 특별한 위치를 이루는 천문학적으로도 의미를 지닌 시점이라는 점에 반하여, 입춘은 동지를 기준점으로 하고 춘분, 하지, 추분점을 근거삼아 1회귀년의 시간을 균등하게 24절기로 구획하는 과정에서 우연히 나타난 하나의 구분으로, 계절과 연관되어 이름이 부여된 단순한 절기에 해당할 뿐이다. 따라서 입춘은 천문학적인 특징을 전혀 찾을 수 없는 절기로서 한 해를 구분하는 역법의 기준점으로 합당하지 않다.

(2) 입춘 절기는 본래부터 태세(太歲)의 세수(歲首)가 시작되는 날을 의미하지 않는 날이다. 단지 4계절(봄: 春, 여름: 夏, 가을: 秋, 겨울: 冬) 중 봄이 시작되는 춘수(春首: 봄의 시작)에 해당할 뿐이다. 입하 절기의 절입 일시인 하수(夏首: 여름의 시작), 입추 절기의 절입 일시인 추수(秋首: 가을의 시작), 입동 절기의 절입 일시인 동수(冬首: 겨울의 시작)처럼 계절과 관련된 의미의 이름이 투여된 절기였을 뿐이다. 그런데 한나라 태초력에 이르러 새롭게 세수를 인월로 정하는 과정 속에서 춘수에 불과하였던 입춘이 인월의 절기로서 세수의 절기 자리를 차지하게 된 것이다.

(3) 동지는 매년 11월에 고정적으로 들어 있어 절대 변하지 않는 기준점인데 반해, 입춘의 경우에는 그 위치가 일관되지 않고 불규칙적인 변동을 보인다. 절기 자체가 항상 같은 달에 고정되지 않고 불규칙적으로 변동하는 입춘이 어떻게 한 해를 규정하는 기준 시점이 될 수 있겠는가?

예를 들어, 2015년부터 2033년까지의 19년 1주기 상의 입춘을 분석해 보면 다음과 같다.

   i) 입춘이 1번 들어가는 해는 19년 주기 중에서 5년 뿐이다.

   ii) 입춘은 음력 1월의 절기임에도 불구하고, 음력 1월에 들기도 하고, 12월에 들기도 한다. 입춘이 1월에 9번 들었고, 12월에 10번 들었다.

   iii) 음력 1년 속에 입춘이 2번 들어 있는 쌍춘년이 7번 나타나고, 음력 1년 속에 입춘이 아예 들지 않는 망춘년도 7번 나타난다.

   이에 반해, 동지는 변함없이 11월에 고정되어 나타난다.

음력 연도	간지년	입춘	동지	입춘	입춘 1번	입춘 2번	입춘 0번
2015	을미년		11/12	12/26	0		
2016	병신년		11/23				망춘년
2017	정유년	1/8	11/5	12/19		쌍춘년	
2018	무술년		11/16	12/30	0		
2019	기해년		11/26				망춘년
2020	경자년	1/11	11/7	12/22		쌍춘년	
2021	신축년		11/19				망춘년
2022	임인년	1/4	11/29		0		
2023	계묘년	1/14	11/10	12/25		쌍춘년	
2024	갑진년		11/21				망춘년
2025	을사년	1/6	11/3	12/17		쌍춘년	
2026	병오년		11/14	12/28	0		
2027	정미년		11/25				망춘년
2028	무신년	1/9	11/6	12/20		쌍춘년	
2029	기유년		11/17				망춘년
2030	경술년	1/2	11/28		0		
2031	신해년	1/13	11/9	12/23		쌍춘년	
2032	임자년		11/19				망춘년
2033	계축년	1/4	11/30	12/16		쌍춘년	

입춘이 한 번 들어가는 해 (5): 2015년, 2018년, 2022년, 2026년, 2030년
망춘년 (7): 2016년, 2019년, 2021년, 2024년, 2027년, 2029년, 2032년
쌍춘년 (7): 2017년, 2020년, 2023년, 2025년, 2028년, 2031년, 2033년

(4) 덧붙여, 입춘은 봄이 시작되는 시점으로, 자연의 생명력이 재생되기 시작하는 시기로서, 새로운 시작과 성장의 상징이라는 주장에는 다음과 같이 반박한다.

정오에 태양이 가장 높은 위치에 있을 때에는 태양 에너지가 가장 강하게 전달되지만, 이때 열 축적 과정이 아직 완료되지 않아 기온이 최고치에 도달하지 않는다. 오후 2시에서 4시 사이에 기온이 가장 높은 이유는 열 축적 과정이 이때 정점에 이르기 때문이다.

반대로, 태양이 하늘에서 가장 높은 위치에 있는 정오(12시)로부터 12시간 후인 자정(0시)에는 태양이 그 반대편, 즉 지평선 아래 "가장 낮은 위치"에 있을 것이므로 대기와 지표의 열이 계속 방출되면서 기온이 계속 떨어지게 된다. 그리고 변곡점인 자정을 지나면서 태양이 지평선 아래 "가장 낮은 위치"에서 벗어나게 되지만, 자정 이후에도 여전히 열 방출 과정이 진행 중이기 때문에 기온이 아직 최저치에 도달하지 않는다. 이러한 이유로 열 방출 과정이 막바지에 이르는 일출 전후로 기온이 가장 낮아지며, 이때부터 기온이 다시 오르기 시작한다.

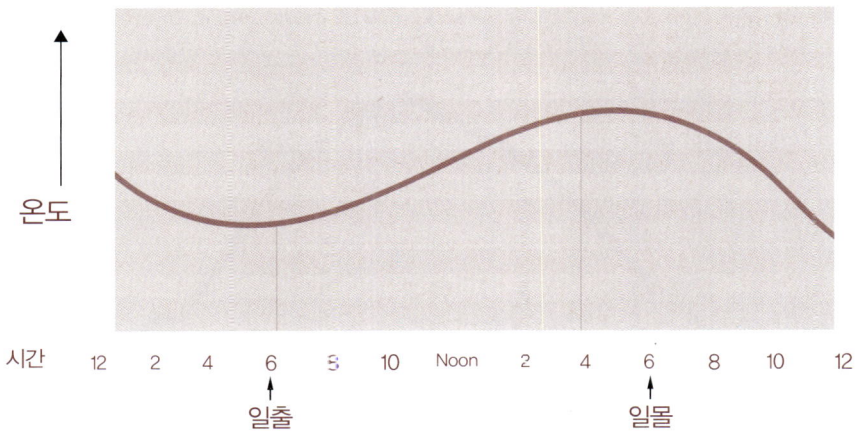

현재 우리 시대 뿐만 아니라 고대의 중국에서도 자정을 하루의 시작점으로 정하고 있었다. 이처럼 하루의 시작점을 기온이 상승하기 시작하는 일출 시점으로 삼지 않고, 태양이 가장 낮은 시점, 즉 변곡점에 해당하는 시점인 자정을 하루의 시작점으로 하는 규정에 대해 부정하거나 이의를 제기하는 사람은 없을 것이다.

이제 그 기간을 하루에서 한 해로 기준을 넓혀 생각해 보기로 하자.

1년 중, 겨울 동지는 태양의 고도가 가장 낮아져 일조 시간이 가장 짧은 시점으로, 이를 기점으로 일조 시간이 점차 길어지기 시작하지만, 이와는 달리 기온의 경우에는 태양의 고도나 일조 시간에 즉각적으로 반응하지 않아, 이 시점부터 기온이 바로 올라가는 것은 아니다. 동지를 지나서도 지구는 여전히 열을 방출하고 축적된 열이 계속 감소하기 때문에 동지가 지나고 난 후 1월이나 2월이 일반적으로 가장 추운 시기에 해당한다.

그리고, 양력으로 2월 4일경인 입춘을 기점으로 기온이 올라가기 시작하지만, 입춘 시점에도 기온이 4~5도 정도에 머물러 있으므로 이때에도 아직 봄이라고 느끼기에는 한참 부족하다. 그럼에도 불구하고, 1, 2월에 비해 기온이 평균적으로 1~2도 정도 오른 상태이므로 겨울에서 벗어나는 느낌을 받게 되기도 하지만, 진정한 봄의 느낌은 3월 중순에 들어서 기온이 평균 10도 정도가 되어서야 비로소 받게 된다.

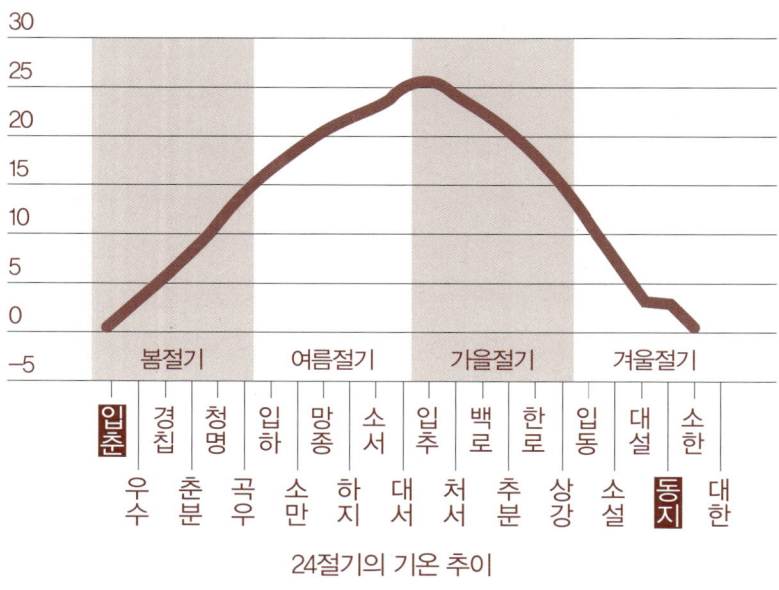

24절기의 기온 추이

반대로, 하지(6월 21일경)에는 태양의 고도가 가장 높고 일조 시간이 가장 길지만, 바로 이 시점이 가장 더운 시기는 아니다. 지구가 태양 에너지를 여전히 축적하고, 축적된 열이 하지를 지나 7월이나 8월까지 점차 증가하기 때문에, 7, 8월이 일반적으로 가장 더운 시기에 해당한다.

이와 같은 현상을 원인과 결과로 풀이하자면, 동지 이후 점차 길어지는 일조 시간이 기온 상승의 원인으로 작용하고, 이로 인해 일정 시간이 경과한 후에 입춘에 들어설 즈음에 기온이 상승하기 시작하는 결과가 나타나기 시작한다고 할 수 있다. 이렇게 보면, 동지는 입춘 시점에 이르러 기온 상승을 초래하는 주된 원인이라 할 수 있다.

그런데, 입춘 세수 옹호론자들은 한 해의 시작점에 대해서는 태양의 고도가 가장 낮은 시점에서 점차 상승하는 변곡점에 해당하는 동지를 부정하고, 실제로 기온이 오르기 시작하여 봄의 기운이 느껴진다는 이유를 근거로 삼아 한 해의 시작점을 입춘이라고 주장하고 있다.

하루의 시작점은 태양이 가장 낮은 상태에서 떠오르기 시작하는 변곡점인 자정이라는 점에는 동의하면서, 태양의 고도가 가장 낮은 시점에서 점차 상승하는 변곡점에 해당하는 동지를 한 해의 시작점으로 삼지 않고, 기온이 오르기 시작한다는 지엽적인 현상만을 주된 논리로 내세우면서 입춘을 한 해의 시작점으로 주장하는 것은 이율배반적인 주장이라고 생각하지 않을 수 없을 것이다.

이와 같은 논리적인 반박에 추가하여, 동지 세수에 대한 근거로 다음과 같은 고전 내용들을 제시한다.

(1) 『맹자(孟子)』의 「이루장구」 하편의 내용

『맹자(孟子)』의 이루장구 하편에는, "상고(上古) 시대에 11월 갑자(甲子) 초하루[朔] 야반(夜半) 즉, 자정 시점, 동지(冬至)를 역원(歷元)으로 삼았다(以二古十一月甲子朔夜半冬至, 爲歷元也)."라는 문구가 실려 있다. 이 내용을 보면, 상고(上古) 시대에도 자정을 하루의 시점으로, 동지를 역원의 시작 월로 삼았다는 것을 알 수 있다.

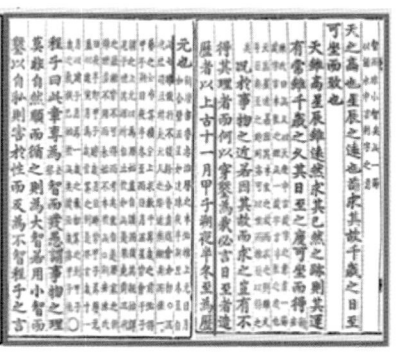

『맹자』의 이루장구는 『맹자』 경전 중의 하나로, 맹자가 제후국을 돌아다니며, 자

신의 뜻을 피력하는 내용으로, 상편 7장, 하편 16장으로 되어 있다.

(2) 『황제내경(黃帝內經)』의 영추(靈樞)

황제내경의 영추 편에는 "자연의 기운이나 흐름에 따라 하루를 사계절로 나눈다. 이렇게 하루를 나누면 아침은 봄이 되고, 정오는 여름이 되며, 저녁은 가을이 되고, 자정은 겨울이 된다(順氣一日分爲四時 以一日分爲四時朝則爲春日中爲夏日入爲秋夜半爲冬)."라는 내용이 있다. 그러므로, 이 내용에 따르면, 자정과 겨울, 즉 동지를 동일시 하고 있으며, 자정이 하루의 시작점인 것처럼 동지 역시 한 해의 시작점이라는 의미를 담고 있다. 동지는 24절기력 상에서 한 해의 마지막 날이자 새해의 시작이다. 그래서 옛날부터 동지를 '작은설', '아세'라고 불렀다.

황제내경의 정확한 저술 시기와 저자에 대한 정보는 명확하지 않지만, 일부 학자들은 저술 시기를 기원전 475년부터 기원전 221년 사이의 봉천항읍 시대(房川興邑時代)로 추정하고 있다. 황제내경은 2,000년 이상 동안 중의학의 근본으로 취급된 고대 중국의 의학서이다.

(3) 『문연각사고전서(文淵閣四庫全書)』에 나오는 주자의 설명

『문연각사고전서』에서 주자는 "천지(天地)의 사이에는 정해진 국(局)이 있으며 사방(四方)과 같은 것이다. 앞으로 밀면서 행(推行)함이 있으며 사시(四時)와 같은 것이다. 북방(北方)에는 곧 이의(二義, 陰陽)가 속(屬)해 있으니 동지 전 45일은 금년에 속하고 동지 후 45일은 명년에 속하는 것과 같은 것이다. 자시(子時)전 사각(四刻)은 금일에 속하고 후 사각(四刻)은 명일에 속하는 것이다(朱子曰. 天地間有箇局定底, 如四方是也. 有箇推行底, 如四時是也. 屬北方便有二義, 如冬至, 前四十五日屬今年, 後四十五日屬明年. 子時前四刻屬今日, 後四刻屬明日)."라고 하였다.

북방에는 이의가 속해 있다는 말은 북쪽 방향에는 두 가지 의미가 있다는 것을 뜻하며, 이의는 음양(陰陽)을 의미하는 것이다. 그러므로, 이 말은 동지 전 45일은

금년에 속하고 동지 후 45일은 명년에 속하는 것과 같다는 것을 설명하기 위한 것으로 보인다. 이 내용에 의하면, 동지는 한 해를 구분짓는 시점이라는 주장에 한층 더 힘이 실린다.

문연각사고전서(文淵閣四庫全書)는 1773년 청 제국의 건륭제의 명으로 1781년에 편찬 및 완성된 총서로서, 중국의 역사, 문학, 철학 등 다양한 분야의 지식을 체계적으로 수집하고 정리한 것으로 중국 전통 지식의 보고로서, 이 사고전서에 1100년대에 활동하였던 남송의 주자(朱熹, 1130~1200)의 작품과 사상이 포함되어 있다.

(4)『이하중명서(李虛中命書)』

이하중명서에는 자(子)는 하늘의 정(正)이며, 해(歲)와 시간(時)은 첫 번째 양기에서 시작한다. 인(寅)은 땅의 시작이며, 양기가 충분히 갖추어져 사람이 갑(甲)에 일어난다. 자(子)월이 시작되면 양기가 생겨나고, 그것이 세수(歲首)의 시작이다. 그러므로, 하루는 자시에 시작되며, 자시는 하루의 시작이다. 인(寅)월에는 초목이 싹을 트고, 그때 양기가 충만해져 해(歲)와 시간(時)이 시작된다. 인(寅)시가 되면 사람들이 일어나서 일상생활을 시작한다. 이것은 천지의 시작이 아니라 땅의 시작이다(子爲天正 歲時始於一陽 寅爲地首 陽備人興于甲. 建子之月 一陽生焉 是爲歲首 則一日建子 子時當爲一日之首 建寅之月 草木甲拆 則陽氣備 歲時興 建寅之時 則人興 寢日事始 非天道之始爲地首矣.)라고 설명하였다.

즉, 이 내용은 한 해와 하루의 시작을 설명하고 있는데, 자(子)월과 자(子)시에 첫 번째 양기(一陽)가 출현하므로 한 해와 하루의 시작으로 간주한다고 설명하고 있다. 또한, 인(寅)월과 인(寅)시에는 자연과 사람들의 활동이 시작된다고 설명하므로써, 이 시점이 천지의 시작이 아니라 땅의 시작이라는 점을 강조하고 있다.

입춘 세수일까? 동지 세수일까? 결론은?

입춘 세수론자와 동지 세수론자들의 주장과 수집할 수 있는 모든 자료들을 바탕으로 입춘 세수와 동지 세수와 관련된 내용들에 대해 깊이 있게 살펴보았다. 이제 또 다른 논리적 관점에서 입춘 세수와 동지 세수에 대해 비교하고 결론을 내려 보기로 하겠다.

상수 (Constant)와 변수 (Variable)는 수학을 포함한 모든 자연 과학에서 매우 중요한 개념이다. 상수란 그 값이 정의된 후에 불변(immutable)하는 요소들을 말한다. 예를 들어, 원주율 π(3.14159…), 빛의 속도(c), 중력 상수(G) 등이 상수에 해당하며, 변하지 않는 고정된 값을 갖는다. 이에 반해 변수란 변경 가능(mutable)한 값으로서, 상황에 따라 달라질 수 있는 요소들을 말한다. 수학적 방정식에서 x, y 등의 기호로 표현되며, 다양한 값으로 변경될 수 있다.

그렇다면, 상수와 변수라는 관점에서 입춘과 동지에 대해 논해 보기로 하자. 동지는 천문학적으로 태양의 황경이 정확히 270° 위치에 있는 시점으로, 태양의 남중 고도가 가장 낮은 시점이며, 일 년 중 밤이 가장 길고 낮이 가장 짧은 날이다. 그러므로 이때는 점점 낮의 길이가 길어지기 시작하는 변곡점에 해당하는 시점이다. 또한 동지는 북두칠성의 두건이 정북 방향인 자의 방위에 머무는 달에 해당하며, 24절기를 나누는 기준점에 해당한다. 이와 같이 동지를 특정하는 기준과 내용들은 천문학적으로 불변하는 요소들이므로 어떤 경우에도 변하지 않는다. 따라서 이러한 조건에 의해 정의되는 동지는 상수에 해당한다고 할 수 있을 것이다.

이어서 입춘의 경우를 살펴보자. 태초력 이후 제정된 모든 역법에서도 인월을 세수로 삼았으므로 입춘이 세수의 절기에 해당하였으며, 이를 바탕으로 입춘 세수 역시 절대적인 불변의 상수인 것처럼 인식될 수 있다. 그렇지만, 앞에서 언급한 것처럼, 고대 중국에서 세수는 왕조가 교체될 때마다 왕조에 따라 임의로 변경되어, 하나라에서는 인월(1월)을, 상(은)나라에서는 축월(12월)을, 주나라에서는 자월(11월)을 세수로 삼았으므로, 세수 자체는 언제든지 변경될 수 있는 변수에 해당한다는 사실을 부정할 수 없을 것이다.

　이 뿐만이 아니라, 인월 세수가 정착되어 입춘이 세수의 절기가 된 상황에서도 입춘의 시점은 정확하게 고정된 시점으로 자리잡지 못하고 해마다 그 시점이 변경되었다. 평기법에서 정기법으로 전환되는 과정에서도 여전히 고정되어 있는 동지의 시점과는 달리 입춘의 시점은 또다시 변경되어 그 위치가 바뀌었다. 뿐만 아니라, 동지가 매년 변함없이 11월에 고정적으로 들어 있는 반면, 이와 같이 고정되지 않은 입춘의 시점으로 인해서 입춘은 매년 불규칙하게 변동을 보여, 음력 한 해 동안 입춘이 2번 들어 있는 쌍춘년이 나타나기도 하고, 입춘이 아예 들지 않는 망춘년이 나타나기도 한다. 이와 같은 상황들을 모두 종합하여 판단해 보면 입춘 세수의 날짜는 고정되지 않은 변수라는 사실을 확인할 수 있을 뿐만 아니라, 입춘 세수 그 자체도 여러 세수의 변수들 중 하나에 속한다는 사실을 분명히 알 수 있을 것이다.

　그렇다면, 상수에 해당하는 동지와 변수에 해당하는 입춘 중에서 어느 절기를 역법의 절대적인 기준 축으로서 합당한 절기라고 결론지을 수 있을까?

　이제 마지막으로 동지 세수와 입춘 세수가 전격적으로 대립하는 문제가 발생하게 되는 2033년의 윤달과 관련한 내용을 언급하며 이 논쟁을 마무리 하도록 하겠다.

　2033년 윤달 문제와 관련하여 앞 장에서 살펴본 것처럼, 2033년의 경우 입춘 세수를 기준으로 삼았을 경우에 그 해는 무중월이 나타나기는 하지만, 그 해의 달 수가 총 12달에 불과하므로 절대적으로 윤달이 들어갈 수 없게 되므로, 윤년이 될 수 없으며 평년에 해당한다.

　그에 반해, 동지 세수를 적용하였을 경우에는 그 해의 총 달 수는 13달이 되고 1개의 무중월이 들어있기 때문에, 그 해는 윤년의 조건을 확실하게 충족하게 되므로 윤달이 추가될 수 있다.

　그러므로, 이 모든 상황들을 바탕으로 판단해 보았을 때. 2033년의 경우, 입춘 세수를 기준으로 삼게 되면 그 해는 윤년에 해당하지 않게 되지만, 동지 세수를 적용하였을 경우에는 윤년에 해당한다는 사실을 알 수 있다.

그런데, 우리나라 천문연구원에서 공식적으로 최종 발표한 2033년의 만세력을 보면 2033년을 윤달이 들어가는 윤년으로 확정하고, 그해 11월 다음 달을 윤11월의 윤달로 정하였다는 것을 확인할 수 있다.

이처럼 천문연구원에서 2033년을 윤달이 들어가는 해로 확정 발표하였다는 사실은 우리나라에서 운영하고 있는 음력 체계가 동지 세수를 기준으로 삼아 조직되고 적용되고 있다는 것을 분명하게 보여 주는 명백한 사례라 할 수 있을 것이다.

그렇다면, 이처럼 우리의 역법이 동지 세수를 기준축으로 하여 운용되고 있으며, 그 역법을 기반으로 각 개인들의 사주가 정해지고 있다면, 사주를 풀이할 때 동지 세수를 기준으로 하는 것이 이치에 맞는 것일까? 그렇지 않으면 입춘 세수를 기준으로 하는 것이 이치에 맞는 것일까?

참고 문헌

1. The Easter Computus and the Origins of the Christian Era Alden A. Masshammer
2. Easter, Ishtar, Eostre and Eggs. Easter, Ishtar and Eostre (historyforatheists.com)
3. 그리스도의 사망과 부활 사건 (kcj777.com)
4. 베드로 정리 TISTORY
5. 시간과 권력의 역사. 외르크 뤼프케. 김용현 옮김. 알마
6. 하늘의 과학사. 나카야마 시게루 지음. 김향 옮김. 가람 기획
7. 시간의 놀라운 발견. 슈테판 클라인 지음. 유영미 옮김. 웅진 지식 하우스.
8. 시계와 문명. 카를로 M. 치폴라. 최파일 옮김. 미지북스.
9. 시간의 문화사. 앤서니 애브니 지음. 최광열 옮김. 북로드.
10. 별과 우주의 문화사. 쟝샤오위앤 지음. 홍상훈 옮김. 바다출판사.
11. 달력과 권력. 이정모 지음. 부.케.
12. 별과 우주의 문화사. 장샤오위앤 바다출판사
13. 뉴턴의 프린키피아 안상현 동아시아
14. 달력. 영원한 시간의 파수꾼. 자클린 부르구앵 지음. 정숙현 옮김.
15. 시간과 시계의 역사. 글 그림 A.G. 스미스. 박미경 번역. 다산 어린이
16. 시간에 대한 거의 모든 것들 스튜어트 매크리디 엮음. 남경태 옮김. 휴머니스트
17. 해상시계. 데이바 소벨. 윌리엄 앤드루스 지음. 김진준 옮김.생각의 나무.
18. 시간의 탄생 알렉산더 데만트 북라이프
19. 경도 (longitude) 데이바 소벨. 윌리엄 앤드루스 저 생각의 나무
20. 해와 달과 별이 뜨고 지는 원리. 박석재 지음. 도서출판 성우
21. 생체 시계란 무엇인가? 알랭 랭배르 지음. 박경한 감수. 곽은숙 옮김. 민음 in.
22. 마밥의 생체 시계. 마이클 스몰렌스키,린 렘버그 지음. 김수현 옮김. 북 뱅
23. 유세비우스의 교회사 유세비우스(Eusebius) 은성(도)
24. 일요일 준수의 기원과 역사. 윤대화 시조사
25. 고대 그리스도교의 주일 논쟁사 (상). 윤대화 시조사
26. 주일론(중) . 윤대화 계림 문화사
27. 실증주의 달력 Positivist calendar – Wikipedia
28. 고전 천문역법정해 김동석 지음. 한국 학술정보(주)
29. 동서양의 고전 천문학. 휴 터스톤 지음. 전관수 옮김. 연세대학교 출판부
30. 율리우스력의 탄생 – 네이버 블로그 : 김경렬 naver.com . http://m.blog.naver.com > chun7819

31. 통곡의 벽 (Wailing Wall, Western Wall) http://www.haeunchurch.com/board_ljxq48/4228
32. 마카비 혁명과 하스몬왕조에 대한 연구 https://blog.naver.com/PostView.nhn?blogId=cjgkr9823&logNo=80156430099 작성자 에드워즈처럼 살고픈
33. Epact CATHOLIC ENCYCLOPEDIA: Epact (newadvent.org)
34. Hanke - Henry Permanent Calendar Hanke - Henry Permanent Calendar – Wikipedia
35. World Calendar World Calendar – Wikipedia
36. 달력 분쟁Calendar Controversy https://www.bing.com/search?form=NTPCHB&q=Bing+AI&showconv=1
37. ISO 8601 ISO 8601 – 위키백과, 우리 모두의 백과사전 (wikipedia.org)
38. 중국 고대 역법의 개관 – 조승구[연세대학교 대학원 한국학과]
39. 역법/고대의역법 https://anastro.kisti.re.kr/calendar/calendar2/calendar2.htm
40. 역법의 원리분석. 정음사. 이은성
41. 풍수지리학 연구. 공저 ; 천인호
42. 중국문명의 기원 (공)저: 신동준
43. 십이지의 문화사. 허균 돌베게
44. [간지기년(干支紀年)의 형성과정과 세수(歲首) 역원(曆元) 문제]
    https://www.kci.go.kr/kciportal/ciSereArtiView
    김만태/Kim Mantae 동방문화대학원대학교
45. 이미지의 언어 주역. 간지의 의미I– 천간지지와 태음태양력. 이중호. https://ichingman.tistory.com/18
46. 이미지의 언어 주역. 간지의 의미II– 태초력과 역원의 변천 과정. 이중호. https://ichingman.tistory.com/19
47. 이미지의 언어 주역. 간지의 의미III – 동한 사분력과 간지 기년. 이중호. https://ichingman.tistory.com/20
48. 홍성국,『60갑자와 시간 그리고 동양의학』: 네이버 블로그 naver.com http://m.blog.naver.com›
49. 기년법, 간지기년법(남두성)
50. 덕전(德田)의 문화 일기'의 고대 역법(曆法) 35종 – 간략 해설. : 네이버 블로그 (naver.com)
51. 고대 중국 천문 해석의 원리 이문구
52. [현대 도시 공간 속 歲時의 전승과 변이양상 – 한국학술지인용색인]
53. 라틴어 사전 https://lacina.bab2min.pe.kr/xe/lk/sol?form=solis
54. 인터넷 유교넷의 유교 사전
55. 이집트 캘린더 http://ankhesenamon.e-monsite.com/pages/vie-quotidienne/calendrier-de-l-egypte.html
56. 메소포타미아 문명 나무위키 https://namu.wiki
57. Le calendrier égyptien Le calendrier égyptien (egyptos.net)

58. 한국천문연구원이 게시한 월건과 24절 http://astro.kasi.re.kr/Life/AlmanacForm.aspx?MenuID=110
59. 세차, 월건, 일진, 시진. http://chungfamily.woweb.net/zbxe/perpetual_calendar
60. 간지와 역법 ::: 간지와 역법 – "이야기 한자여행" ::: (hanja.pe.kr)
61. 십이지(나무 위키)와 12진 십이지(나무 위키)와 12진
62. 자미원(紫微垣)과 북극성 : 네이버 블로그 자미원(紫微垣)과 북극성 : 네이버 블로그
63. 신비의 이론 사주 궁합의 비밀을 밝힌다 신비의 이론 사주 궁합의 비밀을 밝힌다
64. 상나라는 동이족의 나라인가? 상나라는 동이족의 나라인가? : 네이버 블로그 (naver.com)
65. 중추절의 전설(중국신화) – 문화콘텐츠닷컴 ww12.culturecontent.com/content/contentView. do?search_div=CP_THE&search_div_id=CP_THE011&cp_code=cp0612&index_id=cp06120454&content_id=cp061204540001&search_left_menu=9&usid=16&utid=30096923361
66. 후예사일 : 네이버 블로그 후예사일의 뜻! : 네이버 블로그ww12.culturecontent.com/content/contentView.do?search_div=CP_THE&search_div_id=CP_THE011&cp_code=cp0612&index_id=cp06120454&content_id=cp061204540001&search_left_menu=9&usid=16&utid=30096923361
67. 춘추(春秋)의 춘왕정월(春王正月)– 한국고전종합DB (itkc.or.kr)
68. 한국고전종합DB 한국고전종합DB (itkc.or.kr)
69. 춘추번로(春秋繁露)『춘추번로(春秋繁露)』, 중화질서의 수립과 시스템 운영자의 자기 관리 – 대순회보 146호 동양고전 읽기의 즐거움 (idaesoon.or.kr)
70. 대일통(大一統) 이론 ; 동중서 blog.daum.net
71. 동중서 cont112.edunet4u.net
72. 동중서: 음양오행陰陽五行
73. 진・한의 교체와 동중서의 정치사상적 공헌
74. 삼통력(三統曆)과 전교 역법 〈B5BFC1A4BBE7BBF330362D322E687770〉 (kalim.org)
75. 수시력(授時曆) http://encysillok.aks.ac.kr/Contents/Index?contents_id=00012865
76. 중국 문명과 역법 https://www.google.co.kr/webhp?sourceid=chrome-instant&ion=1&espv=2&ie=UTF-8#newwindow=1&q=회남자
77. 중국에서의 하루중의 시간표기법 http://blog.daum.net/shanghaicrab/9202427
78. 중국 역법 https://anastro.kisti.re.kr/calendar/word_order/word_order6.htm
79. 12차 목성 – 위키백과, 우리 모두의 백과사전 (wikipedia.org)
80. 24절기 24절기 – 나무위키 (namu.wiki)
81. 수시력(授時曆) http://encysillok.aks.ac.kr/Contents/Index?contents_id=00012865
82. 고대 동양 별자리와 하늘 방위의 기원형 식*, 홍영희
83. 주돈이 주돈이 – 나무위키 (namu.wiki)
84. 음양오행설 http://encysillok.aks.ac.kr/Contents/Index?contents_id=00012865

85. 우리나라 달력 사용의 역사 https://blog.naver.com/geo7319/40118882531
86. 보름날 밤 보이는 달은 정말 보름달인가 https://www.math.snu.ac.kr/~kye/others/lunar.html
87. 칠정산 내편의 연구: 이은희 이담북스
88. 동양 세계관의 비판 은력,60갑자,5행,4주
89. 생활속의 역서 ; 안영숙 저 한국천문 연구원
90. 林園經濟志: 위선지02
91. 應用天文學 – 국립중앙도서관
92. 십이지신(十二支神) 존 성술 (哲學) 세계종교철학연구원, 글쓴이 : 聖佛錫
93. 십이차 (十二次), 적도 상의 세성 12차 (赤道上 歲星 十二次), 목성 12차 (木星 12次)12 Jupiter stations (12 次) on the celestial equator in ancient times
94. 중국 고대신화 연구가용 자료와 방법에 관한 성찰 https://center4rs.snu.ac.kr/~religion/Scripts/KCI_FI001679490.pdf
95. 오덕종시설 추연 – 위키백과, 우리 모두의 백과사전 (wikipedia.org)
96. 추연 – 위키백과, 우리 모두의 백과사전 (wikipedia.org)
97. 고대 중국인들의 하늘에 대한 이해 http://anastro.kisti.re.kr/idea/idea2/idea2_intro.htm
98. 그리니치 천문대 그리니치 천문대 – 위키백과, 우리 모두의 백과사전 (wikipedia.org)
99. 육분의 http://blog.naver.com/PostView.nhn?blogId=ch5497&logNo=13083828591
100. 유대인의 안식일, 이슬람의 안식일, 제 7일 안식일 교회 http://mncatholic.or.kr/sub3/sub3_mn2_42.html
101. 주(週), 주간 https://wol.jw.org/ko/wol/d/r8/lp-ko/1200004593#h=2
102. 이슈타르 이슈타르 – 위키백과, 우리 모두의 백과사전 (wikipedia.org)
103. 부활은 있어도 부활절은 없다. http://av1611.co kr/jboard/?p=detail&code=Hw_board_03&id=541&page=26
104. Easter(부활절)의 유러 https://blog.naver.com/PostView.nhn?blogId=krysialove&logNo=150136040296&beginTime=0&jumpingVid=&from=search&redirect=Log&widgetTypeCall=true&topReferer=http%3A%2F%2Fsearch.naver.com%2Fsearch.nave%3Fwhere%3Dnexearch%26query%3D%2BThe%2BEaster%2BComputus+%2Band%2Bthe%2BOrigins%2Bof%2Bthe%2BChristian%2BEra.%2B%25EC%25A0%2580%25EC%259E%2590%2BAlden%2BA.%2BMosshammer%26sm%3Dtop_hty%26fbm%3D0%26ie%3Dutf8
105. 구 로마력에 대한 일견 Chemistry Journals published by the Korean Chemical Society and the KCSnet Database 화학세계 1999년 11월호 이광, 박영태(계명대, 화학과)
106. 달 sea.portincheon.go.kr
107. Date of Easter Date of Easter – Wikipedia

신아 아크로폴리스 총서 • 2

동서양의 달력 ㊦

동지와 입춘의 쟁투
천년 하늘의 비밀 : 음력

초판1쇄 발행 2024년 3월 5일

지은이 김인환
발행인 서정환
펴낸곳 신아출판사
주　소 서울특별시 종로구 삼일대로 32길 36(운현신화타워) 305호
전　화 (02) 3675- 3885　(063) 275-4000
이메일 sina321@daum.net
등　록 제465-1984-000004호
인쇄 · 제본 신아문예사

저작권자 ⓒ 2024, 김인환
이 책의 저작권은 저자에게 있습니다.
서면에 의한 저자의 허락없이 내용의 일부를 인용하거나 발췌하는 것을 금합니다.
COPYRIGHT ⓒ 2024, by Kim Inhwan
All rights reserved including the rights of reproduction in whole or in part in any form.

ISBN 979-11-93654-29-3　(전2권)
ISBN 979-11-93654-37-8　(04440)

값 25,000원